全国计算机技术与软件专业技术资格(水平)考试指定用书

系统分析师
2017至2021年试题分析与解答

计算机技术与软件专业技术资格考试研究部 主编

清华大学出版社
北京

内 容 简 介

系统分析师考试是全国计算机技术与软件专业技术资格（水平）考试的高级职称考试，是历年各级考试报名的热点之一。本书汇集了2017年至2021年的所有试题和权威解析。欲参加考试的考生认真研读本书的内容后，将会更加深入理解近年考题的内容和要点，发现自己的知识薄弱点，使学习更加有的放矢，对提升通过考试的信心会有极大的帮助。

本书适合参加系统分析师考试的考生备考使用。

本书扉页为防伪页，封面贴有清华大学出版社防伪标签，无标签者不得销售。
版权所有，侵权必究。举报：010-62782989，beiqinquan@tup.tsinghua.edu.cn。

图书在版编目（CIP）数据

系统分析师 2017 至 2021 年试题分析与解答/计算机技术与软件专业技术资格考试研究部主编. —北京：清华大学出版社，2023.3（2025.3重印）
全国计算机技术与软件专业技术资格（水平）考试指定用书
ISBN 978-7-302-63034-0

Ⅰ.①系… Ⅱ.①计… Ⅲ.①软件工程－系统分析－资格考试－题解 Ⅳ.①TP311.521-44

中国国家版本馆 CIP 数据核字(2023)第 043991 号

责任编辑：杨如林
封面设计：杨玉兰
责任校对：徐俊伟
责任印制：刘海龙

出版发行：清华大学出版社
网　　址：https://www.tup.com.cn, https://www.wqxuetang.com
地　　址：北京清华大学学研大厦 A 座　　邮　编：100084
社 总 机：010-83470000　　邮　购：010-62786544
投稿与读者服务：010-62776969, c-service@tup.tsinghua.edu.cn
质量反馈：010-62772015, zhiliang@tup.tsinghua.edu.cn
印 装 者：大厂回族自治县彩虹印刷有限公司
经　　销：全国新华书店
开　　本：185mm×230mm　　印　张：16.25　　防伪页：1　　字　数：385 千字
版　　次：2023 年 4 月第 1 版　　　　　　　　印　次：2025 年 3 月第 3 次印刷
定　　价：60.00 元

产品编号：098379-01

前 言

根据国家有关的政策性文件，全国计算机技术与软件专业技术资格（水平）考试（以下简称"计算机软件考试"）已经成为计算机软件、计算机网络、计算机应用、信息系统、信息服务领域高级工程师、工程师、助理工程师、技术员国家职称资格考试。而且，根据信息技术人才年轻化的特点和要求，报考这种资格考试不限学历与资历条件，以不拘一格选拔人才。现在，软件设计师、程序员、网络工程师、数据库系统工程师、系统分析师、系统架构设计师和信息系统项目管理师等资格的考试标准已经实现了中国与日本互认，程序员和软件设计师等资格的考试标准已经实现了中国和韩国互认。

计算机软件考试规模发展很快，年报考规模已经超过 100 万人，30 多年来，累计报考人数超过 700 万。

计算机软件考试已经成为我国著名的 IT 考试品牌，其证书的含金量之高已得到社会的公认。计算机软件考试的有关信息见网站 www.ruankao.org.cn 中的资格考试栏目。

对考生来说，学习历年试题分析与解答是理解考试大纲的最有效、最具体的途径之一。

为帮助考生复习备考，计算机技术与软件专业技术资格考试研究部汇集了系统分析师 2017 年至 2021 年的试题分析与解答，以便于考生测试自己的水平，发现自己的弱点，更有针对性、更系统地学习。

计算机软件考试的试题质量高，包括了职业岗位所需的各个方面的知识和技术，不但包括技术知识，还包括法律法规、标准、专业英语、管理等方面的知识；不但注重广度，而且还有一定的深度；不但要求考生具有扎实的基础知识，还要具有丰富的实践经验。

这些试题中，包含了一些富有创意的试题，一些与实践结合得很好的试题，一些富有启发性的试题，具有较高的社会引用率，对学校教师、培训指导者、研究工作者都是很有帮助的。

由于作者水平有限，时间仓促，书中难免有错误和疏漏之处，诚恳地期望各位专家和读者批评指正，对此，我们将深表感激。

编 者

目　录

第 1 章　2017 上半年系统分析师上午试题分析与解答 1

第 2 章　2017 上半年系统分析师下午试题 I 分析与解答 30

第 3 章　2017 上半年系统分析师下午试题 II 写作要点 49

第 4 章　2018 上半年系统分析师上午试题分析与解答 54

第 5 章　2018 上半年系统分析师下午试题 I 分析与解答 82

第 6 章　2018 上半年系统分析师下午试题 II 写作要点 101

第 7 章　2019 上半年系统分析师上午试题分析与解答 108

第 8 章　2019 上半年系统分析师下午试题 I 分析与解答 133

第 9 章　2019 上半年系统分析师下午试题 II 写作要点 150

第 10 章　2020 下半年系统分析师上午试题分析与解答 156

第 11 章　2020 下半年系统分析师下午试题 I 分析与解答 184

第 12 章　2020 下半年系统分析师下午试题 II 写作要点 198

第 13 章　2021 上半年系统分析师上午试题分析与解答 202

第 14 章　2021 上半年系统分析师下午试题 I 分析与解答 232

第 15 章　2021 上半年系统分析师下午试题 II 写作要点 250

第 1 章 2017 上半年系统分析师上午试题分析与解答

试题（1）、（2）

面向对象分析中，类与类之间的"IS-A"关系的是一种 __(1)__ ，类与类之间的"IS-PART-OF"关系是一种 __(2)__ 。

(1) A．依赖关系　　　　　　　　B．关联关系
　　C．泛化关系　　　　　　　　D．聚合关系
(2) A．依赖关系　　　　　　　　B．关联关系
　　C．泛化关系　　　　　　　　D．聚合关系

试题（1）、（2）分析

本题主要考查面向对象分析的基础知识。

面向对象分析中，类与类之间的主要关系有关联、依赖、泛化、聚合、组合和实现等。关联关系提供了不同类的对象之间的结构关系，它在一段时间内将多个类的实例连接在一起；依赖关系中一个类的变化可能会引起另一个类的变化；泛化关系描述了一个一般事物与该事物中特殊种类之间的关系，就是父类与子类之间的"IS-A"关系；聚合关系表示类之间的整体与部分的关系，也就是部分与整体之间的"IS-PART-OF"关系。

参考答案

(1) C　　(2) D

试题（3）、（4）

面向对象动态分析模型描述系统的动态行为，显示对象在系统运行期间不同时刻的动态交互。其中，交互模型包括 __(3)__ ，其他行为模型包括 __(4)__ 。

(3) A．顺序图和协作图　　　　　B．顺序图和状态图
　　C．协作图和活动图　　　　　D．状态图和活动图
(4) A．顺序图和协作图　　　　　B．顺序图和状态图
　　C．协作图和活动图　　　　　D．状态图和活动图

试题（3）、（4）分析

本题主要考查 UML 的基础知识。

UML 通过图形化的表示机制从多个侧面对系统的分析和设计模型进行刻画，包括用例图、静态图、行为图和实现图。其中，行为图包括交互图、状态图与活动图，它们从不同的侧面刻画系统的动态行为。交互图描述对象之间的消息传递，它又可以分为顺序图与协作图两种形式。顺序图强调对象之间消息发送的时间序列，协作图更强调对象之间的动态协作关系。状态图描述类的对象的动态行为，它包含对象所有可能的状态、在每个状态下能够响应的事件以及事件发生时的状态迁移与响应活动。活动图描述系统为完成某项功能而执行的操

作序列。

参考答案

（3）A　（4）D

试题（5）

关于设计模式，下列说法正确的是__（5）__。

（5）A．原型（Prototype）和模板方法（Template Method）属于创建型模式

　　　B．组合（Composite）和代理（Proxy）属于结构型模式

　　　C．桥接（Bridge）和状态（State）属于行为型模式

　　　D．外观（Facade）和中介（Mediator）属于创建型模式

试题（5）分析

本题主要考查设计模式的基础知识。

软件模式主要可分为设计模式、分析模式、组织和过程模式等，每一类又可分为若干子类。创建型模式支持对象的创建，包括抽象工厂、构建器、工厂方法、原型和单独这五种模式。结构型模式包括适配器、桥接、组合、装饰器、外观、代理和享元模式。行为型模式包括责任链、命令、解释器、迭代器、中介者、备忘录、状态、策略、模板方法和观察者模式。

参考答案

（5）B

试题（6）

三重 DES 加密使用 2 个密钥对明文进行 3 次加密，其密钥长度为 __（6）__ 位。

（6）A．56　　　　　B．112　　　　　C．128　　　　　D．168

试题（6）分析

本题考查 DES 加密的基本知识。

三重 DES 加密是对 DES 加密的一种改进算法，它使用两个密钥对报文做三次 DES 加密，加强了原 DES 的加密强度。经过对可行性和实际需要的折中，采用了两个密钥进行三次加密，产生 112 位有效长度的密钥。

参考答案

（6）B

试题（7）

要对消息明文进行加密传送，当前通常使用的加密算法是 __（7）__ 。

（7）A．RSA　　　　B．SHA-1　　　　C．MD5　　　　D．RC5

试题（7）分析

本题考查加密算法的基本知识。

RSA 是一种非对称加密算法，由于加密和解密的密钥不同，便于密钥管理和分发过程中，同时在用户或者机构之间进行身份认证方面有较好的应用；

SHA-1 是一种安全散列算法，常用于对接收明文输入，产生固定长度的输出，来确保明文在传输过程中不会被篡改；

MD5 是一种使用最为广泛的报文摘要算法；

RC5 是一种用于对明文进行加密的算法，在加密速度和强度上，均较为合适，适用于大量明文进行加密并传输。

参考答案

（7）D

试题（8）

假定用户 A、B 分别在 I_1 和 I_2 两个 CA 处取得了各自的证书，__（8）__ 是 A、B 互信的必要条件。

（8）A．A、B 互换私钥　　　　　　　　B．A、B 互换公钥
　　　C．I_1、I_2 互换私钥　　　　　　　　D．I_1、I_2 互换公钥

试题（8）分析

本题考查证书认证的基本知识。

用户可在认证机构（CA）取得各自能够认证自身身份的数字证书，与该用户在同一机构取得的数字证书可通过相互的公钥认证彼此的身份；当两个用户所使用的证书来自于不同的认证机构时，用户双方要相互确定对方的身份之前，首先需要确定彼此的证书颁发机构的可信度，即两个 CA 之间的身份认证，需交换两个 CA 的公钥用以确定 CA 的合法性，然后再进行用户的身份认证。

参考答案

（8）D

试题（9）

SHA-1 是一种针对不同输入生成 __（9）__ 固定长度摘要的算法。

（9）A．128 位　　　　　B．160 位　　　　　C．256 位　　　　　D．512 位

试题（9）分析

本题考查 SHA-1 的基本知识。

SHA（The Secure Hash Algorithm）安全散列算法是由美国国家标准和技术协会于 1993 年提出的，被定义为安全散列标准。SHA-1 是 1994 年修订的版本，纠正了 SHA 不能接收小于 2^{64} 的报文输入的问题。SHA-1 可接收任意长度的报文输入，并产生固定长度为 160 位的输出，从一个文档得到的散列值，要找到第二个不同的输入能够产生相同的散列值，是非常困难的，因此该算法可用于对报文的认证。

参考答案

（9）B

试题（10）

某软件公司项目组开发了一套应用软件，其软件著作权人应该是 __（10）__ 。

（10）A．项目组全体人员　　B．系统设计师　　C．项目负责人　　D．软件公司

试题（10）分析

本题考查知识产权的相关知识。

依照《计算机软件保护条例》的相关规定，计算机软件著作权的归属可以分为以下情况。

①独立开发。

这种开发是最普遍的情况。此时，软件著作权当然属于软件开发者，即实际组织开发、直接进行开发，并对开发完成的软件承担责任的法人或者其他组织；或者依照自己具有的条件独立完成软件开发，并对软件承担责任的自然人。

②合作开发。

由两个以上的自然人、法人或者其他组织合作开发的软件，一般是合作开发者签定书面合同约定软件著作权归属。如果没有书面合同或者合同并未明确约定软件著作权的归属，合作开发的软件如果可以分割使用的，开发者对各自开发的部分可以单独享有著作权；但是行使著作权时，不得扩展到合作开发的软件整体的著作权。如果合作开发的软件不能分割使用，其著作权由各合作开发者共同享有，通过协商一致行使；不能协商一致，又无正当理由的，任何一方不得阻止他方行使除转让权以外的其他权利，但是所提收益应当合理分配给所有合作开发者。

③委托开发。

接受他人委托开发的软件，一般也是由委托人与受托人签订书面合同约定该软件著作权的归属；如无书面合同或者合同未作明确约定的，则著作权人由受托人享有。

④国家机关下达任务开发。

由国家机关下达任务开发的软件，一般是由国家机关与接受任务的法人或者其他组织依照项目任务书或者合同规定来确定著作权的归属与行使。这里需要注意的是，国家机关下达任务开发，接受任务的人不能是自然人，只能是法人或者其他组织。但如果项目任务书或者合同中未作明确规定的，软件著作权由接受任务的法人或者其他组织享有。

⑤职务开发。

自然人在法人或者其他组织中任职期间所开发的软件有下列情形之一的，该软件著作权由该法人或者其他组织享有。（一）针对本职工作中明确指定的开发目标所开发的软件；（二）开发的软件是从事本职工作活动所预见的结果或者自然的结果；（三）主要使用了法人或者其他组织的资金、专用设备、未公开的专门信息等物质技术条件所开发并由法人或者其他组织承担责任的软件。但该法人或者其他组织可以对开发软件的自然人进行奖励。

⑥继承和转让。

软件著作权是可以继承的。软件著作权是属于自然人的，该自然人死亡后，在软件著作权的保护期内，软件著作权法的继承人可以依照《中华人民共和国继承法》的有关规定，继承除署名权以外的其他软件著作权权利，包括人身权利和财产权利。软件著作权属于法人或者其他组织的，法人或者其他组织变更、终止后，其著作权在条例规定的保护期内由承受其权利义务的法人或者其他组织享有；没有承受其权利义务的法人或者其他组织的，由国家享有。

参考答案

（10）D

试题（11）

计算机软件著作权的保护对象是指 __(11)__ 。

(11) A．软件开发思想与设计方案　　　　B．软件开发者

C．计算机程序及其文档　　　　D．软件著作权权利人

试题（11）分析

本题考查知识产权的相关知识。

计算机软件著作权保护的对象是计算机软件（即计算机程序及其文档），不保护开发软件所用的思想、处理过程、操作方法或者数学概念等。

参考答案

（11）C

试题（12）

下列关于计算机程序的智力成果中，能取得专利权的是　（12）　。

（12）A．计算机程序代码　　　　　　B．计算机游戏的规则和方法
　　　C．计算机程序算法　　　　　　D．用于控制测试过程的程序

试题（12）分析

本题考查知识产权的相关知识。

在我国现行的软件法律保护体系中，《计算机软件保护条例》只规定了软件的著作权保护，但并没有排除《中华人民共和国专利法》对软件的保护。《中华人民共和国专利法》第二条概括性地指出了可获得专利保护的主题，即"本法所称的发明创造是指发明、实用新型和外观设计"。《中华人民共和国专利法实施细则》第二条第1款更加详细地规定，专利法所称的发明是指对产品、方法或者其改进所提出的新的技术方案。根据以上规定可知，涉及计算机程序的发明专利申请也必须是符合这一款要求的新的技术方案。可见，我国专利法及其实施细则并没有将计算机软件排除于专利法保护范围之外。

参考答案

（12）C

试题（13）

以下商标注册申请，经审查，不能获准注册的是　（13）　。

（13）A．凤凰　　　　B．黄山　　　　C．同心　　　　D．湖南

试题（13）分析

本题考查法律法规知识。

《中华人民共和国商标法》中规定不得作为商标使用的标志有：

（1）同中华人民共和国的国家名称、国旗、国徽、军旗、勋章相同或者近似的，以及同中央国家机关所在地特定地点的名称或者标志性建筑物的名称、图形相同的；

（2）同外国的国家名称、国旗、国徽、军旗相同或者近似的，但该国同意的除外；

（3）同政府间国际组织的名称、旗帜、徽记相同或者近似的，但经该组织同意或者不易误导公众的除外；

（4）与表明实施控制、予以保证的官方标志、检验印记相同或者近似的，但经授权的除外；

（5）同"红十字""红新月"的名称、标志相同或者近似的；

（6）带有民族歧视性的；

（7）夸大宣传并带有欺骗性的；

（8）有害于社会主义道德风尚或者有其他不良影响的。

县级以上行政区划的地名或者公众知晓的外国地名，不得作为商标。但是，地名有其他含义或者作为集体商标、证明商标组成部分的除外；已经注册的使用地名的商标继续有效。

参考答案

（13）D

试题（14）

循环冗余校验码（Cyclic Redundancy Check，CRC）是数据通信领域中最常用的一种差错校验码，该校验方法中，使用多项式除法（模 2 除法）运算后的余数为校验字段。若数据信息为 n 位，则将其左移 k 位后，被长度为 $k+1$ 位的生成多项式相除，所得的 k 位余数即构成 k 个校验位，构成 $n+k$ 位编码。若数据信息为 1100，生成多项式为 x^3+x+1（即 1011），则 CRC 编码是 __(14)__ 。

（14）A．1100010　　B．1011010　　C．1100011　　D．1011110

试题（14）分析

本题考查计算机系统的基础知识。

用 1100000 作被除数，1011 作除数，进行模 2 除法，可得商 110 和余数 010，构成的 CRC 编码为 1100010。

参考答案

（14）A

试题（15）

执行 CPU 指令时，在一个指令周期的过程中，首先需从内存读取要执行的指令，此时先要将指令的地址即 __(15)__ 的内容送到地址总线上。

（15）A．指令寄存器（IR）　　　　B．通用寄存器（GR）
　　　C．程序计数器（PC）　　　　D．状态寄存器（PSW）

试题（15）分析

本题考查计算机系统的基础知识。

CPU 中通常设置多个寄存器，其中一些寄存器有固定的用途。指令被执行时，首先需要将指令从内存读取出来，指令的地址则放在程序计数器（PC）中，取得的指令则暂存在指令寄存器中。状态寄存器保存指令执行过程中的状态及控制信息（如溢出、结果为负或者为 0 等），通用寄存器则常用来暂存数据或作其他用途。

参考答案

（15）C

试题（16）

流水线的吞吐率是指流水线在单位时间内所完成的任务数或输出的结果数。设某流水线有 5 段，有 1 段的时间为 2ns，另外 4 段的每段时间为 1ns，利用此流水线完成 100 个任务的吞吐率约为 __(16)__ 个/s。

（16）A．500×10^6　　B．490×10^6　　C．250×10^6　　D．167×10^6

试题（16）分析

本题考查计算机系统的基础知识。

此流水线上完成 100 个任务的时间为（2+4+2×99）ns=204ns，完成 100 个任务的吞吐率为 $100/(204\times10^{-9})\approx 490\times10^{6}$。

参考答案

（16）B

试题（17）

以下关于复杂指令集计算机（Complex Instruction Set Computer，CISC）的叙述中，正确的是__(17)__。

（17）A. 只设置使用频度高的一些简单指令，不同指令执行时间差别很小

B. CPU 中设置大量寄存器，利用率低

C. 常采用执行速度更快的组合逻辑实现控制器

D. 指令长度不固定，指令格式和寻址方式多

试题（17）分析

本题考查计算机系统的基础知识。

复杂指令集计算机（Complex Instruction Set Computer，CISC）与精简指令集计算机（Reduced Instruction Set Computing，RISC）是处理器的两种架构。

计算机性能提高的一种途径是通过增加硬件的复杂性来获得。随着集成电路技术，特别是超大规模集成电路（VLSI）技术的迅速发展，为了使软件编程更方便以及提高程序的运行速度，硬件工程师采用的办法是不断增加可实现复杂功能的指令和多种灵活的编址方式，甚至某些指令可支持将高级编程语言的语句归类后的复杂操作，致使硬件越来越复杂，造价也相应提高。为了实现复杂操作，微处理器除向程序员提供寄存器和机器指令功能外，还通过保存于只读存储器（ROM）中的微程序来实现其极强的功能，微处理器分析每一条指令之后执行一系列初级指令运算来完成所需的功能，这种设计的计算机被称为复杂指令集计算机（CISC）结构，一般 CISC 计算机所含的指令数目至少为 300 条，有的甚至超过 500 条。

CISC 存在许多缺点。在这种计算机中，各种指令的使用率相差悬殊。据统计，一个典型程序的运算过程所使用的 80%指令，只占一个处理器指令系统的 20%。事实上最频繁使用的指令是取、存和加等最简单的指令，因此，长期致力于复杂指令系统的设计，实际上是在设计一种很难在实践中用得上的指令系统的处理器。同时，复杂的指令系统必然带来结构的复杂性，既增加了设计时间与成本，还容易造成设计失误。

针对 CISC 的这些弊病，帕特逊等人提出了精简指令的设想，即指令系统应当只包含那些使用频率很高的少量指令，并提供一些必要的指令以支持操作系统和高级语言。按照这个原则发展的计算机被称为精简指令集计算机（RISC）结构。CISC 与 RISC 正在逐步走向融合。

参考答案

（17）D

试题（18）

在高速缓存（Cache）—主存储器构成的存储系统中，__(18)__。

(18) A. 主存地址到 Cache 地址的变换由硬件完成，以提高速度
   B. 主存地址到 Cache 地址的变换由软件完成，以提高灵活性
   C. Cache 的命中率随其容量增大线性地提高
   D. Cache 的内容在任意时刻与主存内容完全一致

试题（18）分析

本题考查计算机系统的基础知识。

高速缓存（Cache）是随着 CPU 与主存之间性能的差距不断增大而引入的，其速度比主存快得多，所存储的内容是 CPU 近期可能会需要的信息，是主存内容的副本，因此 CPU 需要访问数据和读取指令时要先访问 Cache，若命中则直接访问，若不命中再去访问主存。CPU 是按照访问主存的方式给出地址的，这就需要由硬件快速地将主存地址转换为 Cache 地址。

参考答案

  （18）A

试题（19）～（21）

  需求获取是确定和理解不同的项目干系人的需求和约束的过程，需求获取是否科学、准备充分，对获取出来的结果影响很大。在多种需求获取方式中，___(19)___ 方法具有良好的灵活性，有较宽广的应用范围，但存在获取需求时信息量大、记录较为困难、需要足够的领域知识等问题。___(20)___ 方法基于数理统计原理，不仅可以用于收集数据，还可以用于采集访谈用户或者是采集观察用户，并可以减少数据收集偏差。___(21)___ 方法通过高度组织的群体会议来分析企业内的问题，并从中获取系统需求。

  （19）A. 用户访谈 B. 问卷调查 C. 联合需求计划 D. 采样
  （20）A. 用户访谈 B. 问卷调查 C. 联合需求计划 D. 采样
  （21）A. 用户访谈 B. 问卷调查 C. 联合需求计划 D. 采样

试题（19）～（21）分析

本题考查需求工程关于需求获取的基础知识。

需求获取是确定和理解不同的项目干系人的需求和约束的过程，需求获取是否科学、准备充分，对获取出来的结果影响很大。目前常见的需求获取方法包括用户访谈、问卷调查、联合需求计划、采样等，每种方法的特点和使用场景均不相同。在上述需求获取方法中，用户访谈方法主要采用与用户直接交流的方式获取需求，该方法具有良好的灵活性，有较宽广的应用范围，但存在获取需求时信息量大、记录较为困难、需要足够的领域知识等问题。采样方法以数理统计原理为指导，不仅可以用于收集数据，还可以用于采集访谈用户或者是采集观察用户，并可以减少数据收集偏差。联合需求计划方法通过高度组织的群体会议来分析企业内的问题，并从中获取系统需求。

参考答案

  （19）A （20）D （21）C

试题（22）、（23）

  项目可行性是指企业建设该项目的必要性、成功的可能性以及投入产出比与企业发展需

要的符合程度。其中，__(22)__可行性分析主要评估项目的建设成本、运行成本和项目建成后可能的经济收益；__(23)__可行性包括企业的行政管理和工作制度、使用人员的素质和培训要求等，可以细分为管理可行性和运行可行性。

(22) A．技术　　　　　B．经济　　　　　C．环境　　　　　D．用户使用
(23) A．技术　　　　　B．经济　　　　　C．环境　　　　　D．用户使用

试题（22）、（23）分析

本题考查项目可行性方面的基础知识。

项目可行性是指企业建设该项目的必要性、成功的可能性以及投入产出比与企业发展需要的符合程度，项目一般关注经济可行性、操作可行性（也叫用户使用可行性）、技术可行性和时间可行性四个方面。其中，经济可行性分析主要评估项目的建设成本、运行成本和项目建成后可能的经济收益；用户使用可行性包括企业的行政管理和工作制度、使用人员的素质和培训要求等，可以细分为管理可行性和运行可行性。

参考答案

　　（22）B　　（23）D

试题（24）～（26）

IDEF（Integration DEFinition method，集成定义方法）是一系列建模、分析和仿真方法的统称，每套方法都是通过建模来获得某种特定类型的信息。其中，IDEF0可以进行__(24)__建模；IDEF1可以进行__(25)__建模；__(26)__可以进行面向对象设计建模。

(24) A．仿真　　　　　B．信息　　　　　C．业务流程　　　　D．组织结构
(25) A．仿真　　　　　B．信息　　　　　C．业务流程　　　　D．组织结构
(26) A．IDEF2　　　　B．IDEF3　　　　 C．IDEF4　　　　　 D．IDEF5

试题（24）～（26）分析

本题考查IDEF建模方法的基础知识。

IDEF（Integration DEFinition method，集成定义方法）是一系列建模、分析和仿真方法的统称，每套方法都是通过建模来获得某种特定类型的信息。最初的IDEF方法是在美国空军ICAM项目建立的，最初开发了3种方法：功能建模（IDEF0）、信息建模（IDEF1）、动态建模（IDEF2）。后来，随着信息系统的相继开发，又开发出了下列IDEF族方法：数据建模（IDEF1X）、过程描述获取方法（IDEF3）、面向对象的设计（OO设计）方法（IDEF4）、使用C++语言的OO设计方法(IDEF4C++)、实体描述获取方法(IDEF5)、设计理论(rationale)获取方法（IDEF6）、人-系统交互设计方法（IDEF8）、业务约束发现方法（IDEF9）、网络设计方法（IDEF14）等。

参考答案

　　（24）C　　（25）B　　（26）C

试题（27）、（28）

系统设计是根据系统分析的结果，完成系统的构建过程。系统设计的主要内容包括__(27)__；系统总体结构设计的主要任务是将系统的功能需求分配给软件模块，确定每个模块的功能和调用关系，形成软件的__(28)__。

(27) A. 概要设计和详细设计　　　B. 架构设计和对象设计
　　　C. 部署设计和用例设计　　　D. 功能设计和模块设计
(28) A. 用例图　　　　　　　　　B. 模块结构图
　　　C. 系统部署图　　　　　　　D. 类图

试题（27）、（28）分析

本题考查系统设计的概念内涵。

系统设计是根据系统分析的结果，完成系统的构建过程。系统设计的主要内容包括概要设计和详细设计。其中，系统总体结构设计的主要任务是将系统的功能需求分配给软件模块，确定每个模块的功能和调用关系，形成软件的模块结构图。

参考答案

（27）A　（28）B

试题（29）

界面是系统与用户交互的最直接的层面。Theo Mandel 博士提出了著名的人机交互"黄金三原则"，包括保持界面一致、减轻用户的记忆负担和　(29)　。

(29) A. 遵循用户认知理解　　　　B. 降低用户培训成本
　　　C. 置于用户控制之下　　　　D. 注意资源协调方式

试题（29）分析

本题考查界面设计的相关知识。

界面是系统与用户交互的最直接的层面。Theo Mandel 博士提出了著名的人机交互"黄金三原则"，包括保持界面一致、减轻用户的记忆负担和置于用户控制之下。

参考答案

（29）C

试题（30）、（31）

工作流参考模型（Workflow Reference Model，WRM）包含6个基本模块，其中，　(30)　是工作流管理系统的核心模块，它的功能包括创建和管理流程定义，创建、管理和执行流程实例。　(31)　可以通过图形方式把复杂的流程定义显示出来并加以操作。

(30) A. 工作流执行服务　　　　　B. 工作流引擎
　　　C. 流程定义工具　　　　　　D. 调用应用
(31) A. 客户端应用　　　　　　　B. 工作流引擎
　　　C. 流程定义工具　　　　　　D. 管理监控工具

试题（30）、（31）分析

本题考查工作流的相关知识。

工作流参考模型（Workflow Reference Model，WRM）由6个基本模块组成，包括工作流执行服务、过程定义工具等。其中工作流执行服务是工作流管理系统的核心模块，它的功能包括创建和管理流程定义，创建、管理和执行流程实例。流程定义工具可以通过图形方式把复杂的流程定义显示出来并加以操作。

参考答案

（30）A　（31）C

试题（32）

类封装了信息和行为，是面向对象的重要组成部分。在系统设计过程中，类可以分为实体类、边界类和控制类。下面用例描述中属于控制类的是__(32)__。

(32) A．身份验证　　B．用户　　C．通信协议　　D．窗口

试题（32）分析

本题考查面向对象程序的相关知识。

类是面向对象的基本概念。类封装了信息和行为，是面向对象的重要组成部分。在系统设计过程中，类可以分为实体类、边界类和控制类。

边界类用于描述外部参与者与系统之间的交互。边界类是一种用于对系统外部环境与其内部运作之间的交互进行建模的类。这种交互包括转换事件，并记录系统表示方式（如接口）中的变更。实体类主要是作为数据管理和业务逻辑处理层面上存在的类别。实体类保存要放进持久存储体的信息。持久存储体就是数据库、文件等可以永久存储数据的介质。实体类可以通过事件流和交互图发现。通常，每个实体类在数据库中都有相应的表，实体类中的属性对应数据库表中的字段。实体类是用于对必须存储的信息和相关行为建模的类。实体对象（实体类的实例）用于保存和更新一些现象的有关信息，例如事件、人员或者一些现实生活中的对象。控制类用于描述一个用例所具有的事件流控制行为，控制一个用例中的事件顺序。控制类是控制其他类工作的类。每个用例通常有一个控制类，控制用例中的事件顺序，控制类也可以在多个用例间共用。其他类并不向控制类发送很多消息，而是由控制类发出很多消息。

例如，考试系统中当学生在考试时，学生与试卷交互，那么学生和试卷都是实体类，而考试时间、规则、分数都是边界类，当考试结束将试卷提交给试卷保管者，则试卷就成了边界类。

参考答案

（32）A

试题（33）

下面关于观察者模式描述不正确的是__(33)__。

(33) A．观察者模式实现了表示层和数据层的分离

　　B．观察者模式定义了稳定的更新消息传递机制

　　C．在观察者模式中，相同的数据层不可以有不同的表示层

　　D．观察者模式定义了对象之间的一种一对多的依赖关系

试题（33）分析

本题考查观察者模式的相关知识。

观察者模式（有时又被称为发布（publish）-订阅（Subscribe）模式、模型-视图模式、源-收听者模式或从属者模式）是软件设计模式的一种。在此种模式中，一个目标物件管理所有相依于它的观察者物件，并且在它本身的状态改变时主动发出通知。这通常透过呼叫各观察者所提供的方法来实现。此种模式通常被用来实现事件处理系统。观察者模式完美地将观

察者和被观察的对象分离开。举个例子，用户界面可以作为一个观察者，业务数据是被观察者，用户界面观察业务数据的变化，发现数据变化后，就显示在界面上。面向对象设计的一个原则是：系统中的每个类将重点放在某一个功能上，而不是其他方面。一个对象只做一件事情，并且将它做好。观察者模式在模块之间划定了清晰的界限，提高了应用程序的可维护性和重用性。

观察者设计模式定义了对象间的一种一对多的依赖关系，以便一个对象的状态发生变化时，所有依赖于它的对象都得到通知并自动刷新。

参考答案

（33）C

试题（34）

行为型模式是对在不同对象之间划分责任和算法的抽象化，它可以分为类行为模式和对象行为模式。下列行为型模式中属于类行为模式的是 __(34)__ 。

（34）A．职责链模式　　　　　　　　B．命令模式
　　　　C．迭代器模式　　　　　　　　D．解释器模式

试题（34）分析

本题考查行为模式的相关概念。

行为型模式是对在不同对象之间划分责任和算法的抽象化，它可以分为类行为模式和对象行为模式。行为型模式涉及算法和对象间的职责分配，不仅描述对象或类的模式，还描述它们之间的通信方式，刻画了运行时难以跟踪的复杂的控制流，它们将用户的注意力从控制流转移到对象间的关系上来。行为型类模式采用继承机制在类间分派行为，例如 Template Method 和 Interpreter；行为型对象模式使用对象复合而不是继承。一些行为型对象模式描述了一组相互对等的对象如何相互协作以完成其中任何一个对象都无法单独完成的任务，如 Mediator、Chain of Responsibility、Strategy；其他的行为型对象模式常将行为封装在一个对象中，并将请求指派给它。常见的行为型模式有 11 种：CCIIMM（Chain of Responsibility（职责链）、Command（命令）、Interpreter（解释器）、Iterator（迭代）、Mediator（中介者）、Memento（备忘录））、OSSTV（Observer（观察者）、State（状态）、Strategy（策略）、Template Method（模板方法）、Visitor（访问者））。

参考答案

（34）D

试题（35）

一个有效的客户关系管理（Customer Relationship Management，CRM）解决方案应具备畅通有效的客户交流渠道、对所获信息进行有效分析和 __(35)__ 等特点。

（35）A．CRM 与 ERP 很好地集成　　　B．客户群维系
　　　　C．商机管理　　　　　　　　　　D．客户服务与支持

试题（35）分析

本题考查客户关系管理的相关知识。

一个有效的客户关系管理（Customer Relationship Management，CRM）解决方案应具备

畅通有效的客户交流渠道、对所获信息进行有效分析和 CRM 与 ERP 很好地集成等特点。

参考答案

(35) A

试题（36）

下面不属于企业供应链构成节点的是　(36)　。

(36) A．制造商　　　　B．供应商　　　　C．配送中心　　　　D．视频会议

试题（36）分析

本题考查企业供应链的相关知识。

企业供应链构成节点包括制造商、供应商、仓库、配送中心和渠道商等。

参考答案

(36) D

试题（37）

知识管理是企业信息化过程中的重要环节，知识可以分为显性知识和隐性知识。其中，　(37)　分别属于显性知识和隐性知识。

(37) A．主观洞察力和产品说明书

　　　B．科学原理和个人直觉

　　　C．企业文化和资料手册

　　　D．可以用规范方式表达的知识和可编码结构化的知识

试题（37）分析

本题考查知识管理中显性知识和隐性知识的相关概念。

知识管理是企业信息化过程中的重要环节。按知识的属性，可将知识分为显性知识和隐性知识。隐性知识代表了以个人经验为基础并涉及各种无形因素的知识，它存在于个人头脑中，存在于特定场景中，难以系统化，难以交流，因而具有一定的独占性和排他性。显性知识是指那些能够以正式的语言，通过书面记录、数字描述、技术文件和报告等明确表达与交流的知识，是对隐性知识一定程度上的抽象和概括，也被称为编码型知识。

参考答案

(37) B

试题（38）

运用互联网技术，IT 行业中的独立咨询师为企业提供咨询和顾问服务属于　(38)　电子商务类型。

(38) A．C2B　　　　B．B2C　　　　C．B2B　　　　D．C2C

试题（38）分析

本题考查不同类别的电子商务的相关概念。

C2B 电子商务是运用互联网技术，IT 行业中的独立咨询师为企业提供咨询和顾问服务的电子商务类型。

参考答案

(38) A

试题（39）

决策支持系统的基本组成部分包括___(39)___。

(39) A．数据库子系统、模型库子系统、数据解析子系统和数据查询子系统
　　 B．数据库、数据字典、数据解析模块和数据查询模块
　　 C．数据库子系统、模型库子系统、决策算法子系统
　　 D．数据库子系统、模型库子系统、推理部分和用户接口子系统

试题（39）分析

本题考查决策支持系统的基础知识。

决策支持系统的基本组成部分包括数据库子系统、模型库子系统、推理部分和用户接口子系统。

参考答案

(39) D

试题（40）

数据库概念结构设计阶段的工作步骤依次为___(40)___。

(40) A．设计局部视图→抽象数据→修改重构消除冗余→合并取消冲突
　　 B．设计局部视图→抽象数据→合并取消冲突→修改重构消除冗余
　　 C．抽象数据→设计局部视图→合并取消冲突→修改重构消除冗余
　　 D．抽象数据→设计局部视图→修改重构消除冗余→合并取消冲突

试题（40）分析

本题考查数据库系统的基本概念。

数据库概念结构设计阶段是在需求分析的基础上，依照需求分析中的信息要求，对用户信息加以分类、聚集和概括，建立信息模型，并依照选定的数据库管理系统软件，转换成为数据的逻辑结构，再依照软硬件环境，最终实现数据的合理存储。

概念结构设计阶段的工作步骤包括选择局部应用、逐一设计分 E-R 图和 E-R 图合并，如下图所示。

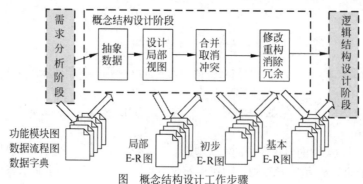

图　概念结构设计工作步骤

参考答案

(40) C

试题（46）

假设某文件系统的文件索引表有 i-addr[0]，i-addr[1]，…，i-addr[7]共 8 个地址项，每个地址项大小为 4 字节，其中 5 个地址项（i-addr[0]~i-addr[4]）为直接地址索引，2 个地址项（i-addr[5]~i-addr[6]）是一级间接地址索引，1 个地址项（i-addr[7]）是二级间接地址索引，磁盘索引块和磁盘数据块大小均为 1KB。若要访问文件的逻辑块号分别为 5 和 518，则系统应分别采用___（46）___。

（46）A．直接地址索引和一级间接地址索引
　　　B．直接地址索引和二级间接地址索引
　　　C．一级间接地址索引和二级间接地址索引
　　　D．二级间接地址索引和一级间接地址索引

试题（46）分析

本题考查操作系统文件管理方面的基础知识。

根据题意，磁盘索引块为 1KB 字节，每个地址项大小为 4 字节，故每个磁盘索引块可存放 1024/4=256 个物理块地址。又因为文件索引节点中有 8 个地址项，其中 5 个地址项为直接地址索引，这意味着逻辑块号为 0~4 的为直接地址索引；第 5、6 地址项是一级间接地址索引，这意味着第 5 地址项指出的物理块中存放逻辑块号为 5~260 的物理块号，第 6 地址项指出的物理块中存放逻辑块号为 261~516 的物理块号；第 7 地址项是二级间接地址索引，该地址项指出的物理块存放了 256 个间接索引表的地址，这 256 个间接索引表存放逻辑块号为 517~66 052 的物理块号。

经过上述分析不难得出，若要访问文件的逻辑块号为 5 和 518，则系统应采用一级间接地址索引和二级间接地址索引。

参考答案

（46）C

试题（47）、（48）

在一个单 CPU 的计算机系统中，采用可剥夺式（也称抢占式）优先级的进程调度方案，且所有任务可以并行使用 I/O 设备。下表列出了三个任务 T1、T2、T3 的优先级、独立运行时占用 CPU 和 I/O 设备的时间。如果操作系统的开销忽略不计，这三个任务从同时启动到全部结束的总时间为___（47）___ms，CPU 的空闲时间共有___（48）___ms。

任务	优先级	每个任务独立运行时所需的时间
T1	高	对每个任务： 占用 CPU 15ms，I/O 18ms，再占用 CPU 8ms
T2	中	
T3	低	

（47）A．41　　　B．71　　　C．90　　　D．123
（48）A．15　　　B．18　　　C．24　　　D．54

试题（47）、（48）分析

本题考查的是操作系统进程调度方面的知识。

根据题意可知，三个任务的优先级 T1>T2>T3，进程调度的过程如下图所示。分析如下：

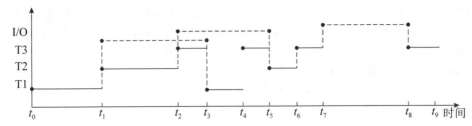

t_0 时刻：进程调度程序选任务 T1 投入运行，运行至 t_1 时刻，共运行 15ms。此时，任务 T1 进行 I/O，共 18 ms（在 $t_1 \sim t_3$ 时间段）。

t_1 时刻：由于 CPU 空闲，进程调度程序选 T2 投入运行，运行至 t_2 时刻，共运行 15ms。此时，T2 进行 I/O。注意，$t_1 \sim t_2$ 时间段（共 15ms）T1 I/O，T2 运行。

t_2 时刻：由于 CPU 空闲，进程调度程序选 T3 投入运行，运行 3ms 后 T1 I/O 结束。注意，$t_2 \sim t_3$ 时间段（共 3ms）T1、T2 I/O，T3 运行。

t_3 时刻：由于系统采用可剥夺式优先级的进程调度方案，所以，操作系统强行地将 T3 占用的 CPU 剥夺，分配给 T1。到 t_4 时刻任务 T1 运行 8ms 任务结束。注意，$t_3 \sim t_4$ 时间段（共 8ms）T1 运行，T2 等待，T3 I/O。

t_4 时刻：将 CPU 分配给 T3 运行 7ms 到 t_5 时刻，由于 T2 I/O 结束，操作系统强行地将 T3 占用的 CPU 剥夺，分配给 T2。注意，$t_4 \sim t_5$ 时间段（共 7ms）T1 结束，T2 I/O，T3 在运行。

t_5 时刻： T2 开始运行，到 t_6 时刻运行完毕共运行 8ms。

t_6 时刻：系统将 CPU 分配给 T3，运行 8 ms 到 t_7 时刻，T3 进行 I/O。

t_7 时刻：T3 运行到 t_6 时刻，进行 I/O。

t_8 时刻：T3 I/O 结束，运行 8ms 到 t_9 时刻任务 T3 运行结束。

从上述分析可见，这三个任务从同时启动到全部结束的总时间为 90ms，CPU 的空闲时间共有 18ms。

参考答案

（47）C　（48）B

试题（49）～（51）

进程 P1、P2、P3、P4、P5 和 P6 的前趋图如下所示：

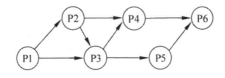

若用 PV 操作控制这 6 个进程的同步与互斥的程序如下,那么程序中的空①和空②处应分别为 __(49)__ ;空③和空④处应分别为 __(50)__ ;空⑤和空⑥处应分别为 __(51)__ 。

```
begin
  S1,S2,S3,S4,S5,S6,S7,S8: semaphore;  //定义信号量
  S1:=0;S2:=0;S3:=0;S4:=0;S5:=0;S6:=0;S7:=0;S8:=0;
  Cobegin
    processP1    processP2    processP3    processP4    processP5    processP6
      Begin        Begin        Begin        Begin        Begin        Begin
      P1 执行;      ②  ;      P(S2);      P(S4);      P(S6);       ⑥  ;
        ①  ;     P2 执行;       ③  ;      P(S5);      P5 执行;     P6 执行;
       end;       V(S3);      P3 执行;    P4 执行;      V(S8);       end;
                  V(S4);        ④  ;       ⑤  ;        end;
                   end;        end;        end;
    Coend;
end.
```

(49) A. V(S1) V(S2) 和 P(S2)
     B. P(S1) P(S2) 和 V(S2)
     C. V(S1) V(S2) 和 P(S1)
     D. P(S1) P(S2) 和 V(S1)

(50) A. V(S3) 和 V(S5) V(S6)
     B. P(S3) 和 V(S5) V(S6)
     C. V(S3) 和 P(S5) P(S6)
     D. P(S3) 和 P(S5) P(S6)

(51) A. P(S6) 和 P(S7) V(S8)
     B. V(S6) 和 V(S7) V(S8)
     C. P(S6) 和 P(S7) P(S8)
     D. V(S7) 和 P(S7) P(S8)

试题(49)~(51)分析

试题(49)的正确答案为 C。根据前趋图,P1 进程运行完需要利用 V 操作分别通知 P2、P3 进程,所以空①应填 V(S1) V(S2)。P2 进程需要等待 P1 进程的通知,故需要利用 P(S1) 操作测试 P1 进程是否运行完,由于 P3 进程执行前已经用 P(S2),所以 P2 进程的空②应填 P(S1)。

试题(50)的正确答案为 B。根据前趋图,P3 进程需要等待 P1 和 P2 进程的通知,需要执行 2 个 P 操作,而 P3 进程的程序中执行前只有 1 个 P 操作,故空③应为 1 个 P 操作。P3 进程运行结束需要利用 2 个 V 操作通知 P4 和 P5 进程,故空④应为 2 个 V 操作。采用排除法,对于试题(50)的选项 A、选项 B、选项 C 和选项 D,只有选项 B 满足条件。

试题(51)的正确答案为 D。根据前趋图,P4 进程执行完需要通知 P6 进程,故 P4 进程应该执行 V(S7),即空⑤应填 V(S7)。P6 进程运行前需要等待 P4 和 P5 进程的通知,需要执行 2 个 P 操作,故空⑥应填写 P(S7) 和 P(S8)。

根据上述分析，用 PV 操作控制这 6 个进程的同步与互斥的程序如下：

```
begin
  S1,S2,S3,S4,S5,S6,S7,S8: semaphore;   // 定义信号量
  S1:=0;S2:=0;S3:=0;S4:=0;S5:=0;S6:=0;S7:=0;S8:=0;
  Cobegin
    processP1      processP2     processP3     processP4     processP5     processP6
      Begin          Begin         Begin         Begin         Begin         Begin
        P1 执行;      P(S1);        P(S2);        P(S4);        P(S6);        P(S7);
        V(S1)         P2 执行;      P(S3);        P(S5);        P5 执行;      P(S8);
        V(S2)         V(S3);        P3 执行;      P4 执行;      V(S8);        P6 执行;
      end;            V(S4);        V(S5);        V(S7);        end;          end;
  Coend;              end;          V(S6);        end;
end.                                end;
```

参考答案

（49）C　（50）B　（51）D

试题（52）

线性规划问题由线性的目标函数和线性的约束条件（包括变量非负条件）组成。满足约束条件的所有解的集合称为可行解区。既满足约束条件，又使目标函数达到极值的解称为最优解。以下关于可行解区和最优解的叙述中，正确的是__（52）__。

（52）A．线性规划问题的可行解区一定存在

　　　B．如果可行解区存在，则一定有界

　　　C．如果可行解区存在但无界，则一定不存在最优解

　　　D．如果最优解存在，则一定会在可行解区的某个顶点处达到

试题（52）分析

本题考查应用数学（运筹学-线性规划）的基础知识。

线性规划问题的可行解区可能不存在。例如：两个约束条件（不等式）矛盾，没有交集。可行解区可能无界。例如：$X+Y>1, X \geq 0, Y \geq 0$。当可行解区无界时，可能仍存在最优解。例如：min $S=X+2Y$; $X+Y>1, X \geq 0, Y \geq 0$。如果最优解存在，并且在可行解区的内点或边界（非顶点）内点达到，则目标函数的等值线（面、体）要么还可以在可行解区内移动，扩大和缩小目标函数的值；要么已经包含了某些顶点。

参考答案

（52）D

试题（53）

数据分析工作通常包括①～⑤五个阶段。目前，自动化程度比较低的两个阶段是__（53）__。

①发现并提出问题　　　　②获取并清洗数据　　　　③按数学模型计算

④调整并优化模型　　　　⑤解释输出的结论

（53）A．①②　　　　B．①⑤　　　　C．③④　　　　D．④⑤

试题（53）分析

本题考查应用数学（数据分析）的基础知识。

"发现并提出问题"和"解释输出的结论"与业务领域关系更密切，更需要人的判断与经验，在人工智能尚不发达的时代，难以自动化。

参考答案

（53）B

试题（54）、（55）

某工程有七个作业 A～G，按计划，完成各作业所需的时间以及作业之间的衔接关系见下表：

作业名	A	B	C	D	E	F	G
所需时间（周）	5	6	5	10	8	3	4
紧后作业	C, D	C, D, E	F	G	G	—	—

按照上述计划，该工程的总工期预计为 __(54)__ 周。

在工程实施了 10 周后，经理对进度进行了检查，结果是：作业 A 和 B 已经完成，作业 D 完成了 30%，作业 E 完成了 25%，其他作业都还没有开始。

如果随后完全按原计划实施，则总工期将 __(55)__ 完成。

(54) A．20　　　　　B．25　　　　　C．33　　　　　D．41

(55) A．提前1周　　B．推迟1周　　C．推迟2周　　D．推迟3周

试题（54）、（55）分析

本题考查应用数学（运筹学–网络计划图）的基础知识。

根据题意，绘制该工程的网络计划图如下：

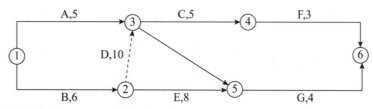

因此，关键路径为 B-D-G，预计总工期=6+10+4=20 周。

还可以画出甘特图如下：

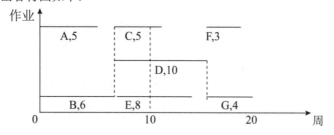

若按照原计划,该工程开始 10 周后,作业 A 和 B 必须完成,作业 C 将完成 4/5=80%(4 周工作量),作业 D 必须完成 4/10=40%(4 周工作量),作业 E 将完成 4/8=50%(4 周工作量)。

在工程开始 10 周后实际进行检查时,作业 D 只完成了 30%(3 周的工作量),因此作业 D 不得不推迟 1 周完成。B-D-G 路径需要 21 周完成。

由于检查时,作业 C 尚未开始,所以它推迟了 4 周。不过,作业 C 和 F 还可以在前 18 周内完成,没有影响总工期。

由于检查时,作业 E 只完成了 25%(2 周工作量),相当于它推迟了 2 周。不过,它还可以在前 16 周完成,并不影响总工期。

综合看,如果随后的时间内完全按原计划实施,则该工程将推迟 1 周完成。

参考答案

(54) A (55) B

试题(56)

加工某种零件需要依次经过毛坯、机加工、热处理和检验四道工序。各道工序有多种方案可选,对应不同的费用。下图表明了四道工序各种可选方案(连线)的衔接关系,线旁的数字表示该工序加工一个零件所需的费用(单位:元)。从该图可以推算出,加工一个零件的总费用至少需要　(56)　元。

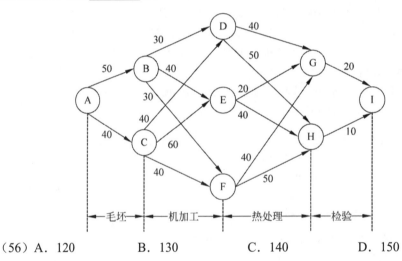

(56) A. 120　　B. 130　　C. 140　　D. 150

试题(56)分析

本题考查应用数学(运筹学-最短路径)的基础知识。

用倒推方法计算如下:

G-I 需要 20 元,H-I 需要 10 元。

D-I 最少需要 60 元,E-I 最少需要 40 元(EGI),F-I 最少需要 60 元。

B-I 最少需要 80 元(BEGI),C-I 最少需要 100 元。

A-I 最少需要 130 元(ABEGI)。

参考答案

（56）B

试题（57）

根据历史统计情况，某超市某种面包的日销量为 100、110、120、130、140 个的概率相同，每个面包的进价为 4 元，销售价为 5 元，但如果当天没有卖完，剩余的面包次日将以每个 3 元处理。为取得最大利润，该超市每天应进货这种面包 （57） 个。

（57）A. 110　　　　B. 120　　　　C. 130　　　　D. 140

试题（57）分析

本题考查应用数学（运筹学-决策）的基础知识。

这种面包各种进货情况和销售情况下，所得利润如下表：

销量	100	110	120	130	140	期望利润
概率	20%	20%	20%	20%	20%	
进货 100	100	100	100	100	100	100
进货 110	90	110	110	110	110	106
进货 120	80	100	120	120	120	108
进货 130	70	90	110	130	130	106
进货 140	60	80	100	120	140	100

因此，每天进货 120 个面包时，能得到最大利润 108 元。

参考答案

（57）B

试题（58）

已知八口海上油井（编号从 1#到 8#）相互之间的距离（单位：海里）如下表所示，其中 1#油井离海岸最近为 5 海里。现从海岸开始铺设输油管道，经 1#油井将这些油井都连接起来，管道的总长度至少为 （58） 海里（为便于计量和维修，管道只能在油井处分叉）。

距离	2#	3#	4#	5#	图罚7#	7#	8#
1#	1.3	2.1	0.9	0.5	1.8	2.0	1.5
2#		0.9	1.8	1.2	2.6	2.3	1.1
3#			2.6	1.7	2.5	1.9	1.0
4#				0.7	1.6	1.5	0.9
5#					0.9	1.1	0.8
6#						0.6	1.0
7#							0.5

（58）A. 5　　　　B. 9　　　　C. 10　　　　D. 11

试题（58）分析

本题考查应用数学（运筹学-最小支撑树）的基础知识。

从 1#到{2#，3#，4#，5#，6#，7#，8#}的最短距离为（1#，5#）=0.5 海里。

从{1#, 5#}到{2#, 3#, 4#, 6#, 7#, 8#}的最短距离为（5#, 4#）=0.7 海里。
从{1#, 4#, 5#}到{2#, 3#, 6#, 7#, 8#}的最短距离为（5#, 8#）=0.8 海里。
从{1#, 4#, 5#, 8#}到{2#, 3#, 6#, 7#}的最短距离为（8#, 7#）=0.5 海里。
从{1#, 4#, 5#, 8#, 7#}到{2#, 3#, 6#}的最短距离为（7#, 6#）=0.6 海里。
从{1#, 4#, 5#, 8#, 7#, 6#}到{2#, 3#}的最短距离为（8#, 3#）=1.0 海里。
从{1#, 4#, 5#, 8#, 7#, 6#, 3#}到 2#的最短距离为（8#, 3#）=0.9 海里。

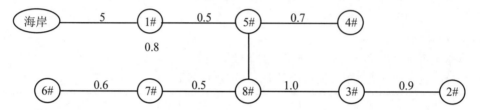

因此，从海岸开始连接 8 口油井的总距离=5+0.5+0.7+0.8+0.5+0.6+1.0+0.9=10 海里。

参考答案
（58）C

试题（59）

X、Y、Z 是某企业的三个分厂，每个分厂每天需要同一种原料 20 吨，下图给出了邻近供应厂 A、B、C 的供应运输路线图，每一段路线上标明了每天最多能运输这种原料的吨数。根据该图可以算出，从 A、B、C 三厂每天最多能给该企业运来这种原料共 __(59)__ 吨。

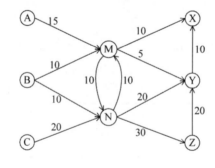

（59）A．45　　　　　B．50　　　　　C．55　　　　　D．60

试题（59）分析

本题考查应用数学（运筹学-最大流）的基础知识。
逐步画出原料供应路线及其运输量如下：
A-M-X　　　　10 吨
C-N-Z　　　　20 吨　　Z 已满足
B-N-Z-Y-X　　10 吨　　X 已满足
此时，各条路径上的剩余流量如下：

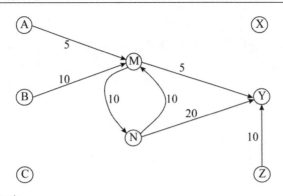

A-M-Y　　　5吨
B-M-N-Y　　10吨
总之，每天最多供应（运输）55吨。

参考答案

（59）C

试题（60）、（61）

计算机系统的性能一般包括两个大的方面：一个方面是它的__(60)__，也就是计算机系统能正常工作的时间，其指标可以是能够持续工作的时间长度，也可以是在一段时间内，能正常工作的时间所占的百分比；另一个方面是处理能力，又可分为三类指标，第一类指标是吞吐率，第二类指标是响应时间，第三类指标是__(61)__，即在给定时间区间中，各种部件被使用的时间与整个时间之比。

（60）A．可用性　　　B．安全性　　　C．健壮性　　　D．可伸缩性
（61）A．可靠性　　　B．资源利用率　　C．系统负载　　D．吞吐量

试题（60）、（61）分析

本题考查计算机性能评估的基础知识。

计算机系统的性能一般包括两个大的方面：一个方面是它的可用性，也就是计算机系统能正常工作的时间，其指标可以是能够持续工作的时间长度，也可以是在一段时间内，能正常工作的时间所占的百分比；另一个方面是处理能力，又可分为三类指标，第一类指标是吞吐率，第二类指标是响应时间，第三类指标是资源利用率，即在给定时间区间中，各种部件被使用的时间与整个时间之比。

参考答案

（60）A　（61）B

试题（62）

__(62)__图像通过使用彩色查找表来获得图像颜色。

（62）A．真彩色　　　B．伪彩色　　　C．直接色　　　D．矢量

试题（62）分析

本题考查多媒体的基础知识。

真彩色是指图像中的每个像素值都分成 R、G、B 三个基色分量，每个基色分量直接决

定其基色的强度,这样产生的色彩称为真彩色。

伪彩色(Pseudo-Color)图像的每个像素值实际上是一个索引值或代码,该代码值作为色彩查找表CLUT(Color Look-Up Table)中某一项的入口地址,根据该地址可查找出包含实际R、G、B的强度值。这种用查找映射的方法产生的色彩称为伪彩色。

直接色(Direct Color)将每个像素值分为红、绿、蓝分量,每个分量作为单独的索引值进行变换。

矢量图使用直线和曲线来描述图形,这些图形的元素是一些点、线、矩形、多边形、圆和弧线等等,它们都是通过数学公式计算获得的。

参考答案

(62) B

试题(63)

以下文件格式中,属于视频文件格式的是__(63)__。

(63) A. RTF　　　　　B. WAV　　　　　C. MPG　　　　　D. JPG

试题(63)分析

本题考查多媒体的基础知识。

RTF(多信息文本格式)是一种方便于不同的设备、系统查看的文本和图形文档格式。

MPG(又称MPEG)是一种常见的视频格式,有多个版本。MPEG标准主要有MPEG-1、MPEG-2、MPEG-4、MPEG-7及MPEG-21等,其视频压缩编码技术主要利用了具有运动补偿的帧间压缩编码技术以减小时间冗余度,利用DCT技术以减小图像的空间冗余度,利用熵编码规则在信息表示方面减少了统计冗余度。这几种技术的综合运用,大大增强了压缩性能。

WAV是微软公司(Microsoft)开发的一种声音文件格式,它符合RIFF(Resource Interchange File Format)文件规范,用于保存Windows平台的音频信息资源。

JPG(全名是JPEG)是图片的一种格式,与平台无关,JPEG图片以24位颜色存储单个位图。

参考答案

(63) C

试题(64)

以下关于光纤的说法中,错误的是__(64)__。

(64) A. 单模光纤的纤芯直径更细
　　　B. 单模光纤采用LED作为光源
　　　C. 多模光纤比单模光纤的传输距离近
　　　D. 多模光纤中光波在光导纤维中以多种模式传播

试题(64)分析

本题考查传输介质的基础知识。

和多模光纤相比,单模光纤的纤芯直径更细,传输距离更远,为保障单一模式传输,采用激光作为光源。

参考答案

(64) B

试题(65)、(66)

RIPv2 对 RIPv1 协议的改进之一为路由器有选择地将路由表中的信息发送给邻居,而不是发送整个路由表。具体地说,一条路由信息不会被发送给该信息的来源,这种方案称为__(65)__,其作用是__(66)__。

(65) A. 反向毒化   B. 乒乓反弹
   C. 水平分割法   D. 垂直划分法

(66) A. 支持 CIDR   B. 解决路由环路
   C. 扩大最大跳步数   D. 不使用广播方式更新报文

试题(65)、(66)分析

本题考查 RIP 路由协议的基础知识。

水平分割法是 RIPv2 对 RIPv1 协议的改进之一,即路由器有选择地将路由表中的信息发送给邻居,而不是发送整个路由表,即一条路由信息不会被发送给该信息的来源。水平分割法的作用是解决路由环路。

参考答案

(65) C   (66) B

试题(67)

OSPF 协议把网络划分成 4 种区域(Area),其中__(67)__不接受本地自治系统以外的路由信息,对自治系统以外的目标采用默认路由 0.0.0.0。

(67) A. 分支区域   B. 标准区域   C. 主干区域   D. 存根区域

试题(67)分析

本题考查 OSPF 协议的基础知识。

不接受本地自治系统以外的路由信息,对自治系统以外的目标采用默认路由 0.0.0.0,是存根区域的基本特征。

参考答案

(67) D

试题(68)

在 Linux 中,可以使用__(68)__命令为计算机配置 IP 地址。

(68) A. ifconfig   B. config   C. ip-address   D. ipconfig

试题(68)分析

本题考查 Linux 基本配置命令的基础知识。

在 Linux 中,为计算机配置 IP 地址的命令格式为:

ifconfig interfaceID IPAddress NetMask

D 选项是本题目的一个干扰项,ipconfig 是在 Windows 操作系统下配置 IP 地址的命令。

参考答案

（68）A

试题（69）、（70）

据统计，截至 2017 年 2 月，全球一半以上的网站已使用 HTTPS 协议进行数据传输，原 HTTP 协议默认使用__（69）__端口，HTTPS 使用__（70）__作为加密协议，默认使用 443 端口。

（69）A．80　　　　　　B．88　　　　　　C．8080　　　　　　D．880
（70）A．RSA　　　　　B．SSL　　　　　 C．SSH　　　　　　D．SHA-1

试题（69）、（70）分析

本题考查 HTTP 协议和 HTTPS 的基础知识。

HTTP（超文本传输协议）被用于在 Web 浏览器和网站服务器之间传递信息，HTTP 协议以明文方式发送内容，不提供任何方式的数据加密，如果攻击者截取了 Web 浏览器和网站服务器之间的传输报文，就可以直接读懂其中的信息，因此，HTTP 协议不适合传输一些敏感信息，比如：信用卡号、密码等支付信息。

为了数据传输的安全，HTTPS（安全套接字层超文本传输协议）在 HTTP 的基础上加入了 SSL 协议，SSL 依靠证书来验证服务器的身份，并为浏览器和服务器之间的通信加密。

参考答案

（69）A　　（70）B

试题（71）～（75）

The purpose of the systems analysis phase is to build a logical model of the new system. The first step is __(71)__, where you investigate business processes and document what the new system must do to satisfy users. This step continues the investigation that began during the __(72)__. You use the fact-finding results to build business models, data and process models, and object models. The deliverable for the systems analysis phase is the __(73)__, which describes management and user requirements, costs and benefits, and outlines alternative development strategies.

The purpose of the systems design phase is to create a physical model that will satisfy all documented requirements for the system. During the systems design phase, you need to determine the __(74)__, which programmers will use to transform the logical design into program modules and code. The deliverable for this phase is the __(75)__, which is presented to management and users for review and approval.

（71）A．system logical modeling　　　　　B．use case modeling
　　　 C．requirements modeling　　　　　 D．application modeling
（72）A．systems planning phase　　　　　 B．systems modeling phrase
　　　 C．systems analysis phrase　　　　　 D．systems design phrase
（73）A．system charter　　　　　　　　　B．system scope definition
　　　 C．system blueprint　　　　　　　　D．system requirements document
（74）A．application architecture　　　　　 B．system data model
　　　 C．system process model　　　　　　D．implement environment

(75) A. system architecture description B. system design specification
C. system technique architecture D. physical deployment architecture

参考译文

系统分析阶段的目的是构建一个新系统的逻辑模型。第一步是需求建模，调查新系统为了满足用户需要必须完成的业务过程和文档。这一步继续在系统计划阶段开始的调查。你可以利用事实发现的结果构建业务模型、数据和过程模型以及对象模型。系统分析阶段的可交付成果是系统需求文档，它描述了管理和用户需求、成本和收益，并概述候选的开发策略。

系统设计阶段的目的是创建一个能够满足系统所有已记录系统需求的物理模型。在系统设计阶段，你需要确定应用架构，程序员用其将逻辑设计转换到程序模块和代码。这一阶段的可交付成果是系统设计规格说明，提供给管理层和用户用于审查和批准。

参考答案

(71) C (72) A (73) D (74) A (75) B

第 2 章 2017 上半年系统分析师下午试题 I 分析与解答

> 试题一为必答题,从试题二至试题五中任选 2 道题解答。请在答题纸上的指定位置处将所选择试题的题号框涂黑。若多涂或者未涂题号框,则对题号最小的 2 道试题进行评分。

试题一（共 25 分）

阅读以下关于基于微服务的系统开发的叙述,在答题纸上回答问题 1 至问题 3。

【说明】

某公司拟开发一个网络约车调度服务平台,实现基于互联网的出租车预约与管理。公司的系统分析师王工首先进行了需求分析,得到的系统需求列举如下:

系统的参与者包括乘客、出租车司机和平台管理员三类;

系统能够实现对乘客和出租车司机的信息注册与身份认证等功能,并对乘客的信用信息进行管理,对出租车司机的违章情况进行审核;

系统需要与后端的银行支付系统对接,完成支付信息审核、支付信息更新与在线支付等功能;

针对乘客发起的每一笔订单,系统需要实现订单发起、提交、跟踪、撤销、支付、完成等业务过程的处理;

系统需要以短信、微信和电子邮件多种方式分别为系统中的用户进行事件提醒。

在系统分析与设计阶段,公司经过内部讨论,一致认为该系统的需求定义明确,建议尝试采用新的微服务架构进行开发,并任命王工为项目技术负责人,负责项目开发过程中的技术指导工作。

【问题 1】（12 分）

请用 100 字以内的文字说明一个微服务中应该包含的内容,并用 300 字以内的文字解释基于微服务的系统与传统的单体式系统相比的 2 个优势和带来的 2 个挑战。

【问题 2】（8 分）

识别并设计微服务是系统开发过程中的一个重要步骤,请对题干需求进行分析,对微服务的种类和包含的业务功能进行归类,完成表 1-1 中的（1）～（4）。

表 1-1 微服务名称及所包含业务功能

微服务名称	包含业务功能（至少填写 3 个功能）
乘客管理	（1）
出租车司机管理	（2）
（3）	支付信息审核、支付信息更新、在线支付
订单管理	（4）
通知中心	短信通知、微信通知、邮件通知

【问题 3】(5 分)

　　为了提高系统开发效率,公司的系统分析师王工设计了一个基于微服务的软件交付流程,其核心思想是将业务功能定义为任务,将完成某个业务功能时涉及的步骤和过程定义为子任务,只有当所有的子任务都测试通过后该业务功能才能上线交付。请基于王工设计的在线支付微服务交付流程,从(a)~(f)中分别选出合适的内容填入图 1-1 中的(1)~(5)处。

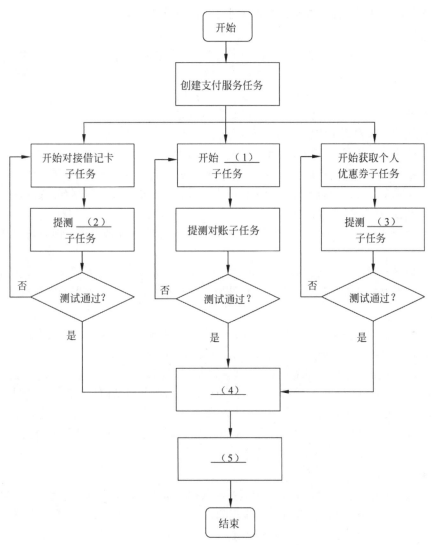

图 1-1　在线支付微服务交付流程

选项：(a) 提交测试　　　　　(b) 全量上线
　　　(c) 对接借记卡　　　　(d) 获取个人优惠券
　　　(e) 试部署　　　　　　(f) 对账

试题一分析

本题考查基于微服务的系统分析与设计的过程。

本题要求考生认真阅读题目对系统需求的描述，采用需求分析与设计的相关方法对系统进行深入理解，并基于微服务架构对系统进行分析与设计。

【问题 1】

微服务是一种新型的软件架构，把一个大型的单体应用程序和服务拆分为多个支持的微服务。一个微服务的策略可以让工作变得更为简便，它可扩展单个组件而不是整个的应用程序堆栈，从而满足服务等级协议。一个微服务需要包含完整的业务功能，开放一种或多种接口为其他服务使用，并可能包含一个自己私有的数据库。

与传统的单体式系统相比，基于微服务的系统包含以下优势：

（1）模块化。微服务强调模块化的结构，这对大团队来说很重要。

（2）独立部署。简单的服务更容易部署，单个的服务出问题不会导致整个系统的故障。

（3）技术多样性。可以混合使用多种编程语言、开发框架以及数据存储技术。

基于微服务的系统带来的挑战：

（1）分布式特性。分布式系统的编程难度更大，因为远程调用慢，而且总存在失败的风险。

（2）最终一致性。分布式系统的强一致性很难，开发人员需要处理最终一致性的问题。

（3）运维的复杂性。需要成熟的运维团队，管理很多需要重新部署的服务。

【问题 2】

识别并设计微服务是系统开发过程中的一个重要步骤，根据题干描述，首先需要对微服务进行拆分，得到乘客管理、司机管理、支付管理、订单管理和通知中心五个核心微服务。然后，针对每个微服务归纳整理其所应该具有的核心业务功能。其中乘客管理微服务需要包含信息注册、身份认证、信用管理等功能；司机管理微服务包括信息注册、身份认证、违章管理等功能；支付管理微服务包括支付信息审核、支付信息更新、在线支付等功能；订单管理包括订单发起、订单提交、订单跟踪、订单撤销、订单支付、订单完成等功能；通知中心包括短信通知、微信通知、邮件通知等功能。

【问题 3】

根据系统分析师王工设计的基于微服务的软件交付流程，其核心思想是将业务功能定义为任务，将完成某个业务功能时涉及的步骤和过程定义为子任务，只有当所有的子任务都测试通过后该业务功能才能上线交付。根据上述描述，应该具有以下的处理流程：

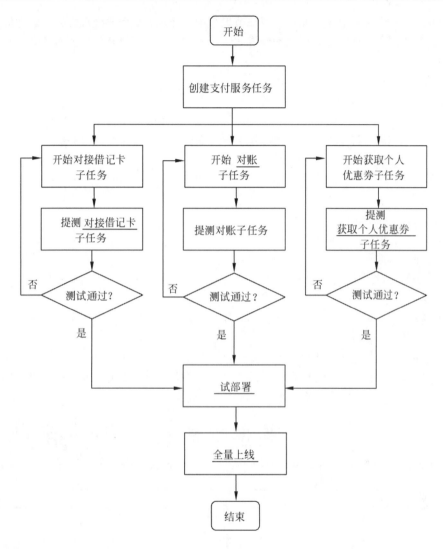

参考答案

【问题1】

一个微服务需要包含完整的业务功能,开放一种或多种接口为其他服务使用,并可能包含一个自己私有的数据库。

与传统的单体式系统相比,基于微服务的系统包含以下优势:

(1) 模块化。微服务强调模块化的结构,这对大团队来说很重要。

(2) 独立部署。简单的服务更容易部署,单个的服务出问题不会导致整个系统的故障。

(3) 技术多样性。可以混合使用多种编程语言、开发框架以及数据存储技术。

基于微服务的系统带来的挑战:

(1) 分布式特性。分布式系统的编程难度更大,因为远程调用慢,而且总存在失败的风险。

（2）最终一致性。分布式系统的强一致性很难，开发人员需要处理最终一致性的问题。
（3）运维的复杂性。需要成熟的运维团队，管理很多需要重新部署的服务。

【问题 2】
（1）信息注册、身份认证、信用管理
（2）信息注册、身份认证、违章管理
（3）支付管理
（4）订单发起、订单提交、订单跟踪、订单撤销、订单支付、订单完成
（其中微服务包含业务功能答出 3 个即可）

【问题 3】
（1）（f）对账
（2）（c）对接借记卡
（3）（d）获取个人优惠券
（4）（e）试部署
（5）（b）全量上线

试题二（共 25 分）

阅读以下关于系统数据分析与建模的叙述，在答题纸上回答问题 1 至问题 3。

【说明】

某软件公司受快递公司委托，拟开发一套快递业务综合管理系统，实现快递单和物流信息的综合管理。项目组在系统逻辑数据模型设计中，需要描述的快递单样式如图 2-1 所示，图 2-2 是项目组针对该快递单所设计的候选实体及其属性。

图 2-1　快递单样式图

第 2 章　2017 上半年系统分析师下午试题 I 分析与解答

```
┌─────────────────────────────┐   ┌─────────────────────────────────┐
│          寄件人              │   │           快递单                 │
├─────────────────────────────┤   ├─────────────────────────────────┤
│ 姓名       Variable characters (20) │ 编号       Characters (10)       │
│ 始发地     Variable characters (20) │ 类型       Short integer         │
│ 单位名称   Text                │   │ 重量       Decimal (4,2)         │
│ 详细地址   Text                │   │ 体积       Decimal (4,2)         │
│ 联系电话   Characters (12)     │   │ 名称       Variable characters (20)│
│ 证件号     Characters (20)     │   │ 数量       Integer               │
│ 主属性：PK1 <pi>               │   │ 收寄员     Characters (20)       │
└─────────────────────────────┘   │ 日期       Date & Time           │
                                   │ 付款方式   Short integer         │
┌─────────────────────────────┐   │ 保价金额   Money                 │
│          收件人              │   │ 代收货款   Money                 │
├─────────────────────────────┤   │ 运费       Money                 │
│ 姓名       Variable characters (20) │ 加急费     Money                 │
│ 目的地     Variable characters (20) │ 包装费     Money                 │
│ 单位名称   Text                │   │ 保价费     Money                 │
│ 详细地址   Text                │   │ 总计       Money                 │
│ 联系电话   Characters (12)     │   │ 备注       Variable characters (40)│
│ 证件号     Characters (20)     │   │ 主属性：PK2 <pi>                 │
│ 主属性：PK3 <pi>               │   └─────────────────────────────────┘
└─────────────────────────────┘
```

图 2-2　候选实体及属性

【问题 1】（6 分）

　　数据库设计主要包括概念设计、逻辑设计和物理设计三个阶段，请用 200 字以内文字说明这三个阶段的主要任务。

【问题 2】（11 分）

　　根据快递单样式图，请说明：

　　1）图 2-2 中三个候选实体对应的主属性 PK1、PK2 和 PK3 分别是什么？

　　2）图 2-2 中应设计哪些实体之间的联系，并说明联系的类型。

【问题 3】（8 分）

　　在图 2-2 中添加实体之间的联系后，该实体联系图是否满足第一范式、第二范式和第三范式中的要求（对于每种范式判定时，假定已满足低级别范式要求）。如果不满足，请用 200字以内文字分别说明其原因。

试题二分析

　　本题考查考生对于软件系统数据库分析与建模的掌握情况。

　　数据库是长期存储在计算机内的、有组织的、可共享的数据集合，数据库系统是指在计算机信息系统中引入数据库后的系统。数据库分析与设计是指对一个给定的应用环境，提供一个确定最优数据模型与处理模式的逻辑设计，以及一个确定数据库存储结构与存取方法的物理设计，建立起能反映现实世界信息和信息联系及满足用户数据要求和加工要求，以能够被某个 DBMS 所接受，同时能实现系统目标，并有效存取数据的数据库。基于数据库系统生命周期的数据库设计可以分为如下 5 个阶段：规划、需求分析、概念设计、逻辑设计和物理设计。规划阶段的主要任务是进行建立数据库的必要性及可行性分析，确定数据库系统在企业和信息系统中的地位，以及各个数据库之间的联系。需求分析的目标是通过调查研究，了解用户的数据和处理要求，并按一定格式整理形成需求说明书。在此基础上，通过概念设计、逻辑设计和物理设计构建数据库的物理结构。

数据库分析与设计是系统分析师必须要掌握的专业知识与技能，特别是需要掌握数据分析和数据库设计的过程与方法，进一步掌握数据库优化理论和模型。

【问题 1】

在数据库规划和需求分析的基础上，通过概念设计、逻辑设计和物理设计三个阶段完成数据库的设计过程。概念设计也称为概念结构设计，其任务是在需求分析阶段产生的需求说明书的基础上，按照特定的方法将它们抽象为一个不依赖于任何 DBMS 的数据模型，即概念模型。逻辑设计也称为逻辑结构设计，其任务是将概念模型转化为某个特定的 DBMS 上的逻辑模型。物理设计也称为物理结构设计，其任务是对给定的逻辑模型选取一个最适合应用环境的物理结构，所谓数据库的物理结构，主要是指数据库在物理设备上的存储结构和存取方法。

【问题 2】

（1）数据模型中的主属性是包含在任一候选关键字中的属性，即主属性的值可以唯一标识一个数据对象。对于寄件人和收件人来说，其证件号码和联系电话都可以分别标识一个数据对象，可以作为候选关键字，所以其主属性为联系电话或证件号；而对于快递单来说，编号可以唯一标识一个数据对象，可以作为候选关键字，所以其主属性为编号。

（2）快递单实体建立了寄件人和收件人两个实体之间的联系，所以需要补充的联系有两种：寄件人和快递单之间的联系，收件人和快递单之间的联系。快递单实体的一个实例有且只有一个寄件人实例和收件人实例，而每个寄件人或收件人可以发出或收到多个快递单。所以，寄件人与快递单之间的联系类型为一对多；收件人与快递单之间的联系类型同样为一对多。

【问题 3】

按照关系型数据库优化理论，第一范式需要满足每个实体的属性具有唯一值，即消除多值属性；第二范式需要在第一范式基础上满足所有的非主属性不能部分依赖于主属性，即消除部分依赖；第三范式需要在第二范式基础上满足所有的非主属性不能依赖于其他非主属性，即消除传递依赖。

结合题目说明，在图 2-2 中，实体"快递单"的属性"体积"存在"长""宽""高"多个值，非原子属性，所以不满足第一范式。在满足第一范式条件下，由于不存在组合关键字，所以不存在部分依赖，因此满足第二范式要求。在满足第二范式条件下，由于实体"快递单"的属性"代收货款""运费""加急费""包装费""保价费"五个属性依赖于实体主属性，而属性"总计"依赖于上述五个属性，存在传递依赖，所以不满足第三范式。

参考答案

【问题 1】

（1）概念设计的主要任务是在需求分析阶段产生的需求说明书的基础上，按照特定的方法将它们抽象为一个不依赖于任何 DBMS 的概念数据模型。

（2）逻辑设计的主要任务是将概念模型转化为某个特定的 DBMS 上的逻辑模型，并对所设计的逻辑模型进行优化。

（3）物理设计的主要任务是对给定的逻辑模型选取一个最适合应用环境的物理结构，以确定数据库在物理设备上的存储结构和存取方法。

（以上答案意思正确即可）

【问题 2】

1）候选实体对应的主属性：

PK1：联系电话 或 证件号

PK2：编号

PK3：联系电话 或 证件号

2）应该补充的联系及类型具体如下：

（1）寄件人与快递单之间的联系；联系类型：一对多

　　或 快递单与寄件人之间的联系；联系类型：多对一。

（2）收件人与快递单之间的联系；联系类型：一对多

　　或 快递单与收件人之间的联系；联系类型：多对一。

【问题 3】

（1）不满足第一范式；原因：实体"快递单"的属性"体积"存在"长""宽""高"多个值，非原子属性，所以不满足第一范式。

（2）满足第二范式。

（3）不满足第三范式；原因：实体"快递单"的属性"代收货款""运费""加急费""包装费""保价费"五个属性依赖于实体主属性，而属性"总计"依赖于上述五个属性，存在传递依赖，所以不满足第三范式。

试题三（共 25 分）

阅读以下关于嵌入式多核程序设计技术的描述，在答题纸上回答问题 1 至问题 3。

【说明】

近年来，多核技术已被广泛应用于众多安全关键领域（如航空航天等）的电子设备中，面向多核技术的并行程序设计方法已成为软件人员急需掌握的主要技能之一。某宇航公司长期从事宇航电子设备的研制工作，随着宇航装备能力需求的提升，急需采用多核技术以增强设备的运算能力、降低功耗与体积，快速实现设备的升级与换代。针对面向多核开发，王工认为多核技术是对用户程序透明的，开发应把重点放在多核硬件架构和硬件模块设计上面，而软件方面，仅仅需要选择一款支持多核处理器的操作系统即可。而李工认为，多核架构能够使现有的软件更高效地运行，构建一个完善的软件架构是非常必要的。提高多核的利用率不能仅靠操作系统，还要求软件开发人员在程序设计中考虑多进程或者多线程并行处理的编程问题。

【问题 1】（12 分）

请用 300 字以内文字说明什么是多核技术和多线程技术，并回答李工的意见是否正确，为什么？

【问题 2】（6 分）

在多核环境下，线程的活动有并行和并发两种方式，请用 300 字以内的文字说明这两种方式的含义及差别。

【问题 3】（7 分）

请根据自己所掌握的多核、多线程的知识，判别表 3-1 给出的说法是否正确，并将答案写在答题纸上对应空白处（填写正确或错误）。

表 3-1 关于多核和单核体系结构的说明

序号	说 明	是否正确
1	在面向多核体系结构开发应用程序时，只有有效地采用多线程技术并仔细分配各线程的工作负载才能够达到最高的性能	（1）
2	在面向多核平台设计多线程应用程序时，开发人员应当采用与面向单核平台时不同的设计思想	（2）
3	在多核平台上，多线程一般被当作是一种能够实现延迟隐藏的有效编程手段	（3）
4	多核平台为开发人员提供了一种优化应用程序的渠道，就是通过仔细分配加载到各线程（或各处理器核）上的工作负载就能够得到性能上的提升	（4）
5	在单核平台上，为了简化多线程应用程序的编写和调试，开发人员可能会做一些假设，这些假设也会适应于多核平台	（5）
6	在多核平台上，存储缓冲的 Cache 一致性问题是多核程序设计应当重点考虑的问题，但是，多核 Cache 的伪共享（False Sharing）问题在单核平台上也存在	（6）
7	在单核平台上，开发人员通常遵循优先级较高的线程不会受到优先级较低线程的干扰的思想对代码进行优化，这样的代码在多核平台上运行就会非常不稳定	（7）

试题三分析

本题主要考查考生对当前流行的多核技术的掌握程度。

首先要求考生在理解多核技术、并行和并发技术的基本概念和主要特征的基础上，针对多核环境的软件设计方法开展学习，重点从多核软件架构、多进程、多线程并发处理等技术方面思考问题，以进一步提高考生对多核知识的掌握能力。

此类题目要求考生根据自己已掌握的有关多核处理的相关知识，认真阅读题目对多核技术问题的描述，经过分析、分类和概括等方法，从中分析出题干或备选答案给出的术语间的差异，正确回答问题所涉及的各类技术要点。

【问题 1】

多核处理器以其高速的运算能力和较低的功率消耗特点被当前电子设备广泛采用。多核处理器的使用不仅带来了硬件设计结构的复杂性，也使软件设计更加复杂。因此，软件的并发设计好坏，直接影响着多核处理器的利用率。

首先，我们应理解，多核是多微处理器的简称，是将两个或更多的独立处理器封装在一起，集成在一个电路中，每个独立处理器都可以对计算机的资源（如内存、总线、中断等）共享。多核处理器是单枚芯片（也称为硅片），能够直接插入单一的处理器插槽中。

多核仅仅提供了一种多处理器并行运行的环境，但并不能解决应用软件的并行执行，这些资源的并行分配与调度必须由操作系统实现，操作系统会利用所有相关资源，将它的每个执行内核作为分立的逻辑处理器进行调度。而对于应用任务而言，传统的多进程、多线程概念将被采用于多核环境下。

多线程（Multi-Threading）技术是利用处理器的超标量特性，同时执行多条指令。多线程技术需要操作系统的支持，是在操作系统级别上实现一个物理 CPU 的多线程并发法处理，以提高单个 CPU 利用率。传统的多线程概念解决了在同一物理处理器内的线程并发问题，而在多核环境下，就要解决多线程在多个物理处理器间的线程并行问题。因此，在面向多核平台设计多线程应用程序时，开发人员应当采用与面向单核平台时不同的设计思想。所以说李工的意见是正确的。其正确性主要体现在以下几点：

（1）多核的利用率与应用程序的并发（并行）性有关，开发人员应当采用与单核平台不同的设计思想。

（2）操作系统完成多核资源的调度，在一定意义上提高了 CPU 的利用率。但调度是在开发人员已经划分完成并发进程（线程）的基础上实现的。

（3）多核操作系统一般为开发人员提供三种多核调度方式，对称多处理（SMP）、非对称多处理（AMP）、混合多处理（BMP），这三种工作方式都与具体软件系统的需求和设计有关。

【问题 2】

由于多线程的并行程序设计支持多个操作同时执行，虽能显著提高程序性能，但是并行程序设计人员必须认识到，多线程同时也使得应用程序行为变得更加复杂，其根源在于，程序会同时发生多个动作，对这些同时发生的动作以及它们之间的交互进行管理将面临同步、通信、负载平衡和可扩展性等四方面的挑战。因此，考生必须清楚并行和并发的概念。

并行（parallel）：并行概念是指当提到多个软件线程并行执行的时候，即意味着这些活动线程在不同的硬件资源或者处理单元上同时执行，也就是说多个线程在任何时间点都同时执行；

并发（concurrent）：并发概念是指当提到多个软件线程并发执行的时候，即意味着这些活动线程在同一个硬件资源上交替执行的过程，也就是说所有活动线程在某段时间内同时执行的状态，但在某个给定的时刻都只有一个线程在执行。

【问题 3】

在多核环境下，软件人员到底使用多进程形式编写程序还是使用多线程形式编写程序，究竟单核平台与多核平台上的多线程概念有哪些不同。对此，当开发人员在面向多核处理器开发应用程序时，需要对以下几个非常重要的方面加以特别考虑：

（1）在面向多核体系结构开发应用程序时，只有有效地采用多线程技术并仔细分配各线程的工作负载才能达到最高的性能（（1）是正确的）。而面向单核环境时，由于线程是在同一物理处理器上并发交替执行，开发人员主要是依靠提高直线指令吞吐率的方法提高了应用程序的性能；而在多核环境下，各线程根本不需要为了得到某种资源而挂起等待，各个线程都是在相互独立的执行核上并行运行的。

（2）由于单核处理器只能将多个指令流交替执行，并不能真正将他们同时执行，所以，单核结构上的多线程应用程序的性能就受到限制。单核平台上，多线程一般都被当作是一种能够实现延迟隐藏的有效编程手段（（3）是不正确的）。

（3）由于多核平台支持多线程的并行执行的特性，为开发人员提供了一种优化应用程序的渠道，就是通过仔细分配加载到各线程（或各处理器核）上的工作负载就能够得到性能上的提升。并且，开发人员也可以对应用程序代码加以优化，使其能够更加充分地使用多个处理器资源，进而达到提升应用程序性能的目的（（4）是正确的）。

（4）在面向多核平台设计多线程应用程序的时候，开发人员必须采用与面向单核平台时不同的设计思想（（2）是正确的）。在单核平台上，为了简化多线程应用程序的编写和调试，开发人员可能会做一些假设，但这些假设可能不适用于多核平台（（5）是不正确的）。对于两种平台，设计思想的不同之处主要体现在存储缓存（memory caching）和线程优先级（thread priority）两个方面。

（5）在多核平台上，由于 Cache 存储器是基于局部性原理来工作的，故不同的数据可能存放在 Cache 的同一行中，因此，即使某个线程所需的位于 Cache 块中的数据没有被重写过，存储系统还是可能会将该 Cache 块标记为无效。这种现象就是伪共享（False Sharing）问题，但是在单核平台上，因为只有唯一的 Cache 供各线程共享，所以就不存在 Cache 同步问题，即不存在伪共享（（6）是不正确的）。

（6）在单核与多核平台上采用相同的线程优先级策略也会导致不同的线程行为。比如一个应用程序有两个不同优先级的线程，开发人员在进行性能优化时，会假设高优先级线程可以一直占用执行资源，而不会被低优先级线程所干扰，这在单核环境下是正确的。但是，在多核环境下，操作系统调度程序是在不同的执行核上调度这两个线程，两个线程会同时执行，线程优先级是不起作用的。因此，在单核平台上，开发人员通常遵循优先级较高的线程不会受到优先级较低线程的干扰的思想对代码进行优化，这样的代码在多核平台上运行就会非常不稳定（（7）是正确的）。

参考答案
【问题 1】
多核技术：多核是多微处理器的简称，是将两个或更多的独立处理器封装在一起，集成在一个电路中。多核处理器是单枚芯片（也称为硅片），能够直接插入单一的处理器插槽中，但操作系统会利用所有相关资源，将它的每个执行内核作为分立的逻辑处理器进行调度。

多线程技术：多线程（Multi-Threading）技术是利用处理器的超标量特性，同时执行多条指令。多线程技术需要操作系统的支持，是在操作系统级别上实现一个物理 CPU 的多线程并发法处理，以提高单个 CPU 利用率。

李工的意见是正确的，理由如下：

（1）多核的利用率与应用程序的并发（并行）性有关，开发人员应当采用与单核平台不同的设计思想。

（2）操作系统完成多核资源的调度，在一定意义上提高了 CPU 的利用率。但调度是在开发人员已经划分完成并发进程（线程）的基础上实现的。

（3）多核操作系统一般为开发人员提供三种多核调度方式，对称多处理（SMP）、非对称多处理（AMP）、混合多处理（BMP），这三种工作方式都与软件设计有关。

（以上答案，意思正确即可）

【问题 2】
并行（parallel）：并行概念是指当提到多个软件线程并行执行的时候，即意味着这些活动线程在不同的硬件资源或者处理单元上同时执行，也就是说多个线程在任何时间点都同时执行；

并发（concurrent）：并发概念是指当提到多个软件线程并发执行的时候，即意味着这些活动线程在同一个硬件资源上交替执行的过程，也就是说所有活动线程在某段时间内同时执行的状态，但在某个给定的时刻都只有一个线程在执行。

（以上答案，意思正确即可）

【问题 3】
（1）正确
（2）正确
（3）错误
（4）正确
（5）错误
（6）错误
（7）正确

试题四（共 25 分）

阅读以下关于数据库分析与建模的叙述，在答题纸上回答问题 1 至问题 3。

【说明】

某电子商务企业随着业务不断发展，销售订单不断增加，每月订单超过了 50 万笔，急需开发一套新的互联网电子订单系统。同时该电商希望建立相应的数据中心，能够对订单数据进行分析挖掘，以便更好地服务用户。

王工负责订单系统的数据库设计与开发，初步设计的核心订单关系模式为：

orders(order_no, customer_no, order_date, product_no, price, ...);

考虑订单数据过多，单一表的设计会对系统性能产生较大影响，仅仅采用索引不足以解决性能问题。因此，需要将订单表拆分，按月存储。

王工采用反规范化设计方法来解决，给出了相应的解决方案。李工负责数据中心的设计与开发。李工认为王工的解决方案存在问题，建议采用数据物理分区技术。在解决性能问题的同时，也为后续的数据迁移、数据挖掘和分析等工作提供支持。

【问题 1】（8 分）

常见的反规范化设计包括增加冗余列、增加派生列、重新组表和表分割。为解决题干所述需求，王工采用的是哪种方法？请用 300 字以内的文字解释说明该方法，并指出其优缺点。

【问题 2】（8 分）

物理数据分区技术一般分为水平分区和垂直分区，数据库中常见的是水平分区。水平分区分为范围分区、哈希分区、列表分区等。请阅读表 4-1，在（1）~（8）中填写不同分区方法在数据值、数据管理能力、实施难度与可维护性、数据分布等方面的特点。

表 4-1 水平分区比较表

	范围分区	哈希分区	列表分区
数据值	（1）	连续离散均可	（2）
数据管理能力	强	（3）	（4）
实施难度与可维护性	（5）	好	（6）
数据分布	（7）	（8）	不均匀

【问题 3】（9 分）

根据需求，李工宜选择物理水平分区中的哪种分区方法？请用 300 字以内的文字分别解释说明该方法的优缺点。

试题四分析

本题考查数据库设计中反规范化设计的概念。

此类题目要求考生认真阅读题目对现实问题的描述，根据具体业务问题，选择合适的解决方案。

【问题 1】

关系模式规范化设计所导致的性能问题在实际应用中可能令人无法接受。如果出现这种情况，在数据库概要设计阶段，一般要采用非规范化手段。关系模式的非规范化就是为了获得性能上的要求所进行的违反规范化规则的操作。而非规范化手段必然会带来数据冗余、更新异常等问题，因此必须均衡考虑，同时必须对非规范化操作所带来的副作用进行处理。常见的反规范化设计包括增加冗余列、增加派生列、重新组表和表分割。

王工采用的是表分割方法。常见的表分割方法分为水平分割和垂直分割。王工应采用水平分割，根据订单的时间属性，将不同时间的订单存放到不同的逻辑表中，不同的月份使用不同的关系表。

该方法的优点是将数据分布到多个不同表，这些库表逻辑与物理上均是独立的。在订单系统中最频繁的操作是对当月订单表的操作，这种方法有效地减少了操作表中的记录数目，可有效提升性能。同时按月存储有利于数据迁移、备份和管理。

该方法的缺点是逻辑上破坏了关系概念的完整性，由一个关系变为多个关系。因此在数据分析挖掘中，进行历史数据挖掘和分析时，需要执行集合并操作，处理较单表操作而言更复杂。例如需要对一年的数据进行分析，就需要对 12 张表进行操作。增加数据维护的工作强度，也增加了应用软件设计和实现的复杂度。

【问题 2】

物理数据分区（也称为表分区）技术一般分为水平分区和垂直分区，数据库中常见的是水平分区，根据一列或多列数据的值把数据行放到多个物理独立的表中，根据属性类型以及划分规则，常见的分区有范围分区、哈希分区、列表分区等。范围分区是根据属性的连续取值范围进行分区；哈希分区是根据属性值进行哈希运算后的值进行分区；列表分区是根据属性的离散取值进行分区。因此，三种分区在数据值、数据管理能力、实施难度与可维护性、数据分布等方面的特点如下表所示。

数值 \ 范围	范围分区	哈希分区	列表分区
数据值	连续	连续离散均可	离散
数据管理能力	强	弱	强
实施难度与可维护性	差	好	差
数据分布	不均匀	均匀	不均匀

【问题 3】
根据题干描述的业务需求，时间属性为连续数据，李工应该选择水平分区中的范围分区，对属性 order_date 按照取值范围进行划分，实现数据的按月存储。

该方法的优点是逻辑模式保持不变，保证了订单关系概念的单一性和完整性。但在物理上分布到多个不同物理实体上，可以执行并行查询，提高了系统性能。范围分区提供了良好的数据迁移、备份和管理能力；

该方法的缺点是随着时间的增加，日期数据发生变化，需要 DBA 对分区进行维护，以增加新的分区。订单数据在分区上不均匀。实施有难度，可维护性比较差。

参考答案

【问题 1】
王工采用的是表分割方法。常见的表分割方法分为水平分割和垂直分割。王工应采用水平分割，将不同时间的订单存放到不同的逻辑表中，不同的月份使用不同的关系表。

该方法的优点是将数据分布到多个不同表，这些库表逻辑与物理上均是独立的。在订单系统中最频繁的操作是对当月订单表的操作，这种方法有效地减少了操作表中的记录数目，可有效提升性能。同时按月存储有利于数据迁移、备份和管理。

该方法的缺点是逻辑上破坏了关系概念的完整性，由一个关系变为多个关系。因此在数据分析挖掘中，进行历史数据挖掘和分析时，需要执行集合并操作，处理较单表操作而言更复杂。例如需要对一年的数据进行分析，就需要对 12 张表进行操作。增加数据维护的工作强度，也增加了应用软件设计和实现的复杂度。

【问题 2】
（1）连续
（2）离散
（3）弱
（4）强
（5）差
（6）差
（7）不均匀
（8）均匀

【问题 3】
李工应该选择水平分区中的范围分区，对属性 order_date 按照取值范围进行划分，实现数据的按月存储。

该方法的优点是逻辑模式保持不变，保证了订单关系概念的单一性和完整性。但在物理上分布到多个不同物理实体上，可以执行并行查询，提高了系统性能。范围分区提供了良好的数据迁移、备份和管理能力；

该方法的缺点是随着时间的增加，日期数据发生变化，需要 DBA 对分区进行维护，以增加新的分区。订单数据在分区上不均匀。实施有难度，可维护性比较差。

试题五（共 25 分）

阅读以下关于 Web 系统架构设计的叙述，在答题纸上回答问题 1 至问题 3。

【说明】

某公司开发的 B2C 商务平台因业务扩展，导致系统访问量不断增大，现有系统访问速度缓慢，有时甚至出现系统故障瘫痪等现象。面对这一情况，公司召开项目组讨论会议，寻求该商务平台的改进方案。讨论会上，王工提出可以利用镜像站点、CDN 内容分发等方式解决并发访问量带来的问题。而李工认为，仅仅依靠上述外网加速技术不能完全解决系统现有问题，如果访问量持续增加，系统仍存在崩溃的可能。李工提出应同时结合 Web 内网加速技术优化系统改进方案，如综合应用负载均衡、缓存服务器、Web 应用服务器、分布式文件系统、分布式数据库等。经过讨论，公司最终决定采用李工的思路，完成改进系统的设计方案。

【问题 1】（10 分）

针对李工提出的改进方案，从 a~j 中分别选出各技术的相关描述和对应常见支持软件填入表 5-1 中的（1）～（10）处。

表 5-1 技术描述与常见支持软件

技术	相关描述	常见支持软件
负载均衡	（1）	（2） 、LVS
缓存服务器	（3）	（4） 、Memcached
分布式文件系统	（5）	（6） 、 （7） 、MooseFS
Web 应用服务器	加速对请求进行处理	（8） 、 （9） 、Jetty
分布式数据库	缓存、分割数据、加速数据查找	（10） 、MySQL

a）保存静态文件，减少网络交换量，加速响应请求

b）可采用软件级和硬件级负载均衡实现分流和后台减压

c）文件存储系统，快速查找文件

d）FastDFS

e）HAProxy

f）JBoss

g）Hadoop Distributed File System（HDFS）

h）Apache Tomcat

i）Squid

j）MongoDB

【问题 2】（9 分）

请用 100 字以内的文字解释分布式数据库的概念，并给出提高分布式数据库系统性能的 3 种常见实现技术。

【问题 3】（6 分）

针对 B2C 商务购物平台的数据浏览操作远远高于数据更新操作的特点，指出该系统应采用的分布式数据库实现方式，并分析原因。

试题五分析

本题考查 Web 系统架构设计的相关知识及应用。

此类题目要求考生认真阅读题目，根据实际系统的需求描述，进行 Web 系统架构的设计。

【问题 1】

本问题考查 Web 系统设计中常用技术及实现这些技术的常用软件。

1. 负载均衡技术

Web 系统设计中的负载均衡可以分为软件负载均衡和硬件负载均衡。软件负载均衡解决方案是指在一台或多台服务器相应的操作系统上安装一个或多个附加软件来实现负载均衡，它的优点是基于特定环境，配置简单，使用灵活，成本低廉，可以满足一般的负载均衡需求。软件级负载均衡又分为四层负载均衡和七层负载均衡。四层负载均衡中性能较为突出的有 LVS 和 Haproxy 等，LVS 是在 Linux 内核层进行数据交换，高并发能力接近硬件级负载均衡器的水平。但四层交换也有其不足之处，如不能检测后端服务器存活情况，不支持正则动静分离。七层负载均衡中性能较优的有 Haproxy 和 Nginx 等，两者都支持虚拟主机，在负载均衡的同时都有保持 session 的方案，并且可以进行动静分离，但显而易见，其性能不如四层交换。因此，根据不同网站的需求在负载均衡上的部署方案也不同。硬件负载均衡解决方案是直接在服务器和外部网络间安装负载均衡设备，这种设备通常称之为负载均衡器，由于专门的设备完成专门的任务，独立于操作系统，整体性能得到极大提高，加上多样化的负载均衡策略，智能化的流量管理，可达到最佳的负载均衡需求。负载均衡器有多种多样的形式，除了作为独立意义上的负载均衡器外，有些负载均衡器集成在交换设备中，置于服务器与 Internet 链接之间，有些则以两块网络适配器将这一功能集成到 PC 中，一块连接到 Internet 上，一块连接到后端服务器群的内部网络上。一般而言，硬件负载均衡在功能、性能上优于软件方式，不过成本昂贵。常见的有 NetScaler、F5、Radware、Array 等商用的负载均衡器。

2. 缓存服务器

Web 缓存（Web Cache）服务器的功能类似于 CDN 内容分发技术中的缓存技术，目的都是加快网络访问速度，同时减小高并发访问对后台产生的冲击效应。Web 缓存服务器存储网络上其他用户需要的网页、文件等信息，它不仅可以使用户得到他们想要的信息，而且可以减少网络的交换量。缓存服务器往往也是代理服务器。对于网络的用户，缓存服务器和代理是不可见的，在用户看来所有的信息都来自访问的网站。Web 缓存服务器使用大量存储空间来同时服务大量的用户，因而，Web Cache 能为流行的 Web 站点快速提供最新的数据，Web Cache 还可以加速已经被本地用户访问过的其他 Web 站点的访问速度，对于那些数据需求超出浏览器 Cache 限制的用户尤其有用。现有常见的软件级 Web 缓存服务器有 Squid、Varnish、Nginx 第三方模块，商业级的 AiCache 等。

3. 分布式文件系统

通过分布式文件系统，一台服务器上的某个共享点能够作为驻留在其他服务器上的共享资源的宿主。分布式文件系统以透明方式链接文件服务器和共享文件夹，然后将其映射到单个层次结构，以便可以从一个位置对其进行访问，而实际上数据却分布在不同的位置。到目前为止，有数十种以上的分布式文件系统解决方案可供选择，如 Lustre、Hadoop 和 FastDFS

等。它们对使用的环境和适应的文件形式各不相同,加速效果也不相同。在国内,MogileFS较为受欢迎,在图片存储上性能突出。而淘宝网则自己开发出文件系统 TFS 来适应其 PB 级的图片与商品描述文件。

4. Web 应用服务器

在 Web 服务器的市场中,轻量级高性能服务器广受欢迎,但因为轻量级服务器本身并不支持处理 PHP 等脚本语言,因此在实际运用中一方面为轻量级服务器开发处理脚本语言的第三方模块,或者直接搭配传统服务器进行动态网站的请求处理,其中以 Nginx 为代表的轻量级服务器搭配 Apache 服务器的应用已经是一种较为流行的部署方式。Web 服务器提供 Web 页面浏览的服务,仅支持 HTTP 协议、HTML 文档格式,在市场需求中,还有很多需求是针对业务逻辑的需要,这也是应用服务器与 Web 服务器的区别,应用服务器支持客户端提出请求调用(call)的方法处理商业逻辑,在大多数情形下,应用程序服务器是通过组件的应用程序接口把商业逻辑暴露给客户端应用程序的,例如基于 J2EE 应用程序服务器的 EJB 组件模型。Apache 搭配 Tomcat 或者 Tomcat 单独作为服务器来实现应用服务器是广泛使用的方法,JBoss 网络服务器的崛起也促进了应用服务器的使用。

5. 分布式数据库

分布式数据库系统通常使用较小的计算机系统,每台计算机可单独放在一个地方,每台计算机中都可能有 DBMS 的一份完整拷贝副本,或者部分拷贝副本,并具有自己局部的数据库,位于不同地点的许多计算机通过网络互相连接,共同组成一个完整的、全局的逻辑上集中、物理上分布的大型数据库。

数据分片类型包括水平分片、垂直分片、导出分片和混合分片。水平分片按一定的条件把全局关系的所有元组划分成若干不相交的子集,每个子集为关系的一个片段。垂直分片是把一个全局关系的属性集分成若干子集,并在这些子集上作投影运算,每个投影称为垂直分片。导出分片又称为导出水平分片,即水平分片的条件不是本关系属性的条件,而是其他关系属性的条件。混合分片是以上三种方法的混合。可以先水平分片再垂直分片,或先垂直分片再水平分片,或其他形式,但它们的结果是不相同的。数据分配方式包括集中式、分割式、全复制式和混合式。集中式是所有数据片段都安排在同一个场地上;分割式是所有数据只有一份,它被分割成若干逻辑片段,每个逻辑片段被指派在一个特定的场地上;全复制式是数据在每个场地重复存储,也就是每个场地上都有一个完整的数据副本;混合式是一种介乎于分割式和全复制式之间的分配方式。常见的分布式数据库实现方式包括基于 MangoDB、MySQL、DB2、Oracle 等。

【问题 2】

本问题考查分布式数据库的概念和发挥分布式数据库性能优势的常用方法。

分布式数据库是用计算机网络将物理上分散的多个数据库单元连接起来组成的一个逻辑上统一的数据库。每个被连接起来的数据库单元称为站点或结点。

为提高分布式数据库的性能,发挥其优势,常见的实现技术有读写分离、数据分割、数据索引、数据缓存、负载均衡等。

1. 读写分离

在大多数社交购物网站中，读操作远多于写操作。在原始的数据库中，当写入的时候必须要锁住数据表，小数据量的时候并不会出现瓶颈问题，当数据量暴增时，读写数据必然会受到很大的影响。如果把读操作和写操作分离开来，性能将大大提高，这也是相对比较早的一种提升数据库性能的部署方式。

2. 数据分割

数据分割（数据分片）是指把逻辑上是统一整体的数据分割成较小的、可以独立管理的物理单元进行存储，以便于重构、重组和恢复，以提高创建索引和顺序扫描的效率。数据分割可采用不同类型的分割方式。

（1）垂直分割将一个大数据库分成多个小数据库，可以提高查询的性能，因为每个数据库分区只拥有自己的一小部分数据。假设需要扫描 1 亿条记录，对一个单一分区的数据库来讲，该扫描操作需要数据库管理器独立扫描一亿条记录。如果将数据库系统做成 50 个分区，并将这 1 亿条记录平均分配到这 50 个分区上，那么每个数据库分区的数据库管理器将只扫描 200 万条记录。

（2）水平分区意味着将同一个数据库表中的记录通过特定的算法进行分离，分别保存在不同的数据库表中，从而可以部署在不同的数据库服务器上。很多大规模的站点基本上都是主从复制+垂直分区+水平分区这样的架构。水平分区并不依赖什么特定的技术，完全是逻辑层面的规划，需要的是经验和业务的细分。

3. 数据索引

索引是对数据库表中一列或多列的值进行排序的一种结构，使用索引可快速访问数据库表中的特定信息。如果想按特定职员的姓名来查找他或她，则与在表中搜索所有的行相比，索引有助于更快地获取信息。索引就是加快检索表中数据的方法，亦即能协助信息搜索者快速找到符合限制条件的记录 ID 的辅助数据结构。根据数据库的功能，可以在数据库设计器中创建三种索引：唯一索引、主键索引和聚集索引。创建索引可以大大提高系统的性能。第一，通过创建唯一性索引，可以保证数据库表中每一行数据的唯一性。第二，可以大大加快数据的检索速度，这也是创建索引的最主要的原因。第三，可以加速表和表之间的连接，特别是在实现数据的参考完整性方面特别有意义。第四，在使用分组和排序子句进行数据检索时，同样可以显著减少查询中分组和排序的时间。第五，通过使用索引，可以在查询的过程中，使用优化隐藏器，提高系统的性能。

4. 数据缓存

随着数据库的读写操作日益频繁，缓存数据也成为必然。缓存是最重要的一个方面，以提高应用程序性能的存储对象的缓存（内存），减少数据库负载。缓存在群集环境中，需要分布式缓存解决方案，可以支持故障切换情景和数据的可靠性。

5. 负载均衡

几乎所有的主流数据库都支持复制，这是进行数据库简单扩展的基本手段。为了让主从服务器上的数据保持一致，从服务器定向主服务器获取更新操作日志，并在从服务器上进行更新操作。主从服务器的数据同步也可以用作对数据库数据的备份。在读写分离的方式下使用主从部署方式的数据库时，会遇到一个问题，即一个主数据库对应多台从服务器，对于写操作是针对主数据库的，数据库个数是唯一的，但是对于从服务器的读操作就需要使用适当的算法来分配请求，尤其是在多个从服务器的配置不一样的时候，甚至需要读操作按照权重来分配。负载均衡技术即可用于解决上述问题。

【问题3】

本问题考查考生根据题干中 Web 系统分析选择合适的数据库实现策略的能力。

根据题干中的描述，该购物网站 Web 系统中，用户浏览商品的操作远远高于用户下单、修改商品信息等操作，因此，购物网站是典型的读操作远多于写操作的 Web 系统。分析之后，可知应采用的分布式数据库实现方式为主从分布、读写分离。具体原因如下：在购物网站中，读操作远多于写操作，在原始的数据库中，写入的时候必须要锁住数据表，当小数据量的时候并不会出现瓶颈问题，当数据量暴增时，读写数据必然会受到很大的影响。如果把读操作和写操作分离开来，性能将大大提高。

参考答案

【问题1】

（1）b)
（2）e)
（3）a)
（4）i)
（5）c)
（6）d)
（7）g)
（8）f)
（9）h)
（10）j)

注：（6）和（7）、（8）和（9）的答案可互换。

【问题2】

分布式数据库是用计算机网络将物理上分散的多个数据库单元连接起来组成的一个逻辑上统一的数据库。每个被连接起来的数据库单元称为站点或结点。

常见实现技术：读写分离、数据分割、数据索引、数据缓存、负载均衡等。

【问题3】

系统应采用的分布式数据库实现方式为主从分布、读写分离。

原因：在购物网站中，读操作远多于写操作，在原始的数据库中，写入的时候必须要锁住数据表，当小数据量的时候并不会出现瓶颈问题，当数据量暴增时，读写数据必然会受到很大的影响。如果把读操作和写操作分离开来，性能将大大提高。

第3章 2017上半年系统分析师下午试题 II 写作要点

> 从下列的 4 道试题（试题一至试题四）中任选 1 道解答。请在答题纸上的指定位置处将所选试题的题号框涂黑。若多涂或者未涂题号框，则对题号最小的一道试题进行评分。

试题一 论需求分析方法及应用

需求分析是提炼、分析和仔细审查已经获取到的需求的过程。需求分析的目的是确保所有的项目干系人（利益相关者）都理解需求的含义并找出其中的错误、遗漏或其他不足的地方。需求分析的关键在于对问题域的研究与理解。为了便于理解问题域，现代软件工程所推荐的需求分析方法是对问题域进行抽象，将其分解为若干个基本元素，然后对元素之间的关系进行建模。常见的需求分析方法包括面向对象的分析方法、面向问题域的分析方法、结构化分析方法等。而无论采用何种方法，需求分析的主要工作内容都基本相同。

请围绕"需求分析方法及应用"论题，依次从以下三个方面进行论述。
1. 简要叙述你参与管理和开发的软件系统开发项目以及你在其中所承担的主要工作。
2. 概要论述需求分析工作过程所包含的主要工作内容。
3. 结合你具体参与管理和开发的实际项目，说明采用了何种需求分析方法，并举例详细描述具体的需求分析过程。

写作要点

一、简要叙述所参与管理和开发的软件项目，并明确指出在其中承担的主要任务和开展的主要工作。

二、需求分析的工作通常包括以下 7 个方面：

（1）绘制系统上下文范围关系图。用于定义系统与系统外部实体间的界限和接口的简单模型，它可以为需求确定一个范围。

（2）创建系统原型。通过快速开发工具开发一个抛弃式原型，或者通过 PowerPoint、Flash 等演示工具制作一个演示原型，甚至是用纸和笔画出一些关键的界面接口示意图，将帮助用户更好地理解所要解决的问题，更好地理解系统。

（3）分析需求的可行性。对所有获得的需求进行成本、性能和技术实现方面的可行性研究，以及这些需求项是否与其他的需求项有冲突，是否有对外的依赖关系等。

（4）确定需求的优先级。对于需求优先级的描述，可以采用满意度和不满意度指标进行说明。其中满意度表示当需求被实现时用户的满意程度，不满意度表示当需求未被实现时用户的不满意程度。

（5）为需求建立模型。即建立分析模型，这些模型的表现形式主要是图表加上少量的文字描述。根据采用的分析方法不同，采用的图也将不同。例如，OOA 中的用例模型和领域模型，SA 中的 DFD 和 E-R 图等。需求分析模型主要描述系统的数据、功能、用户界面和运行的外部行为，它是系统的一种逻辑表示技术，并不涉及软件的具体实现细节。需求分析模型可以帮助系统分析师理解系统，使需求分析任务更加容易实现。同时，它也是以后进行软件设计的基础，为软件设计提供了系统的表示视图。

（6）创建数据字典。数据字典是对系统用到的所有数据项和结构进行定义，以确保开发人员使用了统一的数据定义。

（7）使用质量功能展开（Quality Function Deployment，QFD）方法，将产品特性、属性与对用户的重要性联系起来。

（只要包含上述 5 项工作内容即可）

三、考生需要结合自身具体参与管理和开发的实际项目，说明采用了哪一种需求分析方法（面向对象的分析、面向问题域的分析方法、结构化分析等），并基于对应的需求分析方法，针对一个或多个功能举例详细描述具体的需求分析过程。

试题二　论企业应用集成

在企业信息化建设过程中，由于缺乏统一规划和总体布局，使企业信息系统形成多个信息孤岛，信息数据难以共享。企业应用集成（Enterprise Application Integration，EAI）可在表示集成、数据集成、控制集成和业务流程集成等多个层次上，将不同企业信息系统连接起来，消除信息孤岛，实现系统无缝集成。

请围绕"企业应用集成"论题，依次从以下三个方面进行论述。

1. 概要叙述你参与管理和开发的企业应用集成项目及你在其中所承担的主要工作。
2. 详细论述实现各层次的企业应用集成所使用的主要技术。
3. 结合你具体参与管理和开发的实际项目，举例说明所采用的企业集成技术的具体实现方式及过程，并详细分析其实现效果。

写作要点

一、简要叙述所参与管理和开发的软件项目，并明确指出在其中承担的主要任务和开展的主要工作。

二、企业应用集成的主要技术。

（1）表示集成的主要技术：屏幕截取和模式模拟技术。

（2）数据集成的主要技术：可利用中间件工具进行数据集成。例如，批量文件传输，即以特定的或是预定的方式在原有系统和新开发的应用系统之间进行文件传输；用于访问不同类型数据库系统的 ODBC 标准接口；向分布式数据库提供链接的数据库访问中间件技术等。

（3）控制集成的主要技术：远程过程调用或者远程方法调用、面向消息的中间件、分布式对象技术和事务处理监控器。

（4）业务流程集成：利用 Business Process Execution Language（BPEL）、Business Process Model and Notation（BPMN）、Business process management（BPM）等基于统一数据格式的

业务流程描述、定义、管理标准和相关工具完成业务流程集成。

三、考生需结合自身参与项目的实际状况，指出其参与管理和开发的企业应用集成项目的实现方式，说明该实现方式的具体实施过程、使用的技术和工具，并对实际应用效果进行分析。

试题三　论数据流图在系统分析与设计中的应用

数据流图（Data Flow Diagram，DFD）是进行系统分析和设计的重要工具，是表达系统内部数据的流动并通过数据流描述系统功能的一种方法。DFD 从数据传递和加工的角度，利用图形符号通过逐层细分描述系统内各个部件的功能和数据在它们之间传递的情况，来说明系统所完成的功能。在系统分析中，逻辑 DFD 作为需求规格说明书的组成部分，用于建模系统的逻辑业务需求；在系统设计中，物理 DFD 作为系统构造和实现的技术性蓝图，用于建模系统实现的技术设计决策和人为设计决策。

请围绕"数据流图在系统分析与设计中的应用"论题，依次从以下三个方面进行论述。

1. 简要叙述你参与的软件开发项目以及你所承担的主要工作。

2. 列举出 DFD 中的几种要素及含义，简要说明在系统分析与设计阶段逻辑 DFD 和物理 DFD 中这些要素之间有何区别。

3. 根据所参与的项目，具体阐述你是如何通过绘制数据流图来进行系统分析与设计的。

写作要点

一、简要描述所参与的软件系统开发项目，并明确指出在其中承担的主要任务和开展的主要工作。

二、列举出 DFD 中四种不同要素，并详细论述在系统分析和系统设计阶段各个要素之间的区别。

（1）外部实体（数据源及数据终点）：位于被建模系统之外的信息产生者或消费者，是不能由计算机处理的成分，它们分别表明数据处理过程的数据来源及数据去向。

（2）数据流：具有名字和流向的数据，描述系统中运动的数据，表示到一个过程的数据输入，或者来自一个过程的数据输出。

（3）加工/处理：对数据流的变换，在输入数据流或条件上执行，或者对输入数据流或条件做出响应的工作。

（4）数据存储：可访问的存储信息，描述系统中静止的数据，表示系统中需要保存的数据。

在系统设计阶段，物理 DFD 中各要素与系统分析阶段逻辑 DFD 的区别：

（1）物理外部实体与逻辑 DFD 中的外部实体一致，如果需求有变化，可能会引入新的外部实体。

（2）物理数据流表示一个物理加工的输入或输出的计划实现，一个数据库命令或动作，网络从另一个信息系统输入数据或者向另一个信息系统输出数据，同一个程序中两个模块或子程序之间的数据流。

（3）物理加工是一个处理器（计算机或人），或者是要执行的特定工作的技术性实现（计算机程序或人工过程）。

（4）物理数据存储表示数据库、数据库中的表、计算机文件、重要数据的磁带等介质备份、程序需要的临时文件或批处理文件、任意未经过计算机处理的文件。

三、针对考生本人所参与的项目中使用的数据流图，说明绘制方法和具体实施效果。

数据流图的绘制过程：

（1）画系统的输入与输出：在图的边缘标出系统的输入数据流和输出数据流；

（2）画 DFD 的内部：将系统的输入、输出用一系列的处理连接起来，可以从输入数据流画向输出数据流，也可以从中间画出去；

（3）为数据流命名：给每个系统数据流命名，名字应该与 DFD 的可理解性密切相关；

（4）为加工命名：使用动宾短语为每个加工命名；

（5）检查和修改 DFD。

试题四　论软件的系统测试及其应用

软件系统测试的对象是完整的、集成后的计算机系统，其目的是在真实系统工作环境下，验证完整的软件配置项能否和系统正确连接，并满足系统设计文档和软件开发合同规定的要求。常见的系统测试包括功能测试、性能测试、压力测试、安全测试等。同时，在系统测试中，涉及众多的软件模块和相关干系人，测试的组织和管理是系统测试成功的重要保证。

请围绕"软件的系统测试及其应用"论题，依次从以下三个方面进行论述。

1. 简要叙述你参与管理和开发的软件项目以及你在其中所承担的主要工作。

2. 概要论述系统测试过程中测试管理的主要活动内容，论述性能测试的目的和基本类型。

3. 结合你具体参与管理和开发的实际项目，说明如何管理性能测试的各项活动，以及性能测试具体采用的方法、工具、实施过程以及应用效果。

写作要点

一、简要叙述所参与管理和开发的软件项目，并明确指出在其中承担的主要任务和开展的主要工作。

二、论述软件测试的管理的主要活动内容，论述性能测试的目的和基本分类。

（1）软件测试的管理包括过程管理、配置管理和评审工作。

①过程管理。过程管理包括测试活动管理和测试资源管理。

②配置管理。按照软件配置管理要求，将软件测试过程中产生的各种工作产品纳入配置管理，建立专门的配置管理库。

③评审。测试过程中的评审分为测试就绪评审和测试结果评审。测试就绪评审指测试前对测试计划和测试说明进行评审，评审测试计划的合理性和测试用例的正确性、完整性和覆盖程度，以及测试组织、环境、设备、工具是否齐全并符合技术要求；测试结果评审是指在测试完成后，评审测试过程和结果的有效性，确定是否达到测试目的，主要评审内容包括测试记录和测试报告等。

（2）性能测试的目的和分类。

①性能测试的主要目的是验证软件系统是否能够达到用户提出的性能指标，同时发现系统中存在的性能瓶颈，并用于优化软件和系统。具体内容有：

- 发现缺陷，发现与性能密切相关的软件缺陷；

- 性能调优，更好地发挥系统的潜能；
- 评估系统能力，测试能够满足性能需求的极限条件；
- 验证稳定性和可靠性。

②性能测试的分类。根据测试内容的不同，性能测试主要包括压力测试、负载测试、并发测试和可靠性测试。

三、考生需结合自身参与项目的实际状况，指出其参与管理和开发的项目中所进行的系统测试活动，说明实施性能测试的具体过程、使用的方法和工具，并对实际应用效果进行分析。

第4章 2018上半年系统分析师上午试题分析与解答

试题（1）

面向对象分析中，对象是类的实例。对象的构成成分包含了__(1)__、属性和方法（或操作）。

(1) A. 标识　　　　B. 消息　　　　C. 规则　　　　D. 结构

试题（1）分析

本题主要考查面向对象分析的基础知识。

对象是类的实例，对象由对象标识、属性和方法（或操作）构成。

参考答案

(1) A

试题（2）

UML 2.0 所包含的图中，__(2)__ 描述由模型本身分解而成的组织单元，以及它们之间的依赖关系。

(2) A. 组合结构图　　　　　　　　B. 包图
　　C. 部署图　　　　　　　　　　D. 构件图

试题（2）分析

本题主要考查 UML 的基础知识。

在 UML 2.0 所包含的图中，包图描述由模型本身分解而成的组织单元，以及它们之间的依赖关系。

参考答案

(2) B

试题（3）～（5）

UML 的结构包括构造块、规则和公共机制三个部分。在基本构造块中，__(3)__ 能够表示多个相互关联的事物的集合；规则是构造块如何放在一起的规定，包括了__(4)__；公共机制中，__(5)__ 是关于事物语义的细节描述。

(3) A. 用例描述　　　B. 活动　　　　C. 图　　　　D. 关系
(4) A. 命名、范围、可见性和一致性　　B. 范围、可见性、一致性和完整性
　　C. 命名、可见性、一致性和执行　　D. 命名、范围、可见性、完整性和执行
(5) A. 规格说明　　　　　　　　　　　B. 事物标识
　　C. 类与对象　　　　　　　　　　　D. 扩展机制

试题（3）～（5）分析

本题主要考查 UML 的基础知识。

UML 的结构包括构造块、规则和公共机制三个部分。UML 有三种基本的构造块，分别

是事物、关系和图。事物是 UML 的重要组成部分，关系把事物紧密联系在一起，图是多个互相关联的事物的集合。公共机制是指达到特定目标的公共 UML 方法，主要包括规格说明（详细说明）、修饰、公共分类（通用划分）和扩展机制 4 种，其中，规格说明是事物语义的细节描述，它是模型真正的核心。规则是构造块如何放在一起的规定，包括为构造块命名；给一个名字以特定含义的语境，即范围；怎样使用或看见名字，即可见性；事物如何正确、一致地相互联系，即完整性；运行或模拟动态模型的含义是什么，即执行。

参考答案

　　（3）C　　（4）D　　（5）A

试题（6）、（7）

　　DES 是一种 __(6)__，其密钥长度为 56 位，3DES 是利用 DES 的加密方式，对明文进行 3 次加密，以提高加密强度，其密钥长度是 __(7)__ 位。

　　（6）A．共享密钥　　　B．公开密钥　　　C．报文摘要　　　D．访问控制
　　（7）A．56　　　　　　B．112　　　　　　C．128　　　　　　D．168

试题（6）、（7）分析

　　本题考查对称加密算法 DES 的基本知识。

　　1977 年 1 月，美国 NSA 根据 IBM 的专利技术 Lucifer 制定了 DES 加密算法，该加密算法的加密过程是，将明文分成 64 位的块，对每个块进行 19 次变换（替代和换位），其中 16 次变换由 56 位的密钥的不同排列形式控制，最后产生 64 位的密文块。

　　1977 年，Diffie 和 Hellman 设计了 DES 解密机。只要知道一小段明文和对应密文，该机器就可以在一天之内穷试 2^{56} 种不同的密钥。为了提高 DES 的加密强度，设计了三重 DES（Triple-DES），它是一种 DES 的改进算法。它使用两把密钥对报文做 3 次 DES 加密，效果相当于将 DES 密钥的长度加倍，克服了 DES 密钥长度短的缺点。这样密钥的长度增长到 168 位，但 168 位长度的密钥已经超出了实际需要，因此在第一层和第三层中使用相同的密钥，产生的密钥长度为 112 位。

参考答案

　　（6）A　　（7）B

试题（8）

　　下列算法中，用于数字签名中摘要的是 __(8)__。

　　（8）A．RSA　　　　　B．IDEA　　　　　C．RC4　　　　　D．MD5

试题（8）分析

　　本题考查加密算法及相关知识。

　　RSA、IDEA 和 RC4 均用于加密传输，仅 MD5 用于摘要。数字签名中先生成摘要，然后采用加密算法对摘要进行加密。

参考答案

　　（8）D

试题（9）

　　以下用于在网络应用层和传输层之间提供加密方案的协议是 __(9)__。

(9) A．PGP　　　　　B．SSL　　　　　C．IPSec　　　　　D．DES

试题（9）分析

本题考查加密方案及相关协议。

PGP 用于对邮件进行加密，针对邮件消息，属于应用层；IPSec 用于对 IP 报文进行认证和加密，属于网络层；DES 是加密算法，不分层；SSL 在网络应用层和传输层之间提供加密方案。

参考答案

（9）B

试题（10）

孙某在书店租到一张带有注册商标的应用软件光盘，擅自复制后在网络进行传播，其行为是侵犯__（10）__行为。

（10）A．商标权　　　　　　　　　　B．软件著作权
　　　 C．注册商标专用权　　　　　　D．署名权

试题（10）分析

商标权是指商标所有人对其商标所享有的独占的、排他的权利。在我国，商标权的取得实行注册原则，因此，商标权实际上是因商标所有人申请、经国家商标局确认的专有权利，即因商标注册而产生的专有权。

计算机软件著作权是指软件的开发者或者其他权利人依据有关著作权法律的规定，对于软件作品所享有的各项专有权利。就权利的性质而言，它属于一种民事权利，具备民事权利的共同特征。著作权是知识产权中的例外，因为著作权的取得无须经过个别确认，这就是人们常说的"自动保护"原则。软件经过登记后，软件著作权人享有发表权、开发者身份权、使用权、使用许可权和获得报酬权。

未经软件著作权人及其合法受让者同意，向公众发行、展示其软件的复制品。此种行为侵犯了著作权人或其合法受让者的发行权与展示权。

注册商标专用权（即注册商标权）是商标权的相对成熟形态。它是经国家法律确定的权利，是各国法律明确予以保护的主要对象。注册商标权意味着权利人不仅在事实上拥有某个商标，而且还在法律上得到了国家的确认和社会的认可。与未注册商标权相比，注册商标权易于得到国家法律甚至国际法的保护，具有自觉性、稳定性、专有性等特点。

参考答案

（10）B

试题（11）

在著作权法中，计算机软件著作权保护的对象是__（11）__。

（11）A．计算机程序及其开发文档　　　B．硬件设备驱动程序
　　　 C．设备和操作系统软件　　　　　D．源程序代码和底层环境

试题（11）分析

计算机软件著作权保护的对象是计算机软件，即计算机程序及其有关文档。计算机程序是指为了得到某种结果而可以由计算机等具有信息处理能力的装置执行的代码化指令序列，

或者可以被自动转换成代码化指令序列的符号化序列或者符号化语句序列。同一计算机程序的源程序和目标程序为同一作品。文档是指用来描述程序的内容、组成、设计、功能规格、开发情况、测试结果及使用方法的文字资料和图表等，如程序说明、流程图、用户手册等。

参考答案

（11）A

试题（12）

著作权中，__(12)__ 的保护期不受限制。

（12）A．发表权　　　B．发行权　　　C．署名权　　　D．展览权

试题（12）分析

著作权中包含人身权和财产权。

人身权是指作者通过创作表现个人风格的作品而依法享有获得名誉、声望和维护作品完整性的权利。该权利由作者终身享有，不可转让、剥夺和限制。作者死亡后，一般由其继承人或者法定机构予以保护。根据我国著作权法的规定，著作人身权包括发表权、署名权、修改权、保护作品完整权。其中，发表权决定软件是否公之于众的权利；署名权表明开发者身份，在软件上署名的权利。

财产权包括复制权、发行权、出租权、展览权、表演权、放映权、广播权、信息网络传播权、摄制权、改编权、翻译权、汇编权以及应当由著作权人享有的其他权利。其中，发行权是以出售或者赠予方式向公众提供软件的原件或者复制件的权利；展览权是公开陈列美术作品、摄影作品的原件或者复制件的权利。

关于著作权的保护期限，作品的作者是公民的，保护期限至作者死亡之后第 50 年的 12 月 31 日；作品的作者是法人、其他组织的，保护期限到作者首次发表后第 50 年的 12 月 31 日；但作品自创作完成后 50 年未发表的，不再受著作权法保护。但是作者的署名权、修改权、保护作品完整权的保护期不受限制。

参考答案

（12）C

试题（13）

以下关于计算机软件著作权的叙述，错误的是__(13)__。

（13）A．软件著作权人可以许可他人行使其软件著作权，并有权获得报酬
　　　B．软件著作权人可以全部或者部分转让其软件著作权，并有权获得报酬
　　　C．为了学习和研究软件内含的设计思想和原理，通过安装、显示、传输或者存储软件等方式使用软件的，可以不经软件著作权人许可，不向其支付报酬
　　　D．软件著作权属于自然人的，该自然人死亡后，在软件著作权的保护期内，软件著作权的继承人可以继承各项软件著作权

试题（13）分析

软件著作权属于自然人的，该自然人死亡后，在软件著作权的保护期内，软件著作权的继承人依照《中华人民共和国继承法》的有关规定，继承法条例第八条规定的除署名权以外的其他权利。

参考答案
（13）D

试题（14）

以下关于 CPU 和 GPU 的叙述中，错误的是__(14)__。

(14) A．CPU 适合于需要处理各种不同的数据类型、大量的分支跳转及中断等场合
　　　B．CPU 利用较高的主频、高速缓存（Cache）和分支预测等技术来执行指令
　　　C．GPU 采用 MISD（Multiple Instruction Single Data）并行计算架构
　　　D．GPU 的特点是比 CPU 包含更多的计算单元和更简单的控制单元

试题（14）分析

本题考查计算机系统的知识。

CPU 是指计算机系统中的中央处理器，GPU 是指图形处理单元，它们的设计目标不同，因此针对不同的应用场景。CPU 需要很强的通用性来处理各种不同的数据类型，同时需要进行逻辑判断，会引入大量的分支跳转和中断的处理，这些都使得 CPU 的内部结构异常复杂。相对而言，计算能力只是 CPU 很小的一部分。GPU 采用了数量众多的计算单元和超长的流水线，但只有非常简单的控制逻辑，并省去了高速缓存（Cache），采用的是单指令流多数据流（SIMD）架构，用于处理类型高度统一且相互无依赖的大规模数据和不需要被打断的纯净的计算环境。

参考答案
（14）C

试题（15）

计算机系统是一个硬件和软件综合体，位于硬连逻辑层上面的微程序是用微指令编写的。以下叙述中，正确的是__(15)__。

(15) A．微程序一般由硬件执行
　　　B．微程序一般是由操作系统来调度和执行
　　　C．微程序一般用高级语言构造的编译器翻译后来执行
　　　D．微程序一般用高级语言构造的解释器件来解释执行

试题（15）分析

本题考查计算机系统硬件知识。

微程序是指实现指令系统中指令功能的程序，显然是由硬件直接解释执行的。

参考答案
（15）A

试题（16）、（17）

计算机系统中，__(16)__方式是根据所访问的内容来决定要访问的存储单元，常用在__(17)__存储器中。

(16) A．顺序存取　　B．直接存取　　C．随机存取　　D．相联存取
(17) A．DRAM　　　B．Cache　　　C．EEPROM　　　D．CD-ROM

试题（16）、（17）分析

本题考查计算机系统的知识。

相联存储器是一种按内容访问的存储器。其工作原理就是把数据或数据的某一部分作为关键字，按顺序写入信息，读出时并行地将该关键字与存储器中的每一单元进行比较，找出存储器中所有与关键字相同的数据字，特别适合于信息的检索和更新。因此，相联存取方式是根据所访问的内容来决定要访问的存储单元。

相联存储器可用在高速缓冲存储器（Cache）中，在虚拟存储器中用来作为段表、页表或快表存储器，以及用在数据库和知识库中。

参考答案

（16）D　（17）B

试题（18）

RISC 指令系统的特点包括__（18）__。
①指令数量少　　　　②寻址方式多
③指令格式种类少　　④指令长度固定
（18）A．①②③　　B．①②④　　C．①③④　　D．②③④

试题（18）分析

本题考查计算机系统硬件知识。

RISC（Reduced Instruction Set Computer，精简指令集计算机）的基本思想是通过减少指令总数和简化指令功能降低硬件设计的复杂度，使指令能单周期执行，并通过优化编译，提高指令的执行速度，采用硬布线控制逻辑优化编译程序等。

RISC 的关键技术有重叠寄存器窗口技术、优化编译技术、超流水及超标量技术、硬布线逻辑与微程序相结合在微程序技术中。

参考答案

（18）C

试题（19）～（22）

在企业信息系统中，客户关系管理系统将客户看作是企业的一项重要资产，其关键内容是__（19）__，供应链管理系统是企业通过改善上、下游供应链关系，整合和优化企业的__（20）__；产品数据管理系统可以帮助企业实现对与企业产品相关的__（21）__进行集成和管理；知识管理系统是对企业有价值的信息进行管理，其中，__（22）__使知识能在企业内传播和分享，使得知识产生有效的流动。

（19）A．客户价值管理　　　　　B．市场营销
　　　C．客户资料库　　　　　　D．客户服务
（20）A．信息流、物流和资金流　　B．商务流、物流和资金流
　　　C．信息流、商务流和信用流　D．商务流、物流和人员流
（21）A．配置、文档和辅助设计文件　B．数据、开发过程以及使用者
　　　C．产品数据、产品结构和配置　D．工作流、产品视图和客户

（22）A．知识生成工具　　　　　　　B．知识编码工具
　　　 C．知识转移工具　　　　　　　D．知识发布工具

试题（19）～（22）分析

本题主要考查企业信息化的基础知识。

在企业信息系统中，客户关系管理将客户看作是企业的一项重要资产，客户关怀是 CRM 的中心，其目的是与客户建立长期和有效的业务关系，在与客户的每一个"接触点"上都更加接近客户、了解客户，最大限度地增加利润。供应链管理指企业通过改善上、下游供应链关系，整合和优化供应链中的信息流、物流和资金流，以获得企业的竞争优势。产品数据管理系统是一种软件框架，利用这个框架可以帮助企业实现对与企业产品相关的数据、开发过程以及使用者进行集成与管理，可以实现对设计、制造和生产过程中需要的大量数据进行跟踪和支持。知识转移工具可以根据各种障碍的特点，在一定程度上帮助人们消除障碍，使知识得到更有效的流动。

参考答案

　　（19）D　（20）A　（21）B　（22）C

试题（23）、（24）

商业智能系统主要包括数据预处理、建立数据仓库、数据分析和数据展现四个主要阶段。其中，数据预处理主要包括__(23)__；建立数据仓库是处理海量数据的基础；数据分析一般采用__(24)__来实现；数据展现则主要是保障系统分析结果的可视化。

（23）A．联机分析处理（OLAP）　　　B．联机事务处理（OLTP）
　　　 C．抽取、转换和加载（ETL）　　D．数据聚集和汇总（DCS）
（24）A．数据仓库和智能分析　　　　　B．数据抽取和报表分析
　　　 C．联机分析处理和数据挖掘　　　D．业务集成和知识形成与转化

试题（23）、（24）分析

本题主要考查商业智能的基础知识。

商业智能系统主要包括数据预处理、建立数据仓库、数据分析和数据展现四个主要阶段。数据预处理是整合企业原始数据的第一步，它包括数据的抽取（extraction）、转换（transformation）和加载（load）三个过程（ETL 过程）。建立数据仓库则是处理海量数据的基础。数据分析是体现系统智能的关键，一般采用 OLAP 和数据挖掘两大技术。OLAP 不仅进行数据汇总/聚集，同时还提供切片、切块、下钻、上卷和旋转等数据分析功能，用户可以方便地对海量数据进行多维分析。数据挖掘的目标则是挖掘数据背后隐藏的知识，通过关联分析、聚类和分类等方法建立分析模型，预测企业未来发展趋势和将要面临的问题。在海量数据和分析手段增多的情况下，数据展现则主要保障系统分析结果的可视化。

参考答案

　　（23）C　（24）C

试题（25）、（26）

业务流程分析的目的是了解各个业务流程的过程，明确各个部门之间的业务关系和每个业务处理的意义。在业务流程分析方法中，__(25)__能够找出或设计出那些能够使客户满意，

实现客户价值最大化；__(26)__ 能够对供应链上的所有环节进行有效管理，实现对企业的动态控制和各种资源的集成和优化。

(25) A. 客户关系分析法　　　　　　　B. 价值链分析法
　　　C. 供应链分析法　　　　　　　　D. 基于 ERP 的分析法
(26) A. 客户关系分析法　　　　　　　B. 价值链分析法
　　　C. 供应链分析法　　　　　　　　D. 基于 ERP 的分析法

试题（25）、（26）分析

本题主要考查业务流程分析的基础知识。

业务流程分析的目的是了解各个业务流程的过程，明确各个部门之间的业务关系和每个业务处理的意义，为业务流程的合理化改造提供建议，为系统的数据流程变化提供依据。业务流程分析的主要方法有价值链分析法、客户关系分析法、供应链分析法、基于 ERP 的分析法和业务流程重组等。其中，价值链分析法找出或设计出那些能够使顾客满意，实现顾客价值最大化的业务流程。基于 ERP 的分析法是将企业的业务流程看作是一个紧密联接的供应链，将供应商和企业内部的采购、生产、销售，以及客户紧密联系起来，对供应链上的所有环节进行有效管理，实现对企业的动态控制和各种资源的集成和优化，从而提升企业基础管理水平，追求企业资源的合理、高效利用。

参考答案

　　　（25）B　　（26）D

试题（27）～（29）

系统设计是根据系统分析的结果，完成系统的构建过程。其中，__(27)__ 是为各个具体任务选择适当的技术手段和处理方法；__(28)__ 的主要任务是将系统的功能需求分配给软件模块，确定每个模块的功能和调用关系，形成软件的 __(29)__ 。

(27) A. 详细设计　　　　　　　　　　B. 架构设计
　　　C. 概要结构设计　　　　　　　　D. 功能设计
(28) A. 详细设计　　　　　　　　　　B. 架构设计
　　　C. 概要结构设计　　　　　　　　D. 模块设计
(29) A. 用例图　　　　　　　　　　　B. 模块结构图
　　　C. 系统部署图　　　　　　　　　D. 类图

试题（27）～（29）分析

本题考查系统设计的概念内涵。

系统设计是根据系统分析的结果，完成系统的构建过程。系统设计的主要内容包括概要结构设计和详细设计。其中，概要结构设计的主要任务是将系统的功能需求分配给软件模块，确定每个模块的功能和调用关系，形成软件的模块结构图。

参考答案

　　　（27）A　　（28）C　　（29）B

试题（30）

界面是系统与用户交互的最直接的层面。Theo Mandel 博士提出了著名的人机交互"黄金三原则"，包括保持界面一致、减轻用户的记忆负担和 (30) 。

(30) A．遵循用户认知理解　　　　B．降低用户培训成本
　　　C．置于用户控制之下　　　　D．注意资源协调方式

试题（30）分析

本题考查界面设计的相关知识。

界面是系统与用户交互的最直接的层面。Theo Mandel 博士提出了著名的人机交互"黄金三原则"，包括保持界面一致、减轻用户的记忆负担和置于用户控制之下。

参考答案

（30）C

试题（31）、（32）

系统模块结构设计中，一个模块应具备的要素包括输入和输出、处理功能、 (31) 和 (32) 。

(31) A．外部数据　　　　　　　　B．内部数据
　　　C．链接数据　　　　　　　　D．数据格式
(32) A．程序结构　　　　　　　　B．模块结构
　　　C．程序代码　　　　　　　　D．资源链接

试题（31）、（32）分析

本题考查系统模块设计的相关知识。

模块是组成系统的基本单位，它的特点是可以组合、分解和更换。系统中任何一个处理功能都可以看成是一个模块。根据模块功能具体化程度的不同，可以分为逻辑模块和物理模块。在系统逻辑模型中定义的处理功能可视为逻辑模块。物理模块是逻辑模块的具体化，可以是一个计算机程序、子程序或若干条程序语句，也可以是人工过程的某项具体工作。

一个模块应具备以下 4 个要素。

①输入和输出：模块的输入来源和输出去向都是同一个调用者，即一个模块从调用者那里取得输入，进行加工后再把输出返回给调用者。

②处理功能：指模块把输入转换成输出所做的工作。

③内部数据：指仅供该模块本身引用的数据。

④程序代码：指用来实现模块功能的程序。

前两个要素是模块的外部特性，反映了模块的外貌。后两个要素是模块的内部特性。

参考答案

（31）B　（32）C

试题（33）、（34）

类封装了信息和行为，是面向对象的重要组成部分。在系统设计过程中，类可以划分为不同种类。其中，身份验证通常属于 (33) ，用户通常属于 (34) 。

(33) A．控制类　　B．实体类　　C．边界类　　D．接口类
(34) A．控制类　　B．实体类　　C．边界类　　D．接口类

试题（33）、（34）分析

本题考查面向对象程序的相关知识。

类是面向对象的基本概念。类封装了信息和行为，是面向对象的重要组成部分。在系统设计过程中，类可以分为实体类、边界类和控制类。

边界类用于描述外部参与者与系统之间的交互。边界类是一种用于对系统外部环境与其内部运作之间的交互进行建模的类。这种交互包括转换事件，并记录系统表示方式（例如接口）中的变更。实体类主要是作为数据管理和业务逻辑处理层面上存在的类别。实体类保存要放进持久存储体的信息。持久存储体就是数据库、文件等可以永久存储数据的介质。实体类可以通过事件流和交互图发现。通常每个实体类在数据库中有相应的表，实体类中的属性对应数据库表中的字段。实体类是用于对必须存储的信息和相关行为建模的类。实体对象（实体类的实例）用于保存和更新一些现象的有关信息，例如：事件、人员或者一些现实生活中的对象。控制类用于描述一个用例所具有的事件流控制行为，控制一个用例中的事件顺序。控制类是控制其他类工作的类。每个用例通常有一个控制类，控制用例中的事件顺序，控制类也可以在多个用例间共用。其他类并不向控制类发送很多消息，而是由控制类发出很多消息。

例如，在考试系统中，考试时 学生与试卷交互，那么学生和试卷都是实体类，而考试时间、规则、分数都是边界类，考试结束时将试卷提交给试卷保管者，此时试卷则成了边界类。

参考答案

（33）A　（34）B

试题（35）～（37）

在现代化管理中，信息论已成为与系统论、控制论等相并列的现代科学主要方法论之一。信息具有多种基本属性，其中__(35)__是信息的中心价值；__(36)__决定了需要正确滤去不重要的信息、失真的信息，抽象出有用的信息；信息是数据加工的结构，体现了信息具有__(37)__。

(35) A．分享性　　　　　　　B．真伪性
　　　C．滞后性　　　　　　　D．不完全性
(36) A．分享性　　　　　　　B．真伪性
　　　C．滞后性　　　　　　　D．不完全性
(37) A．分享性　　　　　　　B．扩压性
　　　C．滞后性　　　　　　　D．层次性

试题（35）～（37）分析

本题考查信息论的相关知识点。

信息具有如下基本属性。

①真伪性：真实是信息的中心价值，不真实的信息价值可能为负。

②层次性：一般可以分为战略层、策略层和执行层 3 个层次。

③不完全性：客观真实的全部信息是不可能得到的。需要正确滤去不重要的信息、失真的信息，抽象出有用的信息。

④滞后性：信息是数据加工的结果，因此信息必然落后于数据，加工需要时间。

⑤扩压性：信息和实物不同，它可以扩散也可以压缩。

⑥分享性：信息可以分享，这和物质不同，并且信息分享具有非零和性。

参考答案

（35）B　（36）D　（37）C

试题（38）、（39）

美国著名的卡内基·梅隆大学软件工程学研究所（SEI）针对软件工程的工程管理能力与水平进行了充分研究，提出了 5 级管理能力的模式，包括临时凑合阶段、简单模仿阶段、完成定义阶段、__(38)__ 和 __(39)__ 。

（38）A．细化定义阶段　　　　　　B．标准化阶段
　　　C．管理阶段　　　　　　　　D．规格化阶段

（39）A．细化定义阶段　　　　　　B．管理阶段
　　　C．最佳化阶段　　　　　　　D．规格化阶段

试题（38）、（39）分析

本题考查信息化的相关知识。

SEI 的 5 级管理能力模式如下。

①临时凑合阶段：工作无正式计划，作业进度经常被更改，任务计划、预算、功能、质量都不可预测，开发机构的整体组织非常混乱。系统的性能、水平依个人能力而定。

②简单模仿阶段：开发方开始采用基本的项目管理方法与原理，项目从规划到运行都有明确的计划；这些计划是通过模仿以前成功的项目开发的例子制订的，有可能通过模仿在本次开发中成功。

③完成定义阶段：与项目有关的整体机构的作业进度规格化、标准化，由此达到持续稳定的技术水平与管理能力。这种工程进度管理能力要求把与开发项目有关的活动、作用和责任充分告知所有的开发者，并使之充分理解。

④管理阶段：这是理想的项目管理阶段。表现在开发者的工程管理能力不断强化，通过可靠的组织与计划保障，能及早发现可能影响系统功能与性能的缺陷，使系统的性能与可靠性不断改进与提高。

⑤最佳化阶段：这一阶段是理想的项目管理阶段。其特点表现在开发者的工程管理能力不断强化，通过可靠的组织与计划保障，能及早发现项目中可能影响系统功能与性能的缺陷，系统的关键指标在工程的实施过程中得到全面保证与提高。

参考答案

（38）C　（39）C

试题（40）、（41）

数据库的产品很多，尽管它们支持的数据模型不同，使用不同的数据库语言，而且数据的存储结构也各不相同，但体系结构基本上都具有相同的特征，采用"三级模式和两级映像"，如下图所示，图中①、②、③分别表示数据库系统中 __(40)__ ，图中④、⑤、⑥分别表示数据库系统中 __(41)__ 。

（40）A．物理层、逻辑层、视图层　　B．逻辑层、物理层、视图层
　　　C．视图层、物理层、逻辑层　　D．视图层、逻辑层、物理层

(41) A. 外模式/内模式映射、外模式/内模式映射、概念模式/内模式映射
   B. 外模式/概念模式映射、外模式/概念模式映射、概念模式/内模式映射
   C. 概念模式/内模式映射、概念模式/内模式映射、外模式/内模式映射
   D. 外模式/内模式映射、外模式/内模式映射、概念模式/外模式映射

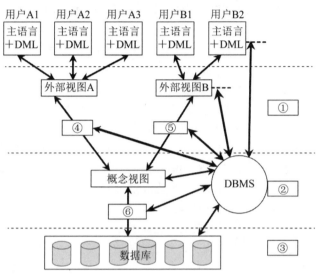

试题（40）、（41）分析

本题考查数据库体系结构的基础知识。

数据库的产品很多，它们支持不同的数据模型，使用不同的数据库语言，建立在不同的操作系统上，而且数据的存储结构也各不相同，但体系结构基本上都具有相同的特征，采用"三级模式和两级映像"。数据库系统采用三级模式结构，这是数据库管理系统内部的系统结构，如下图所示。

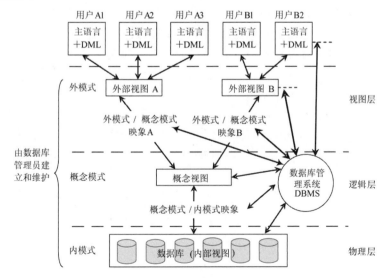

参考答案

（40）D　（41）B

试题（42）

典型的事务服务器系统包括多个在共享内存中访问数据的进程，其中 ___（42）___ 监控其他进程，一旦进程失败，它将为该失败进程执行恢复动作，并重启该进程。

（42）A．检查点进程　　　　　　　　B．数据库写进程
　　　 C．进程监控进程　　　　　　　D．锁管理器进程

试题（42）分析

本题考查数据库系统体系结构的基础知识。

服务器系统可分为事务服务器和数据服务器系统。典型的事务服务器系统包括多个在共享内存中访问数据的进程，主要有如下类型。

- 服务器进程是接受用户查询（事务），执行查询并返回结果的进程。
- 锁管理器进程是实现锁管理器的功能，包括锁授予、所释放和死锁检测。
- 数据库写进程是将修改过的缓冲块输出到磁盘上。
- 检查点进程将定期执行检查点操作。
- 日志写进程是将日志记录写入稳定的存储器上。
- 进程监控进程是监控其他进程，一旦进程失败，它将为该失败进程执行恢复动作，并重启该进程。

参考答案

（42）C

试题（43）

给定关系模式 $R<U,F>$，其中 U 为属性集，F 是 U 上的一组函数依赖，那么 Armstrong 公理系统的增广律是指 ___（43）___。

（43）A．若 $X→Y$，$X→Z$，则 $X→YZ$ 为 F 所蕴涵
　　　 B．若 $X→Y$，$WY→Z$，则 $XW→Z$ 为 F 所蕴涵
　　　 C．若 $X→Y$，$Y→Z$ 为 F 所蕴涵，则 $X→Z$ 为 F 所蕴涵
　　　 D．若 $X→Y$ 为 F 所蕴涵，且 $Z⊆U$，则 $XZ→YZ$ 为 F 所蕴涵

试题（43）分析

本题考查关系数据库的基础知识。

选项 A "若 $X→Y$，$X→Z$，则 $X→YZ$ 为 F 所蕴涵"是 Armstrong 公理系统的合并规则；

选项 B "若 $X→Y$，$WY→Z$，则 $XW→Z$ 为 F 所蕴涵"是 Armstrong 公理系统的伪传递律；

选项 C "若 $X→Y$，$Y→Z$ 为 F 所蕴涵，则 $X→Z$ 为 F 所蕴涵"是 Armstrong 公理系统的传递律；

选项 D "若 $X→Y$ 为 F 所蕴涵，且 $Z⊆U$，则 $XZ→YZ$ 为 F 所蕴涵"是 Armstrong 公理系统的增广律。

参考答案

（43）D

试题（44）

某集团公司下属有多个超市，假设公司高管需要从时间、地区和商品种类三个维度来分析某电器商品销售数据，那么应采用__(44)__来完成。

（44）A．数据挖掘　　　　　B．OLAP　　　C．OLTP　　　　　D．ETL

试题（44）分析

本题考查数据仓库的基础知识。

ETL（Extract-Transform-Load）用来描述将数据从来源端经过抽取（extract）、转换（transform）、加载（load）至目的端的过程。ETL 是构建数据仓库的重要一环，用户从数据源抽取出所需的数据，经过数据清洗，最终按照预先定义好的数据仓库模型，将数据加载到数据仓库中去。

联机事务处理过程（On-Line Transaction Processing，OLTP）也称为面向交易的处理过程，其基本特征是前台接收的用户数据可以立即传送到计算中心进行处理，并在很短的时间内给出处理结果，是对用户操作快速响应的方式之一。

数据挖掘和联机分析处理（On-Line Analytical Processing，OLAP）同为分析工具，其差别在于 OLAP 提供给用户一个便利的多维度观点和方法，以有效率地对数据进行复杂的查询动作，其预设查询条件由用户预先设定，而数据挖掘，则能由资讯系统主动发掘资料来源中未曾被察觉的隐藏资讯和透过用户的认知以产生信息。

参考答案

（44）B

试题（45）

若某企业信息系统的应用人员分为三类：录入、处理和查询，那么用户权限管理的方案适合采用__(45)__。

（45）A．针对所有人员建立用户名并授权
　　　　B．建立用户角色并授权
　　　　C．建立每类人员的视图并授权给每个人
　　　　D．对关系进行分解，每类人员对应一组关系

试题（45）分析

本题考查对数据库应用系统安全策略的掌握。

企业信息系统的使用人员可能很多，也可能经常变动，针对每个使用人员都创建数据库用户可能不切实际，也没有必要，而因为权限问题对关系模式修改更不可取。正确的策略是根据用户角色共享同一数据库用户，个人用户的标识和鉴别通过建立用户信息表存储，由应用程序来管理。而该类用户对数据库对象的操作权限由 DBMS 的授权机制管理。

参考答案

（45）B

试题（46）

采用微内核结构的操作系统设计的基本思想是内核只完成操作系统最基本的功能并在核心态下运行，其他功能运行在用户态，其结构图如下所示。图中空（a）、（b）、（c）和（d）

应分别选择如下所示①~④中的哪一项？__(46)__。

①核心态　②用户态　③文件和存储器服务器　④进程调度及进程间通信

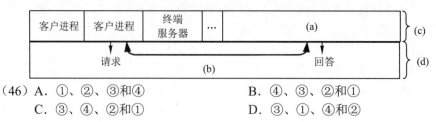

(46) A. ①、②、③和④ B. ④、③、②和①
　　 C. ③、④、②和① D. ③、①、④和②

试题（46）分析

微内核体系结构的操作系统（OS）实现时的基本思想是内核只完成 OS 最基本的功能并在核心状态下运行，其他功能运行在用户态，其结构图如下所示。

参考答案

（46）C

试题（47）

在支持多线程的操作系统中，假设进程 P 创建了若干个线程，那么__(47)__是不能被其他线程共享的。

(47) A. 该进程的代码段　　　　　B. 该进程中打开的文件
　　 C. 该进程的全局变量　　　　D. 该进程中线程的栈指针

试题（47）分析

在同一进程中的各个线程都可以共享该进程所拥有的资源，如访问进程地址空间中的每一个虚地址；访问进程所拥有的已打开文件、定时器、信号量机构等，但是不能共享进程中某线程的栈指针。

参考答案

（47）D

试题（48）

前趋图是一个有向无环图，记为：→={(P_i, P_j)|P_i完成时间先于 P_j 开始时间}。假设系统中进程 P={P_1, P_2, P_3, P_4, P_5, P_6, P_7, P_8}，且进程的前趋图如下图所示。

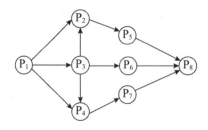

那么，该前驱图可记为 __(48)__ 。

(48) A. →={(P_1, P_2), (P_1, P_3), (P_1, P_4), (P_2, P_5), (P_3, P_2), (P_3, P_4), (P_3, P_6), (P_4, P_7), (P_5, P_8), (P_5, P_6), (P_7, P_8) }

B. →={(P_1, P_2), (P_1, P_3), (P_1, P_4), (P_2, P_5), (P_3, P_2), (P_3, P_4), (P_3, P_6), (P_4, P_7), (P_5, P_8), (P_6, P_8), (P_7, P_8) }

C. →={(P_1, P_2), (P_1, P_3), (P_1, P_4), (P_2, P_5), (P_3, P_2), (P_3, P_4), (P_3, P_5), (P_4, P_6), (P_4, P_7), (P_6, P_8), (P_7, P_8) }

D. →={(P_1, P_2), (P_1, P_3), (P_2, P_4), (P_2, P_5), (P_3, P_2), (P_3, P_4), (P_3, P_5), (P_4, P_6), (P_4, P_7), (P_6, P_8), (P_7, P_8) }

试题（48）分析

本题考查操作系统的基本概念。

前趋图（Precedence Graph）是一个有向无循环图，记为 DAG（Directed Acyclic Graph），用于描述进程之间执行的前后关系。图中的每个结点可用于描述一个程序段或进程，乃至一条语句；结点间的有向边则用于表示两个结点之间存在的偏序（Partial Order，亦称偏序关系）或前趋关系（Precedence Relation）"→"。

对于题中所示的前趋图，存在着前趋关系：$P_1→P_2$，$P_1→P_3$，$P_1→P_4$，$P_2→P_5$，$P_3→P_2$，$P_3→P_4$，$P_3→P_6$，$P_4→P_7$，$P_5→P_8$，$P_6→P_8$，$P_7→P_8$。可记为：

P={P_1, P_2, P_3, P_4, P_5, P_6, P_7, P_8 }

→={(P_1, P_2), (P_1, P_3), (P_1, P_4), (P_2, P_5), (P_3, P_2), (P_3, P_4), (P_3, P_6), (P_4, P_7), (P_5, P_8), (P_6, P_8), (P_7, P_8)}

注意：在前趋图中，没有前趋的结点称为初始结点（Initial Node），没有后继的结点称为终止结点（Final Node）。

参考答案

(48) B

试题（49）、（50）

假设磁盘块与缓冲区大小相同，每个盘块读入缓冲区的时间为 16μs，由缓冲区送至用户区的时间是 5μs，在用户区内系统对每块数据的处理时间为 1μs。若用户需要将大小为 10 个磁盘块的 Doc1 文件逐块从磁盘读入缓冲区，并送至用户区进行处理，那么采用单缓冲区需要花费的时间为 __(49)__ μs；采用双缓冲区需要花费的时间为 __(50)__ μs。

(49) A. 160　　　　　B. 161　　　　　C. 166　　　　　D. 211
(50) A. 160　　　　　B. 161　　　　　C. 166　　　　　D. 211

试题（49）、（50）分析

在块设备输入时，假定从磁盘把一块数据输入到缓冲区的时间为 T，缓冲区中的数据传送到用户工作区的时间为 M，而系统处理（计算）的时间为 C，如下图（a）所示。

当第一块数据送入用户工作区后，缓冲区是空闲的，可以传送第二块数据。这样第一块数据的处理 C_1 与第二块数据的输入 T_2 是可以并行的，依次类推，如下图（b）所示。

系统对每一块数据的处理时间为：Max(C，T)+M。因为，当 T>C 时，处理时间为 M+T；

当 T<C 时，处理时间为 M+C。本题每一块数据的处理时间为 16+5=21，Doc1 文件的处理时间为 21×10+1=211。

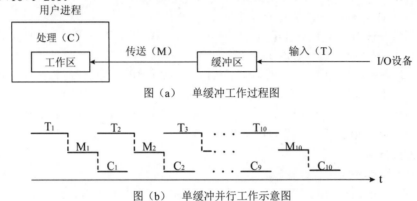

图（a） 单缓冲工作过程图

图（b） 单缓冲并行工作示意图

双缓冲工作方式的基本方法是在设备输入时，先将数据输入到缓冲区 1，装满后便转向缓冲区 2。此时系统可以从缓冲区 1 中提取数据传送到用户区，最后由系统对数据进行处理，如下图（c）所示。

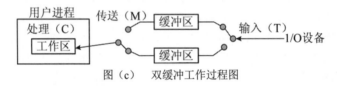

图（c） 双缓冲工作过程图

双缓冲可以实现对缓冲区中数据的输入 T、提取 M 与 CPU 的计算 C 三者并行工作，如图（d）所示。从图中可以看出，双缓冲进一步加快了 I/O 的速度，提高了设备的利用率。在双缓冲时，系统处理一块数据的时间可以粗略地认为是 Max(C, T)。如果 C<T，可使块设备连续输入；如果 C>T，则可使系统不必等待设备输入。本题每一块数据的处理时间为 10，采用双缓冲需要花费的时间为 16×10+5+1=166。

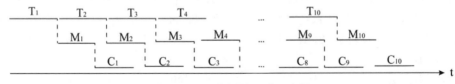

图（d） 双缓冲并行工作示意图

参考答案
（49）D　（50）C

试题（51）
某系统磁盘数据块的大小为 1024KB，系统磁盘管理采用索引文件结构，每个索引指针占用 4 个字节。一个索引文件的索引节点有 8 个直接块地址、1 个一级间接块地址、1 个二级间接块地址和 1 个三级间接块地址。假设索引节点已经在内存中，那么访问该文件偏移地址 9089 字节的数据需要再访问__(51)__次磁盘。

(51) A. 1　　　　　B. 2　　　　　C. 3　　　　　D. 4

试题(51)分析

本题考查文件系统中索引式文件中索引节点的结构和工作原理。

在本题中，10 个直接块可以访问到的文件偏移地址 a 是在 0≤a<1024×8=8192KB 范围内，故可直接将需访问的数据对应的数据块装入内存；一级间接块可以访问到的文件偏移地址 a 是在 8192KB≤a<8192KB+256×1024KB 范围内；二级间接块可以访问到的文件偏移地址 a 是在 8192KB+256×1024KB≤a<8192KB+256×1024KB +256×8192KB 范围内；三级间接块可以访问到的文件偏移地址 a 是在 8192KB≤a<256×256×1024KB 范围内。

综上所述，文件偏移在 9089 字节的数据块号存储在一级间接块中。为了访问该偏移的字节，需要首先通过一级间接块获取数据的块号，再通过该块号读取数据，所以需要再访问 2 次磁盘。

参考答案

(51) B

试题(52)

某系统采用请求页式存储管理方案，假设某进程有 6 个页面，系统给该进程分配了 4 个存储块，其页面变换表如下表所示，表中的状态位等于 1 和 0 分别表示页面在内存或不在内存。当该进程访问的第 4 号页面不在内存时，应该淘汰表中页面号为__(52)__的页面。

页面号	页帧号	状态位	访问位	修改位
0	—	0	0	0
1	5	1	1	1
2	6	1	1	1
3	8	1	0	1
4	—	0	0	0
5	12	1	1	0

(52) A. 1　　　　　B. 2　　　　　C. 3　　　　　D. 5

试题(52)分析

本题考查操作系统存储管理方面的基础知识。

为了实现请求分页式存储管理，必须对分页式存储管理中地址变换机构进行扩充，除了页号对应的物理块号，还增加了访问位和修改位等。当访问的页面不在内存时，需要淘汰页面的优先顺序如下表所示。

淘汰顺序号	访问位 F	修改位 W	说明
1	0	0	该页面最近既没访问也未修改，应最先淘汰
2	0	1	该页面最近未访问，下次被访问的概率小
3	1	0	该页面最近访问过，下次被访问的概率大
4	1	1	该页面最近访问过也修改过，应最后淘汰

注：淘汰的优先顺序为 1→2→3→4

参考答案
（52）C

试题（53）、（54）

某厂拥有三种资源 A、B、C，生产甲、乙两种产品。生产每吨产品需要消耗的资源、可以获得的利润见下表。目前，该厂拥有资源 A、资源 B 和资源 C 分别为 12 吨、7 吨和 12 吨。根据上述说明，适当安排甲、乙两种产品的生产量，就能获得最大总利润 __（53）__ 。如果生产计划只受资源 A 和 C 的约束，资源 B 很容易从市场上以每吨 0.5 百万元购得，则该厂宜再购买 __（54）__ 资源 B，以获得最大的总利润。

	产品甲（每吨）	产品乙（每吨）
资源 A（吨）	2	1
资源 B（吨）	1	1
资源 C（吨）	1	2
利润（百万元）	3	2

（53）A．16 百万元　　B．18 百万元　　C．19 百万元　　D．20 百万元
（54）A．1 吨　　　　B．2 吨　　　　C．3 吨　　　　D．4 吨

试题（53）、（54）分析

本题考查应用数学（运筹学-线性规划）的基础知识。

设产品甲生产 x 吨，产品乙生产 y 吨，则线性规划模型为：

求 max $S=3x+2y$

约束条件：$2x+y \leq 12$

$x+y \leq 7$

$x+2y \leq 12$

$x,y \geq 0$

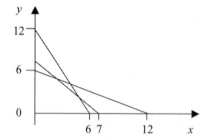

可行解区为左下的五边形，其顶点为：(0, 0)，(6, 0)，(5, 2)，(2, 5)，(0, 6)。

显然，在顶点 (5, 2) 处目标函数 S 达到最大值 19。即产品甲生产 5 吨，产品乙生产 2 吨，可以取得最大总利润 19 百万元。

如果资源 B 没有约束，可以外购，设新购 n 吨，则需要多花费 $0.5n$ 百万元，则线性规划模型修改为：

求 max $S=3x+2y-0.5n$

约束条件：$2x+y \leq 12$

$x+y \leq 7+n$

$x+2y \leq 12$

$x,y,n \geq 0$

从上图看出，当 $n \geq 1$ 时，直线 $x+y=7+n$，对形成可行解区不起作用。

此时，可行解区四边形顶点为（0，0），（6，0），（4，4），（0，6）。

只有当 $x=y=4$ 时 S 取得最大值，max S=max$\{20-0.5n\}$。只有当 $n=1$ 时取得最大值 19.5。

当 $0 \leq n \leq 1$ 时，可行解区五边形的顶点为：

（0，0），（6，0），（5–n，2+2n），（2+2n，5–n），（0，6）。

max S=max$\{-0.5n, 18-0.5n, 19+0.5n, 16+3.5n, 12-0.5n\}$（$0 \leq n \leq 1$），只有当 $n=1$ 时 S 取得最大值 19.5。

因此，在资源 B 无约束条件下，为取得最大总利润，应增购 1 吨资源 B。

参考答案

（53）C　（54）A

试题（55）

设三个煤场 A、B、C 分别能供应煤 12、14、10 万吨，三个工厂 X、Y、Z 分别需要煤 11、12、13 万吨，从各煤场到各工厂运煤的单价（百元/吨）见下表方框内的数字。只要选择最优的运输方案，总的运输成本就能降到　(55)　百万元。

	工厂 X	工厂 Y	工厂 Z	供应量（万吨）
煤场 A	5	1	6	12
煤场 B	2	4	3	14
煤场 C	3	6	7	10
需求量（万吨）	11	12	13	36

（55）A．83　　　B．91　　　C．113　　　D．153

试题（55）分析

本题考查应用数学（运筹学-运输问题）的基础知识。

先按最低运费单价 1 和 2（百元/吨）尽量多运，做出如下初始方案，总运费 $12 \times 1 + 11 \times 2 + 3 \times 3 + 10 \times 7 = 113$ 百万元。

运量（万吨）	工厂 X	工厂 Y	工厂 Z	供应量（万吨）
煤场 A	5 0	1 12	6 0	12
煤场 B	2 11	4 0	3 3	14
煤场 C	3 0	6 0	7 10	10
需求量（万吨）	11	12	13	36

再改进此方案。按最高运费单价 7 百元/吨尽量少运，再调整其他项，得到如下方案，总运费 $12 \times 1 + 1 \times 2 + 13 \times 3 + 10 \times 3 = 83$ 百万元。

	工厂 X	工厂 Y	工厂 Z	供应量（万吨）
煤场 A	5 0	1 12	6 0	12

续表

	工厂X	工厂Y	工厂Z	供应量（万吨）
煤场B	2 1	4 0	3 13	14
煤场C	3 10	6 0	7 0	10
需求量（万吨）	11	12	13	36

现在，每个未运格若再增加运量，都将增加运费。

例如，若AX格增加1吨运输（运费增加5百万元），则其他格的运量需要做相应调整。可以有三种情况：（1）AX、AY、BY、BX 分别增、减、增、减 1 吨运量，则运费变化为+5-1+4-2=+6（增加6百万元）；（2）AX、AY、CY、CX 分别增、减、增、减1吨运量，则运费变化为+5-1+6-3=+7（增加7百万元）；（3）AX、AY、BY、BZ、CZ、CX 分别增、减、增、减、增、减 1 吨运量，则运费变化为+5-1+4–3+7-3=+10（增加 10 百万元）。全部都是增加运费的。其余类推。因此最低总运费为 83 百万元。（实际解答时，许多明显不合理的途径不用计算就可以舍去。）

运输问题的初始方案可以不同，最优方案也可以不同，但最低运费一定相同。

参考答案

（55）A

试题（56）、（57）

某项目有 A～H 八个作业，各作业所需时间（单位：周）以及紧前作业如下表。

作业名称	A	B	C	D	E	F	G	H
紧前作业	—	A	A	A	B, C	C, D	D	E, F, G
所需时间	1	3	3	5	7	6	5	1

该项目的工期为 __（56）__ 周。如果作业C拖延3周完成，则该项目的工期 __（57）__ 。

（56）A．12   B．13   C．14   D．15

（57）A．不变   B．拖延1周   C．拖延2周   D．拖延3周

试题（56）、（57）分析

本题考查应用数学（运筹学-网络计划图）的基础知识。

先根据题中给出的表绘制如下的网络计划图：

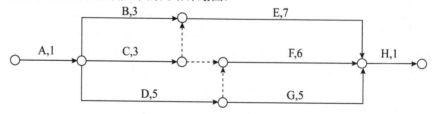

关键路径为从起点到终点所需时间最长的路径，即 A-D-F-H，工期为 1+5+6+1=13 周。
若作业 C 拖延 3 周完成，则关键路径为 A-C-E-H，工期为 1+6+7+1=15 周，拖延 2 周。

参考答案

（56）B　（57）C

试题（58）

下表记录了六个结点 A、B、C、D、E、F 之间的路径方向和距离。从 A 到 F 的最短距离是__(58)__。

从＼到	B	C	D	E	F
A	11	16	24	36	54
B		13	16	21	29
C			14	17	22
D				14	17
E					15

(58) A．38　　　B．40　　　C．44　　　D．46

试题（58）分析

本题考查应用数学（运筹学-图论）的基础知识。

按照表中的数据，画图如下。

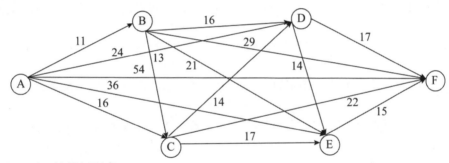

从 E 到 F 的最短距离=15。

从 D 到 F 的最短距离=min{D-E-F,D-F}=min{14+15,17}=17。

从 C 到 F 的最短距离=min{C-D-F,C-E-F,C-F}=min{14+17,17+15,22}=22。

从 B 到 F 的最短距离=min{B-C-F,B-D-F,B-E-F,B-F}=min{13+22,16+17,21+15,29}=29。

从 A 到 F 的最短距离=min{A-B-F,A-C-F,A-D-F,A-E-F,A-F}=min{11+29,16+22,24+17,36+15,54}=38。

最短路径为 A-C-F，最短距离为 38。

参考答案

（58）A

试题（59）

某小区有七栋楼房①～⑦（见下图），各楼房之间可修燃气管道路线的长度（单位：百米）已标记在连线旁。为修建连通各个楼房的燃气管道，该小区内部煤气管道的总长度至少为__(59)__百米。

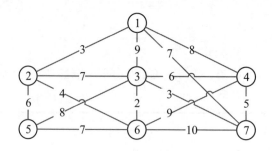

(59) A. 23　　　　　B. 25　　　　　C. 27　　　　　D. 29

试题（59）分析

本题考查应用数学（运筹学-图论）的基础知识。

首先选择最短距离的路线③⑥修建管道（长度为2）。

其余五个楼房到已通管道的楼房③⑥距离最短的路线为③⑦，确定修建③⑦管道（长度为3）。

尚未接通的四个楼房到已接通楼房③⑥⑦的最短路线为②⑥，确定修建管道②⑥（长度为4）。

尚未接通的楼房①④⑤到已接通的楼房②③⑥⑦的最短路线为①②，确定修建管道①②（长度为3）。

尚未接通的楼房④⑤到已接通的楼房①②③⑥⑦的最短路线为④⑦，确定修建管道④⑦（长度为5）。

尚未接通的楼房⑤到已接通的楼房①②③④⑥⑦的最短路线为②⑤，确定修建管道②⑤（长度为6）。

现在，全部楼房已接通，需要修建的管道总长度为2+3+4+3+5+6=23（百米）。

一般来说，修建总长最短管道的方案可能不唯一，但最短总长度是一致的。

参考答案

（59）A

试题（60）

信息系统的性能评价指标是客观评价信息系统性能的依据，其中，__(60)__ 是指系统在单位时间内处理请求的数量。

(60) A．系统响应时间　　B．吞吐量　　C．资源利用率　　D．并发用户数

试题（60）分析

本题考查系统性能评价的相关知识。

吞吐量是系统性能评价的重要指标。吞吐量是指系统在单位时间内处理请求的数量。对于无并发的应用系统而言，吞吐量与响应时间呈现严格的反比关系，实际上此时吞吐量就是响应时间的倒数。

参考答案

（60）B

试题（61）

运用互联网技术，在系统性能评价中通常用平均无故障时间（MTBF）和平均故障修复时间（MTTR）分别表示计算机系统的可靠性和可用性，下列 __(61)__ 表示系统具有高可靠性和高可用性。

(61) A．MTBF 小，MTTR 小
　　　B．MTBF 大，MTTR 小
　　　C．MTBF 大，MTTR 大
　　　D．MTBF 小，MTTR 大

试题（61）分析

本题考查系统性能评价的相关知识。

MTBF 表示平均故障间隔时间（又称平均无故障时间，英文全称是 Mean Time Between Failures），指可修复产品两次相邻故障之间的平均时间。MTBF 是衡量一个产品的可靠性指标。

MTTR（Mean Time to Restoration，平均恢复前时间或平均故障修复时间）的目的是清楚界定术语中的时间概念，MTTR 是随机变量恢复时间的期望值。它包括确认失效发生所必需的时间，以及维护所需要的时间。MTTR 也必须包含获得配件的时间，维修团队的响应时间，记录所有任务的时间，还有将设备重新投入使用的时间。

参考答案

(61) B

试题（62）

MPEG-7 是 ISO 制定的 __(62)__ 标准。

(62) A．多媒体视频压缩编码　　　　　　B．多媒体音频压缩编码
　　　C．多媒体音、视频压缩编码　　　　D．多媒体内容描述接口

试题（62）分析

MPEG-7 标准被称为"多媒体内容描述接口"，为各类多媒体信息提供一种标准化的描述，这种描述将与内容本身有关，允许快速和有效地查询用户感兴趣的资料。它将扩展现有内容识别专用解决方案的有限能力，特别是它还包括了更多的数据类型。

参考答案

(62) D

试题（63）

彩色视频信号数字化的过程中，利用图像子采样技术通过降低对 __(63)__ 的采样频率，以达到减少编码数据量的目的。

(63) A．色度信号　　B．饱和度信号　　C．同步信号　　D．亮度信号

试题（63）分析

对彩色电视图像进行采样时，可以采用两种采样方法。一种是使用相同的采样频率对图像的亮度信号和色差信号进行采样，另一种是对亮度信号和色差信号分别采用不同的采用频率进行采样。如果对色差信号使用的采样频率比亮度信号使用的采样频率低，这种采样就称为图像子采样（subsampling）。子采样的基本根据是人的视觉系统所具有的两条特性：一

是人眼对色度信号的敏感程度比对亮度信号的敏感程度低，利用这个特性可以把图像中表达颜色的信号去掉一些；二是人眼对图像细节的分辨能力有一定的限度，因此将图像中的高频信号去掉而使人不易察觉，从而达到压缩彩色电视信号的目的。

参考答案

（63）A

试题（64）

主机 host1 对 host2 进行域名查询的过程如下图所示，下列说法中正确的是 （64） 。

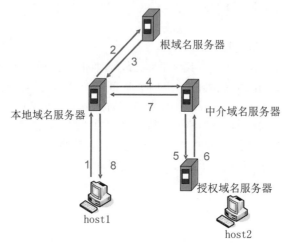

(64) A．本地域名服务器采用迭代算法
B．中介域名服务器采用迭代算法
C．根域名服务器采用递归算法
D．授权域名服务器采用何种算法不确定

试题（64）分析

本题考查域名解析的相关知识。

本地服务器在本地数据库查找不到记录时，查找转发域名服务器直到返回结果，所以采用递归算法；中介域名服务器在本地数据库查找不到记录时，查找授权域名服务器直到返回结果，故采用递归算法；根域名服务器在找不到结果时返回中介域名服务器地址，故采用迭代算法；授权域名服务器在自己数据库中查找到了结果，故采用何种算法不确定。

参考答案

（64）D

试题（65）、（66）

某公司网络的地址是 192.168.192.0/20，要把该网络分成 32 个子网，则对应的子网掩码应该是 （65） ，每个子网可分配的主机地址数是 （66） 。

(65) A．255.255.252.0　　　　　　B．255.255.254.0
C．255.255.255.0　　　　　　D．255.255.255.128

(66) A．62　　　　B．126　　　　C．254　　　　D．510

试题（65）、（66）分析

本题考查 IP 地址的相关知识。

将网络地址 192.168.192.0/20 分成 32 个子网，需要主机部分中高 5 位作为子网号，故划分后的子网掩码为 25 位，即子网掩码为 255.255.255.128。此时每个子网的可用主机数为 126 个。

参考答案

（65）D　（66）B

试题（67）

以下关于网络布线子系统的说法中，错误的是___（67）___。

（67）A．工作区子系统指终端到信息插座的区域
　　　B．水平子系统实现计算机设备与各管理子系统间的连接
　　　C．干线子系统用于连接楼层之间的设备间
　　　D．建筑群子系统连接建筑物

试题（67）分析

本题考查网络综合布线系统的相关知识。

综合布线系统通常有 6 个子系统，其中工作区子系统指终端到信息插座的区域，管理子系统实现计算机设备与各管理子系统间的连接，干线子系统用于连接楼层之间的设备间，建筑群子系统连接建筑物。

参考答案

（67）B

试题（68）

在层次化园区网络设计中，___（68）___是汇聚层的功能。

（68）A．高速数据传输　　　　　　B．出口路由
　　　C．广播域的定义　　　　　　D．MAC 地址过滤

试题（68）分析

本题考查层次型网络设计中各层的功能。

高速数据传输和出口路由是核心层的功能；MAC 地址过滤是接入层的功能；广播域定义是汇聚层的功能。

参考答案

（68）C

试题（69）

假如有 3 块 80T 的硬盘，采用 RAID 5 的容量是___（69）___。

（69）A．40T　　　　B．80T　　　　C．160T　　　　D．240T

试题（69）分析

本题考查 RAID 存储。

3 块 80T 的硬盘，2 块用作备份，1 块用作冗余，故容量为 160T。

参考答案

（69）C

试题（70）

网络安全体系设计可从物理线路安全、网络安全、系统安全、应用安全等方面来进行，其中，数据库容灾属于__（70）__。

(70) A．物理线路安全和网络安全　　　B．应用安全和网络安全
　　　C．系统安全和网络安全　　　　　D．系统安全和应用安全

试题（70）分析

本题考查安全体系分层方案。

数据库容灾属于系统安全和应用安全。

参考答案

（70）D

试题（71）～（75）

During the systems analysis phase, greater user involvement usually results in better communication, faster development times, and more satisfied users. There are three common team-based approaches that encourage system users to participate actively in various development tasks. 1) __(71)__ is a popular fact-finding technique that brings users into the development process as active participants. The end product of the approach is a requirements model. 2) __(72)__ is a team-based technique that speeds up information systems development and produces a functioning information system. The approach consists of several phases. The __(73)__ combines elements of the systems planning and systems analysis phases of the SDLC. Users, managers, and IT staff members discuss and agree on business needs, project scope, constraints, and system requirements. During __(74)__, users interact with systems analysts and develop models and prototypes that represent all system processes, outputs, and inputs. 3) __(75)__ attempt to develop a system incrementally by building a series of prototypes and constantly adjusting them to user requirements.

(71) A．Questionnaires　　　　　　　　B．Joint application development
　　　C．Interviews　　　　　　　　　　D．Prototyping

(72) A．Object-oriented development　　B．Model-driven development
　　　C．Rapid application development　D．Commercial Application package

(73) A．requirements planning phase　　B．business process modeling
　　　C．business process improvement　 D．scope definition phase

(74) A．physical architecture design　　B．object design
　　　C．prototypes design　　　　　　　D．user design phase

(75) A．Agile methods　　　　　　　　　B．The FAST framework
　　　C．Reverse Engineering　　　　　　D．Reengineering

参考译文

在系统分析阶段,参与的用户越多沟通效果越好,开发效率和用户满意度更高。有三种常见的基于团队的方法可以鼓励系统用户积极参与各种开发任务。1)联合应用程序开发是一种流行的事实发现技术,它使用户主动参与到开发过程中。该方法的最终产品是需求模型。2)快速应用开发是一种基于团队的技术,可加速信息系统开发并生成功能正确的信息系统。该方法包括几个阶段:需求计划阶段将系统开发周期中系统规划与系统分析阶段的要素结合起来。用户、经理和 IT 员工讨论并商定业务需求、项目范围、约束和系统需求。用户设计阶段,用户与系统分析师进行交互,并开发表示所有系统进程、输出和输入的模型和原型。敏捷方法试图通过构建一系列原型并不断根据用户需求进行调整来逐步开发系统。

参考答案

(71) B (72) C (73) A (74) D (75) A

第 5 章　2018 上半年系统分析师下午试题 I 分析与解答

> 试题一为必答题，从试题二至试题五中任选 2 道题解答。请在答题纸上的指定位置处将所选择试题的题号框涂黑。若多涂或者未涂题号框，则对题号最小的 2 道试题进行评分。

试题一（共 25 分）

阅读以下关于系统分析任务的叙述，在答题纸上回答问题 1 至问题 3。

【说明】

某公司是一家以运动健身器材销售为主营业务的企业，为了扩展销售渠道，解决原销售系统存在的许多问题，公司委托某软件企业开发一套运动健身器材在线销售系统。目前，新系统开发处于问题分析阶段，所分析各项内容如下所述：

（a）用户需要用键盘输入复杂且存在重复的商品信息；
（b）订单信息页面自动获取商品信息并填充；
（c）商品订单需要远程访问库存数据并打印提货单；
（d）自动生成电子提货单并发送给仓库系统；
（e）商品编码应与原系统商品编码保持一致；
（f）商品订单处理速度太慢；
（g）订单处理的平均时间减少 30%；
（h）数据编辑服务器 CPU 性能较低；
（i）系统运维人员数量不能增加。

【问题 1】（8 分）

问题分析阶段主要完成对项目开发的问题、机会和/或指示的更全面的理解。请说明系统分析师在问题分析阶段通常需要完成哪四项主要任务。

【问题 2】（9 分）

因果分析是问题分析阶段一项重要技术，可以得出对系统问题的真正理解，并且有助于得到更具有创造性和价值的方案。请将题目中所列（a）～（i）各项内容填入表 1-1 中（1）～（4）处对应位置。

表 1-1　问题、机会、目标和约束条件

因果分析		系统改进目标	
问题或机会	原因和结果	系统目标	系统约束条件
（1）	（2）	（3）	（4）

【问题 3】（8 分）

系统约束条件可以分为四类，请将类别名称填入表 1-2 中（1）～（4）处对应的位置。

表 1-2 约束条件分类

约束条件	类别
新系统必须在五月底上线运行	（1）
新系统开发费用不超过 20 万元	（2）
新系统必须能够实现在线实时处理	（3）
新系统必须满足 GB 31524—2005 电商平台技术规范	（4）

试题一分析

本题考查考生对于软件系统问题分析技术的掌握情况。

问题分析阶段主要完成对项目开发的问题、机会和/或指示的更全面的理解。问题分析主要关心现有系统的系统所有者视图和系统用户视图，这个阶段的最后交付成果和里程碑是产生处理问题、机会和指示的系统改进目标。问题分析通常包括的任务有研究问题领域、分析问题和机会、分析业务过程、制定系统改进目标、修改项目执行计划、汇报分析结果和建议。

研究问题领域是系统所有者、用户和分析员对系统不同层次的理解、认识和不同的观点，主要输入是系统章程和可能存在于当前系统资料库和程序库中的任何系统文档，交付成果是对问题领域和业务术语的理解。分析问题和机会是真正深入分析问题，确定问题产生的原因和结果，所采用的技术是因果分析。分析业务过程是项目团队仔细检查企业的业务过程，评估每个过程相对于整个组织减少或者增加的价值。制定系统改进目标的目的是建立项目成功的标准，对系统的任何改进都将按照这个标准进行度量，同时确定了任何可能限制系统改进的约束条件。

软件系统问题分析是系统分析师必须要掌握的专业知识与技能，特别是需要掌握因果分析方法以确定系统真正的问题及原因，并能正确理解系统设计过程中的约束条件。

【问题 1】

系统问题分析是确保系统开发质量和项目成功执行的关键，通过对当前问题领域及存在问题的研究，深入分析问题所产生的原因，进一步分析当前业务过程是否存在问题，最终确定系统的改进目标并识别在达到这些目标时需要受到的约束条件。所以问题分析包括的核心任务主要有研究问题领域、分析问题和机会、分析业务过程、制定系统改进目标四项任务。

【问题 2】

因果分析是问题分析阶段的一项重要技术，可以得出对系统问题的真正理解，并且有助于得到更具有创造性和价值的方案。在题目所列出的各项内容中，（a）"用户需要用键盘输入复杂且存在重复的商品信息"是产生系统响应慢的原因；（b）"订单信息页面自动获取商品信息并填充"是提高系统执行效率的改进目标；（c）"商品订单需要远程访问库存数据并打印提货单"是系统响应慢的原因；(d)"自动生成电子提货单并发送给仓库系统"是提高系统执行效率的改进目标；(e)"商品编码应与原系统商品编码保持一致"是系统在达到改进目标过程中所受到的约束；(f)"商品订单处理速度太慢"是系统当前存在的问题；(g)"订单处理的平均时间减少30%"是提高系统执行效率的改进目标；(h)"数据编辑服务器CPU性能较低"是系统响应慢的原因；(i)"系统运维人员数量不能增加"是系统在达到改进目标过程中所受到的约束。

【问题 3】
系统约束是系统在达到改进目标过程中所必须满足的条件，约束基本上无法被改变。系统约束通常分为四类：进度约束、成本约束、技术约束、政策/标准约束。在题目所列出的各项内容中，"新系统必须在五月底上线运行"属于进度约束；"新系统开发费用不超过20万元"属于成本约束；"新系统必须能够实现在线实时处理"属于技术约束；"新系统必须满足GB 31524—2005 电商平台技术规范"属于政策/标准约束。

参考答案
【问题 1】
  (1) 研究问题领域
  (2) 分析问题和机会
  (3) 分析业务过程
  (4) 制定系统改进目标

【问题 2】
  (1) (f)
  (2) (a) (c) (h)
  (3) (b) (d) (g)
  (4) (e) (i)

【问题 3】
  (1) 进度
  (2) 成本
  (3) 技术
  (4) 政策/标准

试题二（共 25 分）
阅读以下关于系统分析设计的叙述，在答题纸上回答问题1至问题3。

【说明】
某软件公司为共享单车租赁公司开发一套单车租赁服务系统，公司项目组对此待开发项目进行了分析，具体描述如下：
  (1) 用户（非注册用户）通过手机向租赁服务系统进行注册，成为可租赁共享单车的合法用户，其中包括提供身份、手机号等信息，并支付约定押金；
  (2) 将采购的共享单车注册到租赁服务系统后方可投入使用。即将单车的标识信息（车辆编号、二维码等）录入到系统；

(3) 用户（注册或非注册用户）通过手机查询可获得单车的地理位置信息以便就近取用；

(4) 用户（注册用户）通过手机登录到租赁服务系统中，通过扫描二维码或输入车辆编号以进行系统确认，系统后台对指定车辆状态（可用或不可用），以及用户资格进行确认，通过确认后对车辆下达解锁指令；

(5) 用户在用完车辆后关闭车锁，车辆自身将闭锁状态上报到租赁服务系统中，完成车辆状态的更新和用户租赁费用结算；

(6) 系统应具备一定的扩容能力，以满足未来市场规模扩张的需要。

项目组李工认为该系统功能相对独立，系统可分解为不同的独立功能模块，适合采用结构化分析与设计方法对系统进行分析与设计。但王工认为，系统可管理的对象明确，而且项目团队具有较强的面向对象系统开发经验，建议采用面向对象分析与设计方法。经项目组讨论，决定采用王工的建议，采用面向对象分析与设计方法开发系统。

【问题1】(7分)

在系统分析阶段，结构化分析和面向对象分析方法主要分析过程和分析模型均有所区别，请将（a）～（g）各项内容填入表 2-1 (1)～(4) 处对应位置。

表 2-1 系统分析方法比较

系统分析方法	主要分析内容	分析结果呈现形式
结构化分析方法	(1)	(2)
面向对象分析方法	(3)	(4)

(a) 确定目标系统概念类；
(b) 实体关系图（ERD）；
(c) 用例图；
(d) 通过功能分解方式把系统功能分解到各个模块中；
(e) 交互图；
(f) 数据流图（DFD）；
(g) 建立类间交互关系。

【问题2】(12分)

请分析下面 A～Q 所列出的共享单车租赁服务系统中的概念类及其方法，在图 2-1 所示用例图 (1)～(12) 处补充所缺失信息。

A. 用户　　　　　　B. 共享单车　　　　　C. 用户管理
D. 注册　　　　　　E. 注销　　　　　　　F. 用户查询
G. 单车管理　　　　H. 租赁　　　　　　　I. 归还
J. 单车查询　　　　K. 费用管理　　　　　L. 保证金管理
M. 租赁费管理　　　N. 数据存储管理　　　O. 用户数据存储管理
P. 单车数据存储管理　Q. 费用结算　　　　　R. 身份认证

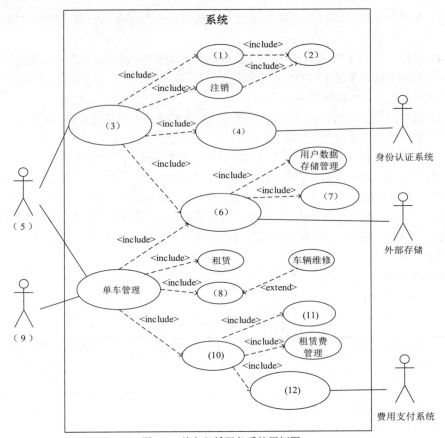

图 2-1 单车租赁服务系统用例图

【问题 3】（6 分）

随着共享单车投放量以及用户量的增加会存在系统性能或容量下降问题，请用 200 字以内的文字说明，在系统设计之初，如何考虑此类问题？

试题二分析

构建和实现一个能很好满足用户诉求的应用系统，离不开对用户真实需求全面而精准的获取。因此，在系统开发之前的系统分析环节至关重要。

本题正是考查考生对常用系统分析方法的掌握程度。在软件工程实践中，人们总结了许多种需求分析方法，其中主要包括结构化分析方法（SA）和面向对象分析方法（OOA）。这两种方法特点各异。SA 关注功能的分层和分解，采用自上而下、逐步分解问题，直至问题小至可解决为止的方式进行系统分析，以做到对系统的全面认知。它隐含着几个基本前提，即问题域是可定义且有限的，可通过有限步骤将复杂问题分解到可解决的程度。OOA 则基于抽象、信息隐蔽、功能独立和模块化理念进行系统分析。OOA 从对问题域的事物表象进行观测入手，对逻辑世界中逻辑对象进行定义，以及对对象行为和表象以对象关系模型和对象行为模型加以呈现，从而达到对系统完整而深入的理解。

第 5 章 2018 上半年系统分析师下午试题 I 分析与解答

实践中 SA、OOA 这两种分析方法很难以孰优孰劣来评价，它们都被不同的系统分析人员运用并成功地分析、开发出用户满意的软件系统。只是 OOA 方法当今更受到人们推崇，拥有大量语言和建模功能支持。

本题以当今流行的共享单车运营系统为例，采用 OOA 分析方法对共享单车系统展开分析，完成用例图的绘制。此外，进一步考查考生在进行系统功能分析的基础上对系统性能方面问题的分析能力。

总之，本题从多维度考量考生的系统分析能力，进而客观评价考生的实际工作能力或潜力。

【问题 1】

本问题旨在考查考生对系统分析方法知识点的掌握程度。重点考查考生对两种分析方法过程以及输出结果的了解情况。

结构化分析方法（SA）主要包括对系统进行模块划分，把识别出的功能分解到各模块中，通过描述细分的模块功能来达到描述整个系统功能的目的。在 SA 分析中以数据流图（DFD）表示模块之间的数据交互关系，并通过实体关系图（ERD）表示数据模型，以状态转换图（STD）表示行为模型。

面向对象分析方法（OOA）主要包括对系统进行概念类定义，确定类之间的关系，以及为类确定职责，建立交互图等，以达到对系统功能的完整描述。在 OOA 分析中，以用例图来表示概念类之间的关系，以交互图来表示相关对象之间的行为。

因此，（1）选择（d）；（2）选择（b）（f）；（3）选择（a）（g）；（4）选择（c）（e）。

【问题 2】

面向对象分析方法主要围绕用例图展开。考生需结合题干中给出的概念类及其方法完善题中给出的用例图。

通过分析题干部分给出的系统功能描述，可捕获到以下事实。

用户（概念类）通过系统用户管理（概念类）进行注册或注销，并通过用户数据存储管理（概念类）进行用户信息保存。同时在用户注册过程中，还需要通过外部第三方身份认证系统进行用户身份认证。

共享单车（概念类）通过系统的单车管理（概念类）进行管理来投放市场，同时将单车的标识信息通过单车数据存储管理（概念类）进行保存。

其中用户数据存储和单车数据存储存在共性，可进一步抽象出数据存储（概念类）。并且数据存储通过系统外部存储系统实现数据的存储和访问。

用户通过单车管理（概念类）完成租赁、归还的过程，其中归还过程中可能出现单车需要维修的可能。

另外，用户在租赁单车过程中涉及费用管理（概念类），其中包括保证金管理、租赁费管理和费用结算三个环节，其中费用结算需要通过外部费用支付系统来完成。

基于上述分析，可确定本题答案如下：（1）D，（2）F，（3）C，（4）R，（5）A，（6）N，（7）P，（8）I，（9）B，（10）K，（11）L，（12）Q。

【问题 3】

考查考生在非功能属性（性能和容量）方面对系统的分析能力。在系统开发初期能否对系统进行全面（功能、非功能等质量属性）而深入的分析，直接影响待开发系统后续的设计、实现以及交付的质量好坏，以及顺利与否。

在题干中提到系统应具备一定的扩容能力以满足未来市场规模扩张的需要。本问题需结合共享单车系统的特点给出性能和容量的瓶颈所在，以及应对策略。

通过对单车租赁服务系统进行整体分析，在市场规模扩张后，对系统带来的挑战主要来自数据存储容量问题，系统所运行的服务器处理性能问题，以及系统通信带宽问题等。

数据存储需考虑用于存储用户、单车信息的存储系统需要可灵活扩展，如采用独立存储系统（磁盘阵列或 NAS 等）。

服务器处理性能主要考虑如应对超量并发访问用户问题，或超量共享单车连接系统问题。可采用提升服务器处理核数量来提升单服务器的处理性能；同时，应用系统应采用多实例化方式设计、部署，以根据底层处理器资源的多少进行灵活调整。或者采用服务器集群，并前置负载均衡处理机保证用户访问系统的并发能力及均衡性，从而做到有效提升系统处理性能。

在通信性能方面，可通过提升服务器网口速率，如由 1GE 接口升级为 10GE 接口等来增加系统接入能力，具体实施中，可通过对服务器接口进行端口聚合来灵活提升接口吞吐。

参考答案

【问题 1】
　　（1）（d）
　　（2）（b）（f）
　　（3）（a）（g）
　　（4）（c）（e）

【问题 2】
　　（1）D
　　（2）F
　　（3）C
　　（4）R
　　（5）A
　　（6）N
　　（7）P
　　（8）I
　　（9）B
　　（10）K
　　（11）L
　　（12）Q

【问题 3】
　　1）数据存储容量
　　用于存储用户、单车信息的存储系统需要可灵活扩展，如采用独立存储系统（磁盘阵列或 NAS 等）。

2）服务器处理性能

如应对超量并发访问用户问题，或超量共享单车连接系统问题，可考虑：

提升单服务器的处理性能，如提升服务器处理核数量；同时上层应用系统支持多实例化部署能力，能根据底层处理器资源的多少进行灵活调整。

也可采用服务器集群，并前置负载均衡处理机保证用户访问系统的并发能力及均衡性，进而提升系统利用率。

3）通信性能

服务器网口速率提升，如由 1GE 接口升级为 10GE 接口等；另外，对服务器接口进行灵活扩展，如采用端口聚合等。

试题三（共 25 分）

阅读以下关于安全关键系统安全性设计技术的描述，回答问题 1 至问题 3。

【说明】

某公司长期从事计算机产品的研制工作，公司领导为了响应国家军民融合的发展战略，决定要积极参与我国军用设备领域的研制工作，将本公司的计算机及软件产品通过提升和改造，应用到军用装备的安全关键系统中。公司为了承担军用产品的研发任务，公司领导将论证工作交给王工负责。王工经调研分析，提交了一份完整论证报告。

【问题 1】（12 分）

论证报告指出：我们公司长期从事民用市场的计算机研制工作，在研制流程、管理方法以及环境试验等方面都不能达到军用设备相关技术要求。要承担武器装备生产研制工作，就必须建立公司的武器装备生产研制质量体系，需要拿到军方或政府部门颁发的资格认证。从技术上讲，军用设备产品大部分都属于安全关键系统，其计算机及软件的缺陷会导致武器装备失效，因此，公司技术人员应及早掌握相关安全性基本概念和相关设计知识。

1）企业要承担武器装备产品生产任务，需获得一些资格认证，请列举两种资格认证名称。

2）请说明安全关键系统的定义，并列举出两个安全关键系统的实例设备。

3）请简要说明安全性（safety）的具体含义，给出产品设计时，安全性分析通常采用哪两种方法？

【问题 2】（6 分）

IEC 61508（《电气／电子／可编程电子安全系统的功能要求》）是国际上对安全关键系统规定的一种较完整的安全性等级划分标准，本标准是由国际电工委员会（International Electronic Commission）正式发布的电气和电子部件行业标准（GB/T 20438 等同于此标准）。本标准对设备或系统的安全完整性等级（SIL）划分为 4 个等级（SIL1、SIL2、SIL3、SIL4），SIL4 是最高要求。

表 3-1 给出了本标准对安全功能等级和失效容忍概率的对应关系。请根据自己所掌握的安全功能等级相关知识，补充完善表 3-1 给出的（1）～（6）空格，并将答案写在答题纸上。

表 3-1 安全功能等级（SIL）和失效容忍概率对照表

安全功能等级	每项需求失效的平均容忍概率	每小时失效的平均容忍概率
SIL 4	（1）	（2）
SIL 3	（3）	$\geqslant 10^{-8}$ to $<10^{-7}$
SIL 2	（4）	（5）
SIL 1	$\geqslant 10^{-2}$ to $<10^{-1}$	（6）

【问题 3】（7 分）

实时调度是安全关键系统的关键技术。实时调度一般分为动态和静态两种。其中，静态调度是指在离线情况下计算出的任务的可调度性，静态调度必须保证所有任务的时限、资源、优先级和同步的需求。图 3-1 给出了一组分布式任务执行的优先级关系，请根据图 3-1 给出任务间的优先级关系实例，按静态调度算法的基本原理，补充完善图 3-2 给出的任务静态调度搜索树的（1）～（10）空白，并给出最佳调度路径。

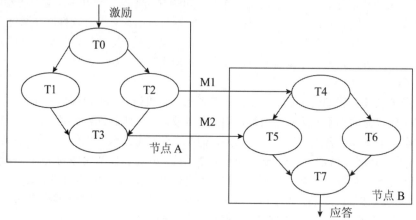

图 3-1 分布式任务的优先权关系图

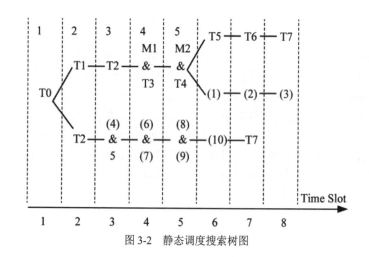

图 3-2 静态调度搜索树图

试题三分析

本题主要考查考生对军用安全关键系统相关研制过程、质量保证和安全性评价等技术知识的掌握及应用。首先要求考生在理解安全关键系统相关技术的基本概念和主要特征的基础上，针对军用设备技术要求、安全性分级标准等软件设计方法开展学习，重点从标准体系、安全功能等级和失效容忍概率以及实时调度等关键技术方面思考问题，以进一步提高考生对安全关键系统知识的掌握能力。

此类题目要求考生根据已从事过或将要从事的安全关键系统的软件开发项目的相关知识，认真阅读题目对技术问题的描述，经过分析、分类和概括等方法，从中分析出题干或备选答案给出的术语差异，正确回答【问题1】到【问题3】所涉及的各类技术要点。

【问题1】

我国军用装备产品经过六十多年研制，已建立了完善的研制体系，从事军用装备产品研制的企业，必须通过多种资质认证工作。在国家军民融合发展战略鼓舞下，许多民营及股份制企业准备将自己的产品打入军用装备领域，或承担军用设备研制工作。与此同时，国家已降低进入门槛，鼓励民营企业参与军工产品研制工作。但是，政策的放宽不等于产品质量的降低，因此，参与军用设备的研制工作的企业必须要拿到相应资质，建立军品研制体系。

通常，军工产品研制体系包含五种资质认证。

（1）国军标质量管理体系认证，简称国军标认证（ISO 9001）。

ISO 9000 族标准是国际标准化组织（ISO）在 1994 年提出的概念，是国际标准化组织质量管理和质量保证技术委员会制定的国际标准。ISO 9001 是 ISO 9000 族标准所包含的一组质量管理体系核心标准之一，主要用于证实组织具有提供满足顾客需求和适用法规要求的产品能力，目的在于增进顾客满意度。凡是通过认证的企业，在各项管理系统整合上已达到了国际标准，表明企业能持续稳定地向顾客提供预期和满意的合格产品。从事军工产品研制的企业必须通过 ISO 9001 认证。

（2）武器装备科研生产许可证认证，简称许可证认证。

武器装备科研生产许可是指国家对由国务院国防科技工业主管部门会同军委装备发展部和军工电子行业主管部门共同制定的，列入武器装备科研生产许可目录的武器装备科研生产活动实行许可管理。未取得武器装备科研生产许可，不得从事许可目录所列的武器装备科研生产活动。取得武器装备科研生产许可的单位，应当在许可范围内从事武器装备科研生产活动，按照国家要求或者合同约定提供合格的科研成果和武器装备。

（3）装备承制单位资格名录认证，简称名录认证。

《装备承制单位资格名录》是由军委装备发展部组织对装备承制单位的审核确定的满足武器装备科研生产许可要求的单位名录，实行装备承制单位资格审查制度，对于培养竞争主体、营造竞争环境，降低采购风险，提高装备建设质量效益，具有重要意义。《装备采购条例》规定：装备采购实行承制单位资格审查制。除特殊情况外，装备采购的承制单位应当从《装备承制单位资格名录》中选择。装备承制单位分为三类：第一类装备承制单位是指承制装备的总体、关键、重要分系统和核心配套产品的单位；第二类装备承制单位是指承制其他军队专用装备和一般配套产品的单位；第三类装备承制单位是指承制军选民用产品的单位。

（4）武器装备科研生产单位保密资格认证，简称保密认证。

为规范武器装备科研生产单位保密资格审查认证工作，确保国家秘密安全，依据《中华人民共和国保守国家秘密法》和相关保密规定，由国家保密局、国防科工局和军委装备发展部联合制定《武器装备科研生产单位保密资质审查认证管理办法》，规定承制武器装备科研生产任务的企事业单位应取得相应的保密资格。武器装备科研生产单位保密资格分为一级、二级、三级等三个等级，一级保密资格的单位可以承担绝密级科研生产任务；二级保密资格的单位可以承担机密级科研生产任务；三级保密资格的单位可以承担秘密级科研生产任务。

（5）军用软件研制能力成熟度模型资格认证，简称软件认证（GJB 5000）。

软件能力成熟度模型是一种对软件组织在定义、实施、度量、控制和改善其软件过程的实践中各个发展阶段的描述形成的标准。而军用软件研制能力成熟度模型是以 CMMI-DEV 1.2 版本为基础制定的面向军用软件研制的标准（GJB 5000—2008）。同样，承担军用软件研制生产的单位，应根据自身承担的软件任务情况，获取相应的军用软件研制能力成熟度模型认证等级，未获得软件 GJB 5000 认证的单位将不能研制生产军用软件。

以上五种资质（格）认证是承担武器装备生产的必备资质。当然，作为软件企业，要想从事军用软件研制任务，保密资格认证和 GJB 5000 软件认证是必不可少的。

在日常生活中，所乘的交通工具、使用的各种电子设备，都可能对人身存在着不同程度的伤害或造成重大财产损失。将这类系统分为安全关键系统或非安全关键系统。安全关键系统（Safety-Critical-System）又称"安全攸关系统"，是指其不正确功能和失效会导致人员伤亡、财产损失等严重后果的计算机系统。因此，如果计算机系统的失效可能引起灾难性的后果，如丧失生命、大量财产损失或环境遭到灾难性损失，则这个计算机系统能被称为"安全关键系统"。

通常情况下，安全关键系统包含飞行器中的飞行控制系统、汽车中的电子稳定指令系统、火车控制系统、核反应堆系统、医疗设备的心脏起搏器、功率输电网和机器人的人机交互等。

在安全关键系统设计时，为了提高系统的安全性设计能力，预防系统的失效所带来的重大灾难，在系统顶层设计时，应编制系统的安全分析报告，通常安全性分析采用故障树分析法（Fault Tree Analysis，FTA）、失效模式和影响域分析法（Failure Mode and Effects Analysis，FMEA）两种。

（1）故障树分析法：故障树分析法（FTA）又称事故树分析法，是安全系统工程中最重要的分析方法。故障树分析从一个可能的事故开始，自上而下、逐层寻找直接原因和间接原因事件，直到基本原因事件，并用逻辑图把这些事件之间的逻辑关系表达出来。

（2）失效模式和影响域分析法：失效模式和影响域分析法（FMEA）是分析系统中每一个产品所有可能产生的故障模式及其对系统造成的所有可能影响，并按每一个故障模式的严重程度、检测难易程度以及发生频率予以分类的一种归纳分析方法。

【问题 2】

针对安全关键系统危害程度，国际上通常根据设备引起的危害程度将安全等级进行分级，并根据设备的安全性设计水平开展安全等级评估。

IEC 61508（《电气/电子/可编程电子安全系统的功能要求》）标准规定了常规系统运行和故障预测能力两方面的基本安全要求。这些要求涵盖了一般安全管理系统、具体产品设计和符合安全要求的过程设计，其目标是既避免系统性设计故障，又避免随机性硬件失效。它是国际上对安全关键系统规定的一种较完整的安全性等级划分标准，本标准是由国际电工委员会（International Electronic Commission）正式发布的电气和电子部件行业标准，国内编制的国标 GB/T 20438 与此标准相同。本标准对设备或系统的安全完整性等级（SIL）划分为 4 个等级（SIL1、SIL2、SIL3、SIL4），SIL4 是最高要求。完善后的表 3-2 给出了这四个安全等级划分。

表 3-2　安全功能等级（SIL）和失效容忍概率对照表（完善后）

安全功能等级	每项需求失效的平均容忍概率	每小时失效的平均容忍概率
SIL 4	$\geqslant 10^{-5}$ to $< 10^{-4}$	$\geqslant 10^{-9}$ to $< 10^{-8}$
SIL 3	$\geqslant 10^{-4}$ to $< 10^{-3}$	$\geqslant 10^{-8}$ to $< 10^{-7}$
SIL 2	$\geqslant 10^{-3}$ to $< 10^{-2}$	$\geqslant 10^{-7}$ to $< 10^{-6}$
SIL 1	$\geqslant 10^{-2}$ to $< 10^{-1}$	$\geqslant 10^{-6}$ to $< 10^{-5}$

本题主要考查考生对 IEC 61508 标准中安全性级别划分的理解程度。

【问题 3】

在实时系统中，掌握任务调度算法是对考生的基本要求。通常情况下，实时系统任务都是按预先定义好的时间序列运行，为保证系统确定性要求，可调度性分析是设计安全关键系统任务调度的关键技术之一。

实时调度一般分为动态和静态两种。其中，静态调度是指在离线情况下计算出的任务的可调度性，静态调度必须保证所有任务的时限、资源、优先级和同步的需求。

本题给出了一组分布式任务执行的优先级关系，任务 0～任务 3 运行在节点 1CPU 上，通过消息机制和节点 2 上的任务 4～任务 7 进行协调工作，这里假设了每个任务和每个消息运行在一个时间单位（Slot），本题是在已给任务静态调度搜索树的基础上，回答可调度的任务安排序列。从任务静态调度搜索树分析出：（1）～（3）空显然与第一组调度任务排列有相同之处，任务 5 和任务 6 改变顺序即可；对于第三组调度序列，只要注意消息活动与任务间的关系，应该可以按顺序编排完成。最佳调度路径为 T0—T2—M1&T1—T3&T4—M2&T6—T5—T7，这样的最佳路径比前面两组调度节省一个时间节拍。

参考答案

【问题 1】

1）军用产品生产需要获得以下五种认证：

（1）国军标质量管理体系认证，简称国军标认证（ISO 9001）；

（2）武器装备科研生产许可证认证，简称许可证认证；

（3）武器装备科研生产单位保密资质认证，简称保密认证；
（4）装备承制单位资格名录认证，简称名录认证；
（5）军用软件研制能力成熟度模型资格认证，简称软件认证（GJB 5000）。

2）安全关键系统是指其不正确功能和失效会导致人员伤亡、财产损失等严重后果的计算机系统。

如果计算机系统的失效可能引起灾难性的后果，如丧失生命、大量财产损失或环境遭到灾难性损失，则这个计算机系统能被称为"安全关键系统"。

（以上两段定义，只要回答正确任何一段，即可得3分）

安全关键系统包括：
- 飞行器中的飞行控制系统；
- 汽车中的电子稳定指令系统；
- 火车控制系统；
- 核反应堆系统；
- 医疗设备的心脏起搏器；
- 功率输电网；
- 机器人的人机交互。

3）安全关键系统的安全（safety）可以定义为"安全性是指系统在发生关键失效状态下，系统可保持不会导致灾难性后果的时间间隔"。安全性是系统属性，系统总体设计时要确定子系统的安全性要求，子系统应确保在剩余安全余量中不因其失效而导致严重后果。

安全性分析通常采用：
（1）故障树分析法（FTA）；
（2）失效模式和影响域分析法（FMEA）。

【问题2】
（1）$\geq 10^{-5}$ to $< 10^{-4}$
（2）$\geq 10^{-9}$ to $< 10^{-8}$
（3）$\geq 10^{-4}$ to $< 10^{-3}$
（4）$\geq 10^{-3}$ to $< 10^{-2}$
（5）$\geq 10^{-7}$ to $< 10^{-6}$
（6）$\geq 10^{-6}$ to $< 10^{-5}$

【问题3】
（1）T6
（2）T5
（3）T7
（4）M1
（5）T1
（6）T3
（7）T4

（8）M2
（9）T6
（10）T5
备注：（4）与（5）、（6）与（7）、（8）与（9）在图中位置可互换。
最佳调度路径：
T0—T2—M1&T1—T3&T4—M2&T6—T5—T7

试题四（共 25 分）
阅读以下关于数据库设计的叙述，在答题纸上回答问题1至问题3。

【说明】
某软件企业开发一套类似于淘宝网上商城业务的电子商务网站。该系统涉及多种用户角色，包括购物用户、商铺管理员、系统管理员等。
在数据库设计中，该系统数据库的核心关系包括：

产品(产品编码,产品名称,产品价格,库存数量,商铺编码)
商铺(商铺编码,商铺名称,商铺地址,商铺邮箱,服务电话)
用户(用户编码,用户名称,用户地址,联系电话)
订单(订单编码,订单日期,用户编码,商铺编码,产品编码,产品数量,订单总价)

不同用户角色有不同的数据需求，为此该软件企业在基本数据库关系模式的基础上，定制了许多视图。其中，有很多视图涉及多表关联和聚集函数运算。

【问题 1】（8 分）
商铺用户需要实时统计本商铺的货物数量和销售情况，以便及时补货，或者为商铺调整销售策略。为此专门设计了可实时查看当天商铺中货物销售情况和存货情况的视图，商铺产品销售情况日报表（商铺编码,产品编码,日销售产品数量,库存数量,日期）。
数据库运行测试过程中，发现针对该视图查询性能比较差，不满足用户需求。
请说明数据库视图的基本概念及其优点，并说明本视图设计导致查询性能较差的原因。

【问题 2】（8 分）
为解决该视图查询性能比较差的问题，张工建议为该数据建立单独的商品当天货物销售、存货情况的关系表。但李工认为张工的方案造成了数据不一致的问题，必须采用一定的手段来解决。
1）说明张工的方案是否能够对该视图查询性能有所提升，并解释原因；
2）解释说明李工指出的数据不一致问题产生的原因。

【问题 3】（9 分）
针对李工提出的问题，常见的解决手段有应用程序实现、触发器实现和物化视图实现等，请用 300 字以内的文字解释说明这三种方案。

试题四分析
本题考查数据库视图的基本概念以及视图查询优化的问题。

【问题 1】
视图是数据库开发中经常使用的一个数据库对象，是一个虚拟表，其内容由查询定义。

同真实的表一样,视图包含一系列带有名称的列和行数据。但是,视图并不在数据库中以物理存储的数据形式存在,存储的是视图定义对应的 SELECT 语句。行和列数据来自由定义视图的查询所引用的表,并且在引用视图时动态生成。

根据视图本身的定义和特点,其优点是:

简单性,视图不仅可以简化用户对数据的理解,也可以简化他们的操作。例如可以封装底层的多表数据查询的细节,只提供用户关心的数据等。

限制用户对数据的访问,通过视图用户只能查询和修改他们所能见到的数据,用户可以被限制在数据的不同子集上。

逻辑数据独立性,视图可帮助用户屏蔽真实表结构变化带来的影响。例如多表查询、聚合信息等。

缺点是视图对应的数据是在用户引用视图时动态生成的,往往会有较大的开销,针对复杂视图的查询往往存在性能问题。尤其是设计多表关联操作时,表现更为明显。

视图商铺产品销售情况日报表的数据来源于三个基表,针对该视图的查询被 DBMS 转换为针对底层基表的查询,即 DBMS 需要实时执行三个基表的关联操作、sum 函数计算,性能开销比较大。基表中的数据越多,查询的性能开销越大。

【问题 2】

张工的方案类似于反规范化操作。

张工方案可以提升该视图查询性能。原因是:为该查询单独设置物理表,数据来源于其他基表,可以通过索引等技术来提高针对该物理表的查询效率;单独设表,数据提前算好放到表中,无须查询时的计算开销,提高性能。

该方案的缺点也类似于反规范化操作的缺点。主要的问题是数据冗余存放,会带来数据不一致和更新异常等问题。具体到张工的方案中,日销售产品数量和库存数量的数据存在于多张表中,出现了数据冗余。存在的问题是当新增订单或产品库存数量发生变更时,必须实时同步数据,否则会造成数据不一致问题。如果采用张工的方案,必须采用某些手段来解决数据不一致的问题。

【问题 3】

常见的解决手段有批处理操作、应用程序、触发器和物化视图。

批处理操作指的是先更新交易表,当积累一定数量后,批量更新对应的销售和库存数据,使得数据一致,这种方法使得在一定时间内,数据一直处于不一致状态,基本不会被采用;应用程序方法指的是由应用程序同时更新两个数据,使得数据保持一致,但会增加应用程序的复杂性,改变了原来的业务规则;触发器方式指的是由数据库自动使用触发器来保持数据一致性,这也是数据库开发中解决反规范化操作缺点的推荐方法,其缺点是需要编写额外程序,同时会对原有的事务操作的性能造成影响;物化视图方法则直接将视图数据进行物理存储,即将视图数据物理化,视图数据与原数据库表的数据,由 DBMS 自动保证数据的一致性,性能开销最小,而无须任何额外的程序或操作。

参考答案

【问题 1】

视图是由一个或多个表中的数据组成的虚拟表,视图本身没有物理数据存在。针对视图的查询被 DBMS 转换为针对底层基表的数据查询。

其优点是:

(1) 简单性,视图不仅可以简化用户对数据的理解,也可以简化他们的操作。

(2) 通过视图用户只能查询和修改他们所能见到的数据,用户可以被限制在数据的不同子集上。

(3) 逻辑数据独立性,视图可帮助用户屏蔽真实表结构变化带来的影响。

视图商铺产品销售情况日报表的数据来源于三个基表,针对该视图的查询被 DBMS 转换为针对底层基表的查询,即 DBMS 需要实时执行三个基表的关联操作、sum 函数计算,性能开销比较大。基表中的数据越多,查询的性能开销越大。

【问题 2】

1) 张工的方案可以提升该视图查询性能。

原因是:为该查询单独设置物理表,数据来源于其他基表,可以通过索引等技术来提高针对该物理表的查询效率;单独设表,数据提前算好放到表中,无须查询时的计算开销,提高性能。

2) 该方案造成了日销售产品数量和库存数量的数据存在于多张表中,出现了数据冗余。

存在的问题:当新增订单或产品库存数量发生变更时,必须实时同步数据,否则会造成数据不一致问题。如果采用张工的方案,必须采用某些手段来解决数据不一致的问题。

【问题 3】

应用程序实现:当业务逻辑新增订单、修改产品库存时,由应用程序同步修改该视图数据,所有修改操作视为一个事务,从而保证数据一致性。

触发器实现:在产品表和订单表上增加触发器,触发条件为修改订单(包括新增、删除、修改操作)或者修改产品库存,触发器逻辑为根据触发条件修改视图数据,保证数据一致性。

物化视图实现:将该视图定义为物化视图,物化视图直接将视图数据进行物理存储,并由 DBMS 自动保证数据的一致性。

试题五(共 25 分)

阅读以下关于 Web 应用设计开发的描述,在答题纸上回答问题 1 至问题 3。

【说明】

某公司拟开发一个自由、可定制性强、用户界面友好的在线调查系统,以获取员工在课程学习、对公司重大事件的看法、对办公室环境的建议等相关反馈。因需要调查的内容各异,可选择的调查方式多样,故本在线调查系统应满足以下需求。

1) 支持编辑和视图两种模式,编辑模式只对调查发起者可见,视图模式对接受调查者可见。

2) 调查问卷具有可定制性,因调查的内容各异,需要多样的信息采集方式,可设置的调查问题类型包括单选、多选、矩阵类单选、矩阵类多选和开放性问题。

3) 操作简单,调查者可以方便地新建和编辑各种问题类型,接受调查者可对每个问题和每个调查问卷给出评论。

4）系统支持显示调查统计结果，以及导出统计结果。

针对以上需求，经项目组讨论，拟采用 REST 架构风格设计实现该在线调查系统。

【问题 1】（10 分）

分析该在线调查系统的业务流程，填写图 5-1 中（1）～（5）处的内容。

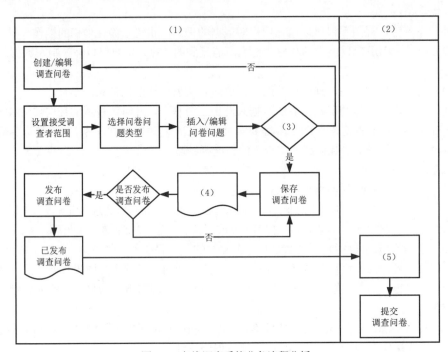

图 5-1　在线调查系统业务流程分析

【问题 2】（10 分）

REST 架构风格的核心是资源抽象。在系统设计中，项目组拟将系统中的每一个实体抽象成一种资源。请列举出该系统中的 5 种资源。

【问题 3】（5 分）

基于 REST 架构风格对系统进行设计，请简要叙述 REST 风格的 5 条关键原则。

试题五分析

本题考查 Web 系统设计分析的相关知识。

此类题目要求考生认真阅读题目对系统需求的描述，分析抽象系统的业务需求，并根据系统需求特征设计 Web 应用的系统架构。

【问题 1】

本问题通过分析题目中对在线问卷调查系统的需求描述，抽象出该 Web 应用系统的业务流程，完成题目给出的业务流程图。

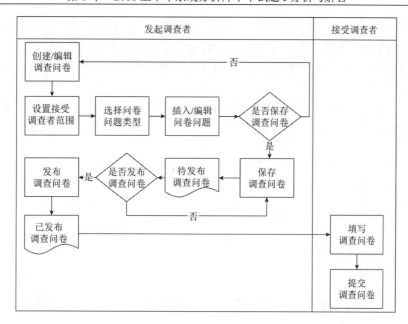

【问题 2】

本问题考查 REST 风格的相关知识，要求考生运用 REST 风格设计 Web 应用系统。

REST，即表述性状态传递（Representational State Transfer，REST），是一种软件架构风格。它是一种针对网络应用的设计和开发方式，可以降低开发的复杂性，提高系统的可伸缩性。目前在三种主流的 Web 服务实现方案中，因为 REST 模式的 Web 服务相对于复杂的 SOAP 和 XML-RPC 来讲更加简洁，越来越多的 Web 服务开始采用 REST 风格设计和实现。例如，Amazon.com 提供接近 REST 风格的 Web 服务进行图书查找。

在 REST 中，每个事物或者每一个值得被标识的关键抽象都拥有一个明显的资源 ID。该在线调查系统中，E-R 设计中的每一个实体都是一种资源。对每种资源我们都可以采用 REST 风格 URI 进行访问。在这个项目中的每个 Model 都是一个资源。例如对于 User 资源，可以输入以下的 URI：http://someaddress.com/users/1，将返回序号为 1 的用户信息的页面。因此，可被抽象为资源的包括用户、调查问卷、问卷问题、问卷问题的选项、调查结果、问卷问题评论、调查问卷评论等。

【问题 3】

本问题考查 REST 风格的 5 个关键原则的相关知识及应用。REST 风格的 5 个关键原则分别为：

（1）为所有"事务"定义 ID。每个事务都应该是可标识的，都应该拥有一个明显的 ID。在 Web 中，代表 ID 的统一概念是 URI。URI 构成了一个全局命名空间，使用 URI 标识你的关键资源意味着它们获得了一个唯一、全局的 ID。

（2）将所有事务链接在一起。任何可能的情况下，使用链接指引可以被标识的事务（资源）。

（3）使用标准方法。为使客户端程序能与你的资源相互协作，资源应该正确地实现默认的应用协议（HTTP），也就是使用标准的 GET、PUT、POST 和 DELETE 方法。

（4）资源多重表述。针对不同的需求提供资源多重表述。在实践中，资源多重表述还有着其他重要的好处：如果你为你的资源提供 HTML 和 XML 两种表述方式，那这些资源不仅可以被你的应用所用，还可以被任意标准 Web 浏览器所用，即应用信息可以被所有会使用 Web 的人获取到。

（5）无状态通信。REST 要求状态要么被放入资源状态中，要么保存在客户端上。换句话说，服务器端不能保持除了单次请求之外的、任何与其通信的客户端的通信状态。

参考答案

【问题 1】

（1）发起调查者

（2）接受调查者

（3）是否保存调查问卷

（4）待发布调查问卷

（5）填写调查问卷

【问题 2】

用户、调查问卷、问卷问题、问卷问题的选项、调查结果、问卷问题评论、调查问卷评论等。

【问题 3】

REST 风格的 5 个关键原则包括：

（1）为所有"事务"定义 ID；

（2）将所有事务链接在一起；

（3）使用标准方法；

（4）资源多重表述；

（5）无状态通信。

第6章 2018上半年系统分析师下午试题II写作要点

> 从下列的4道试题（试题一至试题四）中任选1道解答。请在答题纸上的指定位置处将所选择试题的题号框涂黑。若多涂或者未涂题号框，则对题号最小的一道试题进行评分。

试题一 论信息系统开发方法论

信息系统的开发一般分为系统规划、需求定义、系统设计、实施和维护等主要五个阶段，每一个阶段都应该在科学方法论的指导下开展工作。随着信息系统规模的变化和传统开发方法论的演变，信息系统开发过程经历了"自底向上"和"自顶向下"两种方式。

请围绕"信息系统开发方法论"论题，依次从以下三个方面进行论述。
1. 概要叙述你参与分析和开发的信息系统以及你所担任的主要任务和开展的主要工作。
2. 分别说明信息系统"自底向上"和"自顶向下"两种系统分析设计方式。详细阐述系统遵循"自底向上"方式和"自顶向下"方式设计开发的优缺点。
3. 详细说明你所参与的信息系统是如何遵循"自底向上""自顶向下"或综合"自底向上"和"自顶向下"两种方式进行的分析、设计和开发的。

写作要点

一、简要描述所参与分析和开发的软件系统开发项目，并明确指出在其中承担的主要任务和开展的主要工作。

二、分别说明信息系统"自底向上"和"自顶向下"两种系统分析设计方式。详细阐述系统遵循"自底向上"方式和"自顶向下"方式设计开发的优缺点。

（1）"自底向上"方式。

由于早期的信息系统规模较小，其分析、设计和开发方法基本上采用"自下而上"的方式，或称"自底向上"的方式。系统的开发是从单项、局部的应用向多项、全面的应用发展。它们从部分现有的应用向外或向上延伸和扩展，这种方法主要用于对早期的事务处理应用。一些系统加上另外一些系统，将它们联系起来使企业的信息系统逐渐扩大，从而支持管理部门的业务控制、管理规划甚至战略决策。它们是从现有的信息系统开始，根据企业需求的变化而不断演化。所以"自底向上"的分析、设计和开发方法也称为演变法。

"自底向上"方法的优点有：
- 使信息系统的开发易于适应组织机构的真正需要。
- 有助于发现和理解每个系统的附加需要，并易于判断其费用。
- 每一阶段所获得的经验和教训有助于下一阶段的开发。

- 相对而言，每一阶段的规模较小，易于控制和管理。

"自底向上"方法的缺点有：

- 由于方法的演变性质，信息系统难以实现其整体性。
- 由于系统未进行全局规划，系统的数据一致性和完整性难以保证。
- 为了达到系统的性能要求，往往不得不重新调整系统，甚至要重新设计系统。
- 由于系统实施的分散性和演变性，因而与企业目标的联系往往是间接的，系统往往难以支持企业的整体战略目标。

(2)"自顶向下"方式。

随着信息系统规模的不断扩大和对传统开发方法的探讨，另一种系统开发的方法被提倡和发展，这就是所谓"自顶向下"的系统分析、设计和开发方法，这也是当前大系统开发所常用的方法。它是从企业或部门的经营和管理目标出发，从全局和整体来规划其信息需求。它从企业或机构的最高层出发并覆盖所有或主要的业务领域。运用这类方法可以为企业或部门信息系统制定中期或长期发展规划奠定基础。"自顶向下"方法在一定程度上保证了合理的开发顺序和所有应用的最后整体化。

"自顶向下"方法的优点有：

- 可为企业或机构的重要决策和任务实现提供信息。
- 支持企业信息系统的整体性规划，并对系统的各子系统的协调和通信提供保证。
- 方法的实践有利于提高企业人员的整体观察问题的能力，从而有利于寻找到改进企业组织的途径。

"自顶向下"方法的缺点有：

- 对系统分析和设计人员的要求较高。
- 开发周期长。
- 对于大系统而言，自上而下的规划对于下层系统的实施往往缺乏约束力。
- 从经济角度来看，很难说自顶向下的做法在经济上是合算的。

上述在信息系统开发时常见的两种实施方法，是对不同时期、不同对象的信息系统开发方法的归纳，各有其优缺点，但实践证明在工程实施时，两种方法并非绝对排斥的，往往在事情进一步的发展中，它们都能取长补短、相互补充。有经验的分析和设计人员会首先确定企业的信息需求环境和性质，然后来选择适合于它的分析和设计方法，他们甚至会从方法的基本原理和适应对象出发使用变通的方法来进行对特定系统的开发，如自顶向下的整体规划和自底向上的分步实施。这无疑是一种对方法论的发展和创造。

三、针对作者实际参与的软件系统开发项目，说明该项目是如何遵循"自底向上""自顶向下"或综合"自底向上"和"自顶向下"两种方式进行的系统分析、设计和开发的。

试题二　论软件构件管理及其应用

软件构件是软件复用的重要组成部分，为了达到软件复用的目的，构件应当是高内聚的，并具有稳定的对外接口。同时为了使构件更切合实际、更有效地被复用，构件应当具备较强的适应能力，以提高其通用性。而存在大量的、可复用的构件是有效使用复用技术的前提。对大量构件进行有效管理，以方便构件的存储、检索和提取，是成功复用构件的必要保证。

请围绕"软件构件管理及其应用"论题,依次从以下三个方面进行论述。
1. 简要叙述你参与管理和开发的软件项目以及你在其中所担任的主要工作。
2. 详细说明构件管理中常见的构件获取方法,以及构件组织分类的常见方法。
3. 结合你具体参与管理和开发的实际项目,说明在项目中如何获取和组织构件,以及如何进行构件组装。

写作要点

一、简要叙述你参与管理和开发的软件项目以及你在其中所担任的主要工作。

二、详细说明构件管理中常见的构件获取方法,以及构件组织分类的常见方法。

常见的构件获取方法有:

(1) 从现有构件中获得符合要求的构件,直接使用或做适应性修改,得到可复用的构件;

(2) 通过遗留工程,将具有潜在复用价值的构件提取出来,得到可复用的构件;

(3) 从市场上购买现成的商业构件,即 COTS(Commercial Off-The-Shell)构件;

(4) 开发新的符合要求的构件。

企业或项目组进行构件获取决策时,必须考虑到不同方式获取构件的一次性成本和以后的维护成本。

常见的构件组织分类方法有:

(1) 关键字分类法:将应用领域的概念按照从抽象到具体的顺序逐次分解为树形或有向无回路图结构,每个概念用一个描述性的关键字表示。构件库中新增构件时,需要对构件的功能或行为进行分析。若存在该构件的属主关键字,则在已有的关键字分类结构中,加入到最合适的原子级关键字之下。如果无法找到该构件的属主关键字,则引进新的关键字,扩充原有的关键字分类结构。

(2) 刻面(facet)分类法:定义若干用于刻画构件特征的"刻面",每个面包含若干个概念,这些概念描述构件在刻面上的特点。刻面可以描述构件执行的功能、被操作的数据、构件应用的语境及其他特征。描述构件的刻面集合称为刻面描述符。

(3) 超文本方法:基于全文检索技术,其主要思想是所有构件必须附以详尽的功能或行为说明文档;说明中出现的重要概念或构件以网状链接方式相互连接;检索者在阅读文档的过程中可按照人类的联想思维方式任意跳转到包含相关概念或构件的文档;全文检索系统将用户给出的关键字与说明文档中的文字进行匹配,实现构件的浏览式检索。

三、结合你具体参与管理和开发的实际项目,说明在项目中如何获取和组织构件,以及如何进行构件组装。

说明自己在项目中具体所采用的构件获取和组织的方法。

构件组装是指将库中的构件经适当修改后相互连接,或者将它们与当前开发系统中的软件元素相连接,最终构成新的目标软件。构件组装技术大致可以分为三种:

(1) 基于功能的组装技术:采用子程序调用和参数传递的方式将构件组装起来。要求库中的构件以子程序/过程/函数的形式出现,并且接口说明必须清晰。此方法依赖于功能分解的设计方法。

(2) 基于数据的组装技术:首先根据当前软件问题的核心数据结构设计出一个框架,

然后根据框架中各节点的需求提取构件并进行适应性修改，再将构件逐个分配至框架中的适当位置。构件的组装方式仍然是传统的子程序调用与参数传递。此方法依赖于面向数据的设计方法。

（3）面向对象的组装技术：由于封装和继承特征，面向对象方法比其他软件开发方法更适合支持软件复用。在面向对象软件开发方法中，如果从类库中检索出来的基类能够完全满足新系统的需求，可以直接使用；否则必须以基类为父类，生成相应的子类，满足新系统的需求。

试题三　论软件系统需求获取技术及应用

需求获取（Requirement Discovery，RD）是一个确定和理解不同类用户的需要和约束的过程。需求获取是否科学、充分对所获取的结果影响很大，直接决定了系统开发的目标和质量。由于大部分用户无法完整的描述需求，也不可能看到系统的全貌，所以在需求获取中，系统分析师需要与用户进行有效沟通和合作才能成功。系统分析师根据要获取的信息内容和信息来源采用不同的需求获取技术，并且熟练地在实践中运用它，进而获得用于描述系统活动的特定软件需求，构建系统开发目标和质量要求。

请围绕"软件系统需求获取技术及应用"论题，依次从以下三个方面进行论述。

1. 简要叙述你参与的软件开发项目以及你所承担的主要工作。
2. 详细说明目前主要有哪些需求获取技术，不同需求获取技术各自有哪些特点。
3. 根据你所参与的项目，具体阐述如何根据需求内容采用不同的需求获取技术获取系统需求。

写作要点

一、简要描述所参与的软件系统开发项目，并明确指出在其中承担的主要任务和开展的主要工作。

二、详细说明目前主要有哪些需求获取技术，不同需求获取技术各自有哪些特点。

（1）用户访谈。

用户访谈是最基本的一种需求获取手段，其形式包括结构化和非结构化两种。结构化是指事先准备好一系列问题，有针对性地进行；而非结构化则是只列出一个粗略的想法，根据访谈的具体情况发挥。最有效的访谈是结合这两种方法进行，毕竟不可能把什么都一一计划清楚，应该保持良好的灵活性。为了进行有效的用户访谈，系统分析师需要在三个方面进行组织，分别是准备访谈、主持访谈和访谈的后续工作。

用户访谈具有良好的灵活性，有较宽广的应用范围。但是，也存在着许多困难，例如，用户经常较忙，难以安排时间；面谈时信息量大，记录较为困难；沟通需要很多技巧，同时需要系统分析师具有足够的领域知识等。另外，在访谈时，还可能会遇到一些对于企业来说比较机密和敏感的话题。因此，这看似简单的技术，也需要系统分析师具有丰富的经验和较强的沟通能力。

（2）问卷调查。

问卷调查通过精心设计调查表，然后下发到相关的人员手中，让他们填写答案。问卷调查表使系统分析师可以从大量的项目干系人处收集信息，甚至当项目干系人在地理上分布很广时，他们仍然能通过问卷调查表来帮助获取需求。一张好的问卷调查表要花费大量的时间进行设计与制作，包括确定问题及其类型、编写问题、设计问卷调查表的格式三个重要活动。

问卷调查可以在短时间内，以低廉的代价从大量的回答中收集数据；问卷调查允许回答者匿名填写，大多数用户可能会提供真实信息；问卷调查的结果比较好整理和统计。问卷调查最大的不足就是缺乏灵活性，较好的做法是将用户访谈和问卷调查结合使用。具体来说，就是先设计问题，制作成为问卷调查表，下发填写完后，进行分组、整理和分析，以获得基础信息。然后，再针对分析的结果进行小范围的用户访谈，作为补充。

（3）采样。

采样是指从种群中系统地选出有代表性的样本集的过程，通过认真研究所选出的样本集，可以从整体上揭示种群的有用信息。对于信息系统的开发而言，现有系统的文档（文件）就是采样种群。当开始对一个系统做需求分析时，查看现有系统的文档是对系统有初步了解的最好方法。但是，系统分析师应该查看哪些类型的文档，当文档的数据庞大，无法一一研究时，就需要使用采样技术选出有代表性的数据。

采样技术不仅可以用于收集数据，还可以用于采集访谈用户或者是采集观察用户。在对人员进行采样时，上面介绍的采样技术同样适用。通过采样技术，选择部分而不是选择种群的全部，不仅加快了数据收集的过程，而且提高了效率，从而降低开发成本。另外，采样技术使用了数理统计原理，能减少数据收集的偏差。但是，由于采样技术基于统计学原理，样本规模的确定依赖于期望的可信度和已有的先验知识，很大程度上取决于系统分析师的主观因素，对系统分析师个人的经验和能力依赖性很强，要求系统分析师具有较高的水平和丰富的经验。

（4）情节串联板。

很多用户对信息系统是没有直观认识的，这样就很容易产生盲区，这时，系统分析师就需要通过情节串联板技术来帮助用户消除盲区，达成共识。情节串联板通常就是一系列图片，系统分析师通过这些图片来讲故事。在一般情况下，图片的顺序与活动事件的顺序一致，通过一系列图片说明会发生什么。人们发现，通过以图片辅助讲故事的方式叙述需求，有助于有效和准确地沟通。在情节串联板中可以使用的图片类型包括流程图、交互图、报表和记录结构等。简单地说，情节串联板技术就是使用工具向用户说明（或演示）系统如何适合企业的需要，并表明系统将如何运转。系统分析师将初始的情节串联板展示给讨论小组，小组成员提供意见。

由于情节串联板给用户一个直观的演示，因此它是最生动的需求获取技术，其优点是用户友好、交互性强，对用户界面提供了早期的评审。情节串联板的缺点是花费的时间很多，需求获取的效率较低。

（5）联合需求计划。

为了提高需求获取的效率，越来越多的企业倾向于使用小组工作会议来代替大量独立的访谈。联合需求计划（Joint Requirement Planning，JRP）是一个通过高度组织的群体会议来分析企业内的问题并获取需求的过程，它是联合应用开发（Joint Application Development，JAD）的一部分。JAD是以小组形式定义和建立系统的，它是由企业主管部门经理、会议主持人、用户、协调人员、IT 人员、秘书等共同组成的专题讨论组。由这个专题讨论组来定义并详细说明系统的需求和可选的技术方案。JAD 的过程大致如下：(1) 确定 JAD 项目，主要指确定系统的范围和规范。(2) 在 JAD 专题预备会上，会议主持人向参与者介绍项目和 JAD 专题讨论内容。(3) 准备 JAD 专题讨论材料。(4) 进行 JAD 专题讨论会，其目的是要达成对需求的一致意见，并对各种可选的技术方案加以讨论，从中研究出几套可供选择的方案。

JAD 方法充分发挥了 JAD 专题讨论会的优势，以更好地满足用户的需求。使用 JAD 法，比传统的收集需求的时间更快，可以加速系统开发周期。JAD 方法充分发挥了管理人员和用户的积极性，增强了管理人员和用户的责任感，从而使系统开发工作做得更好。JRP 将会起到群策群力的效果，对于一些问题最有歧义的时候、对需求最不清晰的领域都是十分有用的一种方法。这种方法最大的难度是会议的组织和相关人员的能力，要做到言之有物，气氛开放。否则，将难以达到预想的效果。

三、针对考生本人所参与的项目中使用的需求获取技术，说明实施过程和具体实施效果。

试题四　论数据挖掘方法及应用

随着信息技术和数据库技术的普遍应用，人类获取数据的能力不断增强，数据库的数量和规模在迅速增加。数据挖掘又称数据库中的知识发现（Knowledge Discover in Database，KDD），是识别数据库中以前不知道的、新颖的、潜在有用的和最终可被理解的模式的非平凡过程。数据挖掘是数据库知识发现过程的一个步骤，其目标就是要智能化和自动化地把数据转换为有用的信息和知识。

请围绕"数据挖掘方法及应用"论题，依次从以下三个方面进行论述。
1. 概要叙述你参与分析和开发的软件系统以及你所担任的主要任务和开展的主要工作。
2. 详细阐述三种常用的数据挖掘方法。
3. 详细说明你所参与分析和开发的软件系统是如何基于常用的数据挖掘方法进行数据挖掘的。

写作要点

一、简要描述所参与分析和开发的软件系统开发项目，并明确指出在其中承担的主要任务和开展的主要工作。

二、详细阐述三种常用的数据挖掘方法。

考生阐述下列方法中的任意 3 种即可得分。

（1）关联规则挖掘。关联规则挖掘的典型问题是：给定一个销售交易的数据库，要求发现数据项之间的重要关联性，即在一个交易中出现某些数据项蕴含着其他一些数据项也可能会在同一交易中出现。例如许多顾客在购买尿布的同时也购买啤酒的结论就是通过关联规则分析所得到的结果。关联规则分析是一个从现象到本质的揣测推理过程。也就是说，通过关联分析所得到的结果，仅仅是一种可能的因果关系，它能够协助业务专家对事物的本质进行分析，深化对事物关系的认识，但需要业务专家加以确认，并予以合理的解释，才能够成为对决策进行指导的规律。

（2）特征描述。数据库中通常存放大量的细节数据，然而，用户常常希望能够得到对于所关心的一类数据的简洁概貌描述。特征描述是对目标类数据的一般特征或特性进行汇总，并以直观易理解的方式显示给用户。通常，用户首先通过数据库查询来对目标类数据进行查询，例如为研究上一年在某超市消费超过 1000 美元以上的顾客特征，可以通过执行一个 SQL 查询收集关于这些产品的数据。特征描述通常采用的方法是进行数据概化，将庞大的任务相关的数据集从较低的概念层抽象到较高的概念层。例如，对于上述消费超过 1000 美元以上的顾客，特征描述的结果可能是顾客的一般轮廓，如年龄在 40 至 50 岁之间、已婚、有工作等。

（3）分类分析。分类分析是找出数据集中各组对象的共同特征，并建立分类模型，从而能够将数据集中的其他对象分到不同的组中。分类也称作制导的学习，为了建立分类模型，需要有一个用做训练集的示例数据库 E，其中的每个元组都有一个给定的类标识。分类过程是首先分析训练集中的数据，根据每个类中数据的特征为每个类生成分类模型，然后用得到的分类模型对未知类别的数据进行分类。表示分类模型的一种常用方法是决策树。

（4）聚类分析。若干个相似的数据对象组合在一起称作一个聚簇。聚类分析是将数据集分割为若干个有意义的聚簇的过程。聚类分析也称作无制导的学习，因为聚类分析与分类分析不同，它没有事先确定的类，也没有已具有类标识的训练集。好的聚类分析算法应该使得所得到的聚簇内的相似性很高，而不同的聚簇间的相似性很低。

三、针对考生实际参与的软件系统开发项目，说明该项目是如何基于常用的数据挖掘方法进行数据挖掘的。

第7章 2019上半年系统分析师上午试题分析与解答

试题（1）

面向对象分析中，一个事物发生变化会影响另一个事物，两个事物之间属于__(1)__。

(1) A．关联关系　　　B．依赖关系　　　C．实现关系　　　D．泛化关系

试题（1）分析

本题考查统一建模语言（UML）的基础知识。

UML用关系把事物结合在一起。依赖关系是两个事物之间一个事物发生变化会影响另一个事物；关联关系描述一组对象之间连接的结构关系；泛化关系描述一般化和特殊化的关系；实现关系是类之间一个类指定了由另一个类保证执行的契约。

参考答案

(1) B

试题（2）

关于用例图中的参与者，说法正确的是__(2)__。

(2) A．参与者是与系统交互的事物，都是由人来承担
　　B．当系统需要定时触发时，时钟就是一个参与者
　　C．参与者可以在系统外部，也可能在系统内部
　　D．系统某项特定功能只能有一个参与者

试题（2）分析

本题考查用例模型的基础知识。

用例图中，参与者是指存在于系统外部并与系统进行交互的任何事物，既可以是使用系统的用户，也可以是其他外部系统和设备等外部实体。当系统需要定时触发时，时钟就是一个参与者。执行系统某项功能的参与者可能有多个，根据职责的重要程度不同，有主要参与者和次要参与者之分。

参考答案

(2) B

试题（3）～（5）

在线学习系统中，课程学习和课程考试都需要先检查学员的权限，"课程学习"与"检查权限"两个用例之间属于__(3)__；课程学习过程中，如果所缴纳学费不够，就需要补缴学费，"课程学习"与"缴纳学费"两个用例之间属于__(4)__；课程学习前需要课程注册，可以采用电话注册或者网络注册，"课程注册"与"网络注册"两个用例之间属于__(5)__。

(3) A．包含关系　　　B．扩展关系　　　C．泛化关系　　　D．关联关系
(4) A．包含关系　　　B．扩展关系　　　C．泛化关系　　　D．关联关系
(5) A．包含关系　　　B．扩展关系　　　C．泛化关系　　　D．关联关系

试题（3）～（5）分析

本题考查用例模型的基础知识。

包含关系是指可以从两个或两个以上的用例中提取公共行为，在线学习系统中，课程学习和课程考试都需要先检查学员的权限，"课程学习"与"检查权限"两个用例之间属于包含关系。扩展关系是指一个用例明显地混合了两种或两种以上的不同场景时可以发生多种分支，"课程学习"与"缴纳学费"两个用例之间属于扩展关系。泛化关系是指多个用例共同拥有一种类似的结构和行为，"课程注册"与"网络注册"两个用例之间属于泛化关系。

参考答案

（3）A （4）B （5）C

试题（6）、（7）

非对称加密算法中，加密和解密使用不同的密钥，下面的加密算法中 __(6)__ 属于非对称加密算法。若甲、乙采用非对称密钥体系进行保密通信，甲用乙的公钥加密数据文件，乙使用 __(7)__ 来对数据文件进行解密。

(6) A．AES B．RSA C．IDEA D．DES
(7) A．甲的公钥 B．甲的私钥 C．乙的公钥 D．乙的私钥

试题（6）、（7）分析

本题考查加密算法的基础知识。

非对称加密算法是指在加密和解密过程中，使用两个不相同的密钥，这两个密钥之间没有相互的依存关系。通常加密密钥为公钥，解密密钥为私钥。目前，使用较为广泛的非对称加密算法是 RSA。

参考答案

(6) B (7) D

试题（8）、（9）

用户 A 从 CA 获取了自己的数字证书，该数字证书中包含为证书进行数字签名的 __(8)__ 和 __(9)__ 。

(8) A．CA 的私钥 B．CA 的公钥 C．A 的私钥 D．A 的公钥
(9) A．CA 的私钥 B．CA 的公钥 C．A 的私钥 D．A 的公钥

试题（8）、（9）分析

本题考查信息安全的基础知识。

CA（Certificate Authority）即颁发数字证书的机构，是负责发放和管理数字证书的权威机构，并作为电子商务交易中受信任的第三方，承担公钥体系中公钥的合法性检验的责任。

数字证书在用户公钥后附加了用户信息及 CA 的签名。公钥是密钥对的一部分，另一部分是私钥。公钥公之于众，谁都可以使用。私钥只有自己知道。由公钥加密的信息只能由与之相对应的私钥解密。为确保只有某个人才能阅读自己的信件，发送者要用收件人的公钥加密信件；收件人便可用自己的私钥解密信件。同样，为证实发件人的身份，发送者要用自己的私钥对信件进行签名；收件人可使用发送者的公钥对签名进行验证，以确认发送者的身份。

参考答案

（8）A　（9）D

试题（10）

甲公司委托乙公司开发一种工具软件，未约定软件的使用权、转让权及利益分配办法，甲公司按规定支付乙公司开发费用。然而，乙公司按约定时间开发该工具软件后，在未向甲公司交付之前，将其转让给丙公司。下列说法中，正确的是__(10)__。

(10) A. 该工具软件的使用权属于甲公司

　　　B. 甲和乙公司均有该工具软件的使用权和转让权

　　　C. 乙公司与丙公司的转让合同无效

　　　D. 该工具软件的转让权属于乙公司

试题（10）分析

本题考查知识产权的基础知识。

接受他人委托开发的软件，其著作权的归属由委托人与受托人签订书面合同约定，书面合同或者合同未作明确约定的，其著作权由受托人享有。根据《计算机软件保护条例》相关规定，软件著作权人享有发表权、署名权、修改权、复制权、发行权、出租权、信息网络传播权、翻译权以及应当由软件著作权人享有的其他权利。软件著作权人可以全部或者部分转让其软件著作权，并有权获得报酬。

软件著作权转让是指软件著作权人作为转让方与受让方通过签订转让合同的方式，明确其中权利义务，将软件著作权的全部或者其中的一部分权利转移给受让方所有，受让方成为新的版权（全部或部分）所有者，而由受让方支付相应转让费的一种法律行为。《计算机软件保护条例》第二十条规定：转让软件著作权的，当事人应当订立书面合同。

参考答案

（10）D

试题（11）

根据《计算机软件保护条例》，下列说法中，错误的是__(11)__。

(11) A. 受保护的软件必须固化在有形物体上，如硬盘、光盘、软盘等

　　　B. 合法复制品所有人的权利包括出于学习研究目的，安装、储存、显示等方式使用复制品，必须经著作权人许可，可不向其支付报酬

　　　C. 如果开发者在单位或组织中任职期间，所开发的软件符合一定条件，则软件著作权应归单位或组织所有

　　　D. 接受他人委托而进行开发的软件，其著作权的归属应由委托人与受托人签订书面合同约定；如果没有签订合同，或合同中未规定的，则其著作权由受托人享有

试题（11）分析

本题考查知识产权的基础知识。

软件著作权受保护的条件包括：①原创性，即软件应该是开发者独立设计、独立编制的编码组合；②感知性，受保护的软件须固定在某种有形物体上，客观表达出来并为人们所知

悉；③可再现性，即把软件转载在有形物体上的可能性。
合法复制品所有人的权利包括出于学习研究目的，安装、储存、显示等方式使用复制品，无须经著作权人许可。

参考答案
　　（11）B

试题（12）
　　某教授于 2016 年 6 月 1 日自行将《信息网络传播权保护条例》译成英文，投递给某国家的核心期刊，并于 2016 年 11 月 1 日发表。国家相关部门认为该教授的译文质量很高，经与该教授协商，于 2017 年 1 月 5 日发文将该译文定为官方正式译文。下列说法，__(12)__是正确的。
　　（12）A．由于该教授未经相关部门同意而自行翻译官方条例，因此对其译文不享有著作权
　　　　　B．该教授对其译文自 2016 年 6 月 1 日起一直享有著作权
　　　　　C．该教授对其译文自 2016 年 6 月 1 日至 2017 年 1 月 4 日期间享有著作权
　　　　　D．该教授对其译文自 2016 年 11 月 1 日至 2017 年 1 月 4 日期间享有著作权

试题（12）分析
　　本题考查知识产权的基础知识。
　　该教授对《信息网络传播权保护条例》英文译文自 2016 年 6 月 1 日至 2017 年 1 月 4 日期间享有著作权。

参考答案
　　（12）C

试题（13）
　　甲公司从市场上购买乙公司生产的软件，作为甲公司计算机产品的部件。丙公司已经取得该软件的发明权，并许可乙公司生产销售该软件。下列说法中，正确的是__(13)__。
　　（13）A．甲公司的行为构成对丙公司权利的侵犯
　　　　　B．甲公司的行为不构成对丙公司权利的侵犯
　　　　　C．甲公司的行为不侵犯丙公司的权利，乙公司侵犯了丙公司的权利
　　　　　D．甲公司的行为与乙公司的行为共同构成对丙公司权利的侵犯

试题（13）分析
　　本题考查知识产权的基础知识。
　　甲公司的行为不构成对丙公司权利的侵犯。

参考答案
　　（13）B

试题（14）
　　雷达设计人员在设计数字信号处理单元时，其处理器普遍采用 DSP 芯片（比如：TI 公司的 TMS320C63xx），通常 DSP 芯片采用哈佛（HarVard）体系结构，以下关于哈佛结构特征的描述，不正确的是__(14)__。
　　（14）A．程序和数据具有独立的存储空间，允许同时取指令和取操作数，并允许在程序

空间或数据空间之间互传数据
- B. 处理器内部采用多总线结构,保证了在一个机器周期内可以多次访问程序空间和数据空间
- C. 哈佛体系结构强调的是多功能,适合多种不同的环境和任务,强调兼容性
- D. 处理器内部采用多处理单元,可以在一个指令周期内同时进行运算

试题(14)分析

通常的计算机体系结构都采用冯·诺依曼结构,但是冯·诺依曼结构没有区分程序存储器和数据存储器,这样导致了总线拥堵;DSP 需要高度并行处理技术,由于总线宽度的限制,必然降低了并行处理能力。哈佛结构的主要特点就是多总线结构、程序与数据空间分离,达到并行执行,尤其是在多处理器方面,可达到每个处理器在一个周期内同时运算。哈佛结构不追求适应多种环境,不强调兼容性。

因此,选项 A、B、D 说法正确,其描述的特征符合哈佛(HarVard)体系结构;选项 C 说法不正确,哈佛体系结构强调的是单一功能性,而不能满足多功能、适应不同环境和任务,这个特征是冯·诺依曼结构的特征。

参考答案

(14) C

试题(15)

某 16 位 AD 芯片中标注电压范围是–5V~+5V,请问该款 AD 芯片的分辨率是 __(15)__ 。

(15) A. 10V   B. 0.0763 mV   C. 0.1526mV   D. 0.3052mV

试题(15)分析

AD 芯片是模拟与数字信号的转换芯片,其主要功能是将外部模拟信号通过 AD 芯片转换成计算机可以处理的数字信号。AD 芯片的分辨率是指 AD 转换器对输入信号的分辨能力。通常,AD 转换的分辨率=参考电压/(总元素–1),而总元素是指 AD 位数所能表示的最大数值,如 8 位 AD,其总元素是 256。所以,16 位 AD 的分辨率=(10V)/(65 536–1)=0.1526mV。

参考答案

(15) C

试题(16)

以下关于多核处理器的说法中,不正确的是 __(16)__ 。

- (16) A. 采用多核处理器可以降低计算机系统的功耗和体积
- B. SMP、BMP 和 MP 是多核处理器系统通常采用的三种结构,采用哪种结构与应用场景相关,而无须考虑硬件的组成差异
- C. 在多核处理器中,计算机可以同时执行多个进程,而操作系统中的多个线程也可以并行执行
- D. 多核处理器是将两个或更多的独立处理器封装在一起,集成在一个电路中

试题(16)分析

SMP 是一种对称型多核处理系统结构,MP 是一种非对称型多处理器系统结构,而 BMP 是一种介于对称、非对称之间的多核处理系统结构。多核处理器可降低计算机体积与功耗,多

核处理器与多处理器的不同之处就在于将两个以上的独立 CPU 集成到一个硅片（电路）中，在多核处理系统中，进程可以同时运行在不同处理器核上，真正实现操作系统线程的并行执行。

由于 SMP、BMP 和 MP 的结构与硬件结构有着紧密关系，硬件的结构决定着采用哪种多核使用方式。以上所述，选项 B 的说法是不正确的。

参考答案

（16）B

试题（17）

多核操作系统的设计方法不同于单核操作系统，一般要突破 __(17)__ 等方面的关键技术。

（17）A．总线设计、Cache 设计、核间通信、任务调度、中断处理、同步互斥
　　　B．核结构、Cache 设计、核间通信、可靠性设计、安全性设计、同步互斥
　　　C．核结构、Cache 设计、核间通信、任务调度、中断处理、存储器墙设计
　　　D．核结构、Cache 设计、核间通信、任务调度、中断处理、同步互斥

试题（17）分析

随着计算机芯片的快速发展，多核处理器已成主流 CPU，操作系统应适应处理器的发展，因此多核操作系统已成为操作系统主流。多核操作系统的设计方法与单核相比存在很大差异，除了考虑单核基本功能设计外，还应突破与多核相关技术。主要包括了以下几点：

①核结构：操作系统的核心功能与 CPU 的内核结构密切相关，多核结构的不同影响着内核的多核工作方式。

②Cache 设计：多核操作系统内核设计方法与多核 Cache 的设计相关，解决多核 Cache 一致性问题与单核相比要复杂得多。

③核间通信：核间通信技术是多核操作系统必须解决的关键技术，核间通信的优劣直接影响着多核操作系统的效能。

④任务调度：任务调度是操作系统的核心功能，其调度策略的选择与单核或多核结构紧密相关，多核的任务调度需要考虑核间负载平衡问题以及任务同步问题。

⑤中断处理：中断处理是多核结构中需要共享的资源，与单核设计不同的是在多核情况下需要考虑中断与核的依赖关系。

⑥存储器墙设计：存储器墙设计是多核硬件结构设计中必须解决的空间隔离技术，不属于操作系统设计范畴。

⑦同步互斥：多核环境下的共享资源同步互斥，是多核操作系统必须解决的关键技术，在多核环境下共享资源同步互斥也是保障系统安全的有效方法。

⑧总体设计：多核的总体设计主要考虑系统架构设计，是一种软硬件的整体考虑，虽然要提出对软件的需求，但并不是多核操作系统最需要突破的技术。

综上所述，选项 A 中的总线设计不在多核操作系统设计范畴；选项 B 中的可靠性设计、安全性设计是单核和多核都要突破的技术，因此不在多核操作系统突破技术范畴；选项 C 中的存储器墙设计不在多核操作系统设计范畴。

参考答案

（17）D

试题（18）

多核 CPU 环境下进程的调度算法一般有全局队列调度和局部队列调度两种。__(18)__ 属于全局队列调度的特征。

(18) A．操作系统为每个 CPU 维护一个任务等待队列
B．操作系统维护一个任务等待队列
C．任务基本上无须在多个 CPU 核心间切换，有利于提高 Cache 命中率
D．当系统中有一个 CPU 核心空闲时，操作系统便从该核心的任务等待队列中选取适当的任务执行

试题（18）分析

在多核环境下，任务调度是操作系统设计的关键技术，通常采用全局队列调度和局部队列调度两种方式。但是两种调度队列的作用不同，主要体现在以下几点。

全局队列调度：
- 操作系统维护一个全局的任务等待队列。
- 当系统中有一个 CPU 核心空闲时，操作系统从全局任务等待队列中选取就绪任务开始在此核心上执行。
- 这种方法的优点是提高了 CPU 核心利用率。

局部队列调度：
- 操作系统为每个 CPU 内核维护一个局部的任务等待队列。
- 当系统中有一个 CPU 核心空闲时，操作系统便从该核心的任务等待队列中选取适当的任务执行。
- 这种方法的优点是任务基本上无须在多个 CPU 核心间切换，有利于提高 CPU 核心局部 Cache 命中率。
- 目前大多数多核 CPU 操作系统采用的是基于全局队列的任务调度算法。

因此，操作系统维护一个任务等待队列属于全局队列调度的特征。

参考答案

(18) B

试题（19）、（20）

信息资源是企业的重要资源，需要进行合理的管理，其中 __(19)__ 管理强调对数据的控制（维护和安全）， __(20)__ 管理则关心企业管理人员如何获取和处理信息（流程和方法）且强调企业中信息资源的重要性。

(19) A．生产资源　　B．流程资源　　C．客户资源　　D．数据资源
(20) A．信息处理　　B．流程重组　　C．组织机构　　D．业务方法

试题（19）、（20）分析

本题考查企业信息化方面的基础知识。

信息资源是企业的重要资源，需要进行合理的管理，其中数据资源管理强调对数据的控制（维护和安全），信息处理管理则关心企业管理人员如何获取和处理信息（流程和方法）且强调企业中信息资源的重要性。

参考答案

（19）D　（20）A

试题（21）～（24）

信息资源规划（Information Resource Planning，IRP）是信息化建设的基础工程，IRP 强调将需求分析与__（21）__结合起来。IRP 的过程大致可以分为 7 个步骤，其中__（22）__步骤的主要工作是用户视图收集、分组、分析和数据元素分析；__（23）__步骤的主要工作是主题数据库定义、基本表定义和扩展表定义；__（24）__步骤的主要工作是子系统定义、功能模块定义和程序单元定义。

（21）A．系统建模　　　　B．系统架构　　　C．业务分析　　　　D．流程建模
（22）A．业务流程分析　　B．数据需求分析　C．业务需求分析　　D．关联模型分析
（23）A．信息接口建模　　B．数据结构建模　C．系统数据建模　　D．信息处理建模
（24）A．系统功能建模　　B．业务流程分解　C．系统架构建模　　D．系统业务重组

试题（21）～（24）分析

本题考查企业信息资源规划的基础知识。

信息资源规划（Information Resource Planning，IRP）是信息化建设的基础工程，IRP 强调将需求分析与系统建模结合起来。IRP 的过程大致可以分为 7 个步骤，其中数据需求分析步骤的主要工作是用户视图收集、分组、分析和数据元素分析；系统数据建模步骤的主要工作是主题数据库定义、基本表定义和扩展表定义；系统功能建模步骤的主要工作是子系统定义、功能模块定义和程序单元定义。

参考答案

（21）A　（22）B　（23）C　（24）A

试题（25）、（26）

业务流程重组（Business Process Reengineering，BPR）是针对企业业务流程的基本问题进行回顾，其核心思路是对业务流程的__（25）__改造，BPR 过程通常以__（26）__为中心。

（25）A．增量式　　　　B．根本性　　　C．迭代式　　　　D．保守式
（26）A．流程　　　　　B．需求　　　　C．组织　　　　　D．资源

试题（25）、（26）分析

本题考查企业业务流程重组方面的基础知识。

业务流程重组（Business Process Reengineering，BPR）是针对企业业务流程的基本问题进行回顾，其核心思路是对业务流程的根本性、变革性地改造，BPR 过程通常以业务流程为中心。

参考答案

（25）B　（26）A

试题（27）、（28）

结构化设计（Structured Design，SD）是一种面向__（27）__的方法，该方法中__（28）__是实现功能的基本单位。

（27）A．数据流　　　　B．对象　　　　C．模块　　　　　D．构件

(28) A. 模块　　　　B. 对象　　　　C. 接口　　　　D. 子系统

试题（27）、（28）分析

本题考查结构化设计方面的基础知识。

结构化设计即 SD（Structured Design），是一种面向数据流的设计方法，目的在于确定软件的结构。结构化分析是一种面向功能或面向数据流的需求分析方法，采用自顶向下、逐层分解的方法，建立系统的处理流程。模块是该方法中实现功能的基本单位。

参考答案

（27）A　（28）A

试题（29）～（31）

耦合表示模块之间联系的程度。模块的耦合类型通常可分为 7 种。其中，一组模块通过参数表传递记录信息属于 (29) 。一个模块可直接访问另一个模块的内部数据属于 (30) 。 (31) 表示模块之间的关联程度最高。

(29) A. 内容耦合　　B. 标记耦合　　C. 数据耦合　　D. 控制耦合
(30) A. 内容耦合　　B. 标记耦合　　C. 数据耦合　　D. 控制耦合
(31) A. 内容耦合　　B. 公共耦合　　C. 数据耦合　　D. 控制耦合

试题（29）～（31）分析

本题考查系统设计的模块化的基础知识。

模块化是将一个待开发的软件分解成若干小而简单的部分——模块，每个模块可独立地开发、测试，最后组装成完整的程序。这是一种复杂问题的"分而治之"的原则。模块化的目的是使程序结构清晰，容易阅读，容易理解，容易测试，容易修改。每个模块完成一个相对特定独立的子功能，并且与其他模块之间的联系简单。衡量标准有两个：模块间的耦合和模块的内聚。模块独立性强必须做到高内聚低耦合。耦合用来表示模块之间联系的紧密程度，耦合度越高模块的独立性越差。耦合度从低到高的次序为：非直接耦合、数据耦合、标记耦合、控制耦合、外部耦合、公共耦合、内容耦合。内聚是指内部各元素之间联系的紧密程度，内聚度越低模块的独立性越差。内聚度从低到高依次是：偶然内聚、逻辑内聚、瞬时内聚、过程内聚、通信内聚、顺序内聚、功能内聚。

参考答案

（29）B　（30）A　（31）A

试题（32）

内聚表示模块内部各部件之间的联系程度， (32) 是系统内聚度从高到低的排序。

(32) A. 通信内聚、瞬时内聚、过程内聚、逻辑内聚
　　　B. 功能内聚、瞬时内聚、顺序内聚、逻辑内聚
　　　C. 功能内聚、顺序内聚、瞬时内聚、逻辑内聚
　　　D. 功能内聚、瞬时内聚、过程内聚、逻辑内聚

试题（32）分析

本题考查架构设计中内聚和耦合方面的基础知识。

内聚是指内部各元素之间联系的紧密程度，内聚度越低模块的独立性越差。内聚度从低

到高依次是：偶然内聚、逻辑内聚、瞬时内聚、过程内聚、通信内聚、顺序内聚、功能内聚。

参考答案

（32）C

试题（33）、（34）

随着对象持久化技术的发展，产生了众多持久化框架，其中，__(33)__ 基于 EJB 技术。__(34)__ 是 ORM 的解决方案。

（33）A．iBatis　　　　　B．CMP　　　　　C．JDO　　　　　D．SQL
（34）A．SQL　　　　　B．CMP　　　　　C．JDO　　　　　D．iBatis

试题（33）、（34）分析

本题考查持久化方面的基础知识。

持久化是将程序数据在持久状态和瞬时状态间转换的机制。通俗地讲，就是瞬时数据（比如内存中的数据，是不能永久保存的）持久化为持久数据（比如持久化至数据库中，能够长久保存）。随着对象持久化技术的发展，产生了众多持久化框架，其中，CMP 基于 EJB 技术，iBatis 是 ORM 的解决方案。

参考答案

（33）B　（34）D

试题（35）～（37）

__(35)__ 的开发过程一般是先把系统功能视作一个大的模块，再根据系统分析与设计的要求对其进行进一步的模块分解或组合。__(36)__ 使用了建模的思想，讨论如何建立一个实际的应用模型，包括对象模型、动态模型和功能模型，其功能模型主要用 __(37)__ 实现。

（35）A．面向对象方法　　B．OMT 方法　　C．结构化方法　　D．Booch 方法
（36）A．面向对象方法　　B．OMT 方法　　C．结构化方法　　D．Booch 方法
（37）A．状态图　　　　　B．DFD　　　　　C．类图　　　　　D．流程图

试题（35）～（37）分析

本题考查软件架构的基础知识。

结构化设计（Structured Design，SD）是一种面向数据流的设计方法，目的在于确定软件的结构。结构化分析是一种面向功能或面向数据流的需求分析方法，采用自顶向下、逐层分解的方法，建立系统的处理流程。模块是该方法中实现功能的基本单位。

OMT 方法的 OOA 模型包括对象模型、动态模型和功能模型。对象模型是对客观世界实体模拟的对象及对象彼此之间的关系的映射，描述了系统的静态结构。通常用类图表示。动态模型规定对象模型中的对象的合法变化序列。通常用状态图表示。功能模型指明系统应该做什么。更直接地反映了用户对目标系统的需求，用数据流图（DFD）表示。

建立 DFD 的目的是描述系统的功能需求。DFD 方法利用应用问题域中数据及信息的提供者与使用者、信息的流向、处理、存储四种元素描述系统需求，建立应用系统的功能模型。

参考答案

（35）C　（36）B　（37）B

试题（38）

下列开发方法中，___(38)___ 不属于敏捷开发方法。

(38) A．极限编程   B．螺旋模型
     C．自适应软件开发   D．水晶方法

试题（38）分析

本题考查软件开发模型方面的基础知识。

敏捷开发是一种从1990年开始逐渐引起广泛关注的软件开发方法，是一种能应对快速变化需求的软件开发模型。它们的具体名称、理念、过程、术语都不尽相同，相对于"非敏捷"，更强调程序员团队与业务专家之间的紧密协作、面对面的沟通（认为比书面的文档更有效）、频繁交付新的软件版本、紧凑而自我组织型的团队、能够很好地适应需求变化的代码编写和团队组织方法，也更注重作为软件开发中的人的作用。

螺旋模型是一种演化软件开发过程模型，它兼顾了快速原型的迭代的特征以及瀑布模型的系统化与严格监控，不属于敏捷开发。

参考答案

(38) B

试题（39）

软件能力成熟度模型提供了一个软件能力成熟度的框架，它将软件过程改进的步骤组织成5个成熟度等级。其中，软件过程已建立了基本的项目管理过程，可用于对成本、进度和功能特性进行跟踪，说明软件已达到 ___(39)___ 成熟度等级。

(39) A．已定义级   B．优化级   C．已管理级   D．可重复级

试题（39）分析

本题考查软件成熟度模型方面的基础知识。

软件成熟度模型（Capability Maturity Model for Software，CMM），英文缩写为SW-CMM，简称 CMM。它是对于软件组织在定义、实施、度量、控制和改善其软件过程的实践中各个发展阶段的描述。CMM 的核心是把软件开发视为一个过程，并根据这一原则对软件开发和维护进行过程监控和研究，以使其更加科学化、标准化、使企业能够更好地实现商业目标。

CMM 是一种用于评价软件成熟能力并帮助其改善软件质量的方法，侧重于软件开发过程的管理及工程能力的提高与评估。CMM 分为五个等级：一级为初始级，二级为可重复级，三级为已定义级，四级为已管理级，五级为优化级。

CMM/CMMI 将软件过程的成熟度分为5个等级，以下是5个等级的基本特征：

①初始级（Initial）。工作无序，项目进行过程中常放弃当初的计划。管理无章法，缺乏健全的管理制度。开发项目成效不稳定，项目成功主要依靠项目负责人的经验和能力，他一旦离去，工作秩序面目全非。

②可重复级（Repeatable）。管理制度化，建立了基本的管理制度和规程，管理工作有章可循。初步实现标准化，开发工作比较好地按标准实施。变更依法进行，做到基线化，稳定可跟踪，新项目的计划和管理基于过去的实践经验，具有重复以前成功项目的环境和条件。

③已定义级（Defined）。开发过程，包括技术工作和管理工作，均已实现标准化、文档

化。建立了完善的培训制度和专家评审制度，全部技术活动和管理活动均可控制，对项目进行中的过程、岗位和职责均有共同的理解。

④已管理级（Managed）。产品和过程已建立了定量的质量目标。开发活动中的生产率和质量是可量度的。已建立过程数据库。已实现项目产品和过程的控制。可预测过程和产品质量趋势，如预测偏差，实现及时纠正。

⑤优化级（Optimizing）。可集中精力改进过程，采用新技术、新方法。拥有防止出现缺陷、识别薄弱环节以及加以改进的手段。可取得过程有效性的统计数据，并可据此进行分析，从而得出最佳方法。

参考答案

（39）D

试题（40）

描述企业应用中的实体及其联系，属于数据库设计的__(40)__阶段。

（40）A．需求分析　　B．概念设计　　C．逻辑设计　　D．物理设计

试题（40）分析

本题考查对数据库应用系统设计中各设计阶段的理解。

需求分析用于调查和整理企业数据需求和应用需求；概念设计用于描述企业应用中的实体及其联系；逻辑设计用于逻辑结构的设计，主要是关系模式的设计、视图设计、规范化等；物理设计实现对数据物理组织的描述，包括存取方式、索引设计、数据文件物理分布等。

参考答案

（40）B

试题（41）

某企业信息系统采用分布式数据库系统，该系统中"每结点对本地数据都能独立管理"和"当某一场地故障时，系统可以使用其他场地上的副本而不至于使整个系统瘫痪"分别称为分布式数据库的__(41)__。

（41）A．共享性和分布性　　　　B．自治性和分布性
　　　C．自治性和可用性　　　　D．分布性和可用性

试题（41）分析

本题考查对分布式数据库基本概念的理解。

在分布式数据库系统中，共享性是指数据存储在不同的结点数据共享；自治性指每结点对本地数据都能独立管理；可用性是指当某一场地故障时，系统可以使用其他场地上的复本而不至于使整个系统瘫痪；分布性是指数据在不同场地上的存储。

参考答案

（41）C

试题（42）、（43）

给定关系模式 $R<U, F>$，其中：属性集 $U=\{A,B,C,D,E\}$，函数依赖集 $F=\{AC \rightarrow B, B \rightarrow CD\}$。关系 R __(42)__，且分别有__(43)__。

(42) A. 只有1个候选关键字 AC　　　　B. 只有1个候选关键字 AB
　　　C. 有2个候选关键字 AC 和 BC　　D. 有2个候选关键字 AC 和 AB
(43) A. 1个非主属性和4个主属性　　B. 2个非主属性和3个主属性
　　　C. 3个非主属性和2个主属性　　D. 4个非主属性和1个主属性

试题（42）、（43）分析

本题考查关系数据库理论方面的基础知识。

根据函数依赖定义可知 $AC \rightarrow U$，$AB \rightarrow U$，所以 AC 和 AB 为候选关键字。

根据主属性的定义"包含在任何一个候选码中的属性叫作主属性（Prime Attribute），否则叫作非主属性（Nonprime Attribute）"，所以，关系 R 中的 ABC 包含在码中是主属性，DE 不包含在码中是非主属性。

参考答案

（42）D　　（43）B

试题（44）、（45）

若要将部门表 Demp 中 name 列的修改权限赋予用户 Ming，并允许 Ming 将该权限授予他人，实现的 SQL 语句如下：

```
GRANT  (44)  ON TABLE Demp TO Ming  (45) ;
```

(44) A. SELECT(name)　　　　　　B. UPDATE(name)
　　　C. INSERT(name)　　　　　　D. ALL PRIVILEGES(name)
(45) A. FOR ALL　　　　　　　　　B. CASCADE
　　　C. WITH GRANT OPTION　　　D. WITH CHECK OPTION

试题（44）、（45）分析

本题考查对标准 SQL 授权语句的掌握。

标准 SQL 中授权的语句格式如下：

```
GRANT <权限>[,<权限>]…[ON<对象类型><对象名>]TO <用户>[,<用户>]…
[WITH GRANT OPTION];
```

若在授权时指定了 WITH GRANT OPTION，那么获得了权限的用户还可以将权限赋给其他用户。不同类型的操作对象有不同的操作权限，常见的操作权限如表所示。

表　常见的操作权限

对象	对象类型	操作权限
属性列	TABLE	SELECT，INSERT，UPDATE，DELETE ALL PRIVILEGES（4种权限的总和）
视图	TABLE	SELECT，INSERT，UPDATE，DELETE ALL PRIVILEGES（4种权限的总和）
基本表	TABLE	SELECT，INSERT，UPDATE，DELETE，ALTER，INDEX ALL PRIVILEGES（6种权限的总和）
数据库	DATABASE	CREATETAB 建立表的权限，可由 DBA 授予普通用户

按试题要求，是要将修改属性列 name 权限给用户 Ming，故空（44）应填写 UPDATE(name)，空（45）应填写 WITH GRANT OPTION。

参考答案

（44）B　（45）C

试题（46）、（47）

前趋图是一个有向无环图，记为：→={(P_i, P_j)|P_i完成时间先于 P_j开始时间}。假设系统中进程P={P_1, P_2, P_3, P_4, P_5, P_6, P_7, P_8}，且进程的前趋图如下：

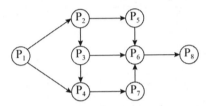

那么，该前驱图可记为__（46）__，图中__（47）__。

(46) A. →={(P_1, P_2), (P_1, P_3), (P_1, P_4), (P_2, P_5), (P_3, P_2), (P_3, P_4), (P_3, P_6), (P_4, P_7), (P_5, P_8)}

　　B. →={(P_1, P_2), (P_1, P_4), (P_2, P_3), (P_2, P_5), (P_3, P_4), (P_3, P_6), (P_4, P_7), (P_5, P_6), (P_6, P_8), (P_7, P_6)}

　　C. →={(P_1, P_2), (P_1, P_4), (P_2, P_5), (P_3, P_2), (P_3, P_4), (P_3, P_6), (P_4, P_6), (P_4, P_7), (P_6, P_8), (P_7, P_8)}

　　D. →={(P_1, P_2), (P_1, P_3), (P_2, P_4), (P_2, P_5), (P_3, P_2), (P_3, P_4), (P_3, P_5), (P_4, P_7), (P_6, P_8), (P_7, P_8)}

(47) A. 存在着10个前趋关系，P_1为初始结点，P_2 P_4为终止结点

　　B. 存在着2个前趋关系，P_6为初始结点，P_2 P_4为终止结点

　　C. 存在着9个前趋关系，P_6为初始结点，P_8为终止结点

　　D. 存在着10个前趋关系，P_1为初始结点，P_8为终止结点

试题（46）、（47）分析

本题考查操作系统基本概念。

前趋图（Precedence Graph）是一个有向无循环图，记为 DAG（Directed Acyclic Graph），用于描述进程之间执行的前后关系。图中的每个结点可用于描述一个程序段或进程，乃至一条语句；结点间的有向边则用于表示两个结点之间存在的偏序（Partial Order，亦称偏序关系）或前趋关系（Precedence Relation）"→"。

对于题中所示的前趋图，存在着前趋关系：P_1→P_2，P_1→P_4，P_2→P_3，P_2→P_5，P_3→P_4，P_3→P_6，P_4→P_7，P_5→P_6，P_6→P_8，P_7→P_6。可记为：

P={P_1, P_2, P_3, P_4, P_5, P_6, P_7, P_8}

→={(P_1, P_2), (P_1, P_4), (P_2, P_3), (P_2, P_5), (P_3, P_4), (P_3, P_6), (P_4, P_7), (P_5, P_6), (P_6, P_8), (P_7, P_6)}

从以上分析可知存在着10个前趋关系。另外在前趋图中，把没有前趋的结点称为初始

结点（Initial Node），故 P_1 为初始结点。把没有后继的结点称为终止结点（Final Node），故 P_8 为终止结点。

参考答案

（46）B　（47）D

试题（48）、（49）

某文件管理系统在磁盘上建立了位示图（bitmap），记录磁盘的使用情况。若磁盘上物理块的编号依次为：0，1，2，⋯；系统中的字长为 64 位，字的编号依次为：0，1，2，⋯，字中的一位对应文件存储器上的一个物理块，取值 0 和 1 分别表示空闲和占用，如下图所示。

字号↓	63	62	⋯	63	3	2	1	0	← 位号
0	0	1	⋯	1	0	0	0	1	
1	1	1	⋯	1	0	1	1	0	
2	0	1	⋯	0	1	1	0	1	
3	0	1	⋯	1	0	1	0	1	
⋮			⋯						
n	1	1	⋯	0	1	0	0	1	

假设操作系统将 256 号物理块分配给某文件，那么该物理块的使用情况在位示图中编号为 (48) 的字中描述；系统应该将 (49) 。

(48) A．3　　　　　　B．4　　　　　　C．5　　　　　　D．6

(49) A．该字的 0 号位置 "1"　　　　B．该字的 63 号位置 "1"
　　 C．该字的 0 号位置 "0"　　　　D．该字的 63 号位置 "0"

试题（48）、（49）分析

本题考查操作系统内存管理方面的基础知识。

文件管理系统是在外存上建立一张位示图（bitmap），记录文件存储器的使用情况。每一位对应文件存储器上的一个物理块，取值 0 和 1 分别表示空闲和占用。

由于系统中字长为 64 位，所以每个字可以表示 64 个物理块的使用情况。根据题意"磁盘上物理块的编号依次为：0，1，2，⋯"可知，位示图的第 0 个字对应 0，1，2，⋯，63 号物理块；第 1 个字对应 64，65，66，⋯，127 号物理块；第 2 个字对应 128，129，130，⋯，191 号物理块；第 3 个字对应 192，193，194，⋯，255 号物理块；第 4 个字对应 256，257，258，⋯，319 号物理块。256 号物理块应该在位示图的第 4 个字中描述。又因为第 4 个字中的第 0 位对应 256 号物理块，所以系统应该将该字的第 0 位置 "1"。

参考答案

（48）B　（49）A

试题（50）、（51）

假设计算机系统中有三类互斥资源 R1、R2 和 R3，可用资源数分别为 9、5 和 3，若在 T0 时刻系统中有 P1、P2、P3、P4 和 P5 五个进程，这些进程对资源的最大需求量和已分配资源数如下表所示。在 T0 时刻系统剩余的可用资源数分别为 __(50)__ 。如果进程按 __(51)__ 序列执行，那么系统状态是安全的。

资源 进程	最大需求量			已分配资源数		
	R1	R2	R3	R1	R2	R3
P1	6	1	1	2	1	0
P2	3	2	0	2	1	0
P3	4	3	1	1	1	1
P4	3	3	2	1	1	1
P5	2	1	1	1	1	0

(50) A. 1、1 和 0　　　　　　　　B. 1、1 和 1
　　　C. 2、1 和 0　　　　　　　　D. 2、0 和 1
(51) A. P1→P2→P4→P5→P3　　　B. P4→P2→P1→P5→P3
　　　C. P5→P2→P4→P3→P1　　　D. P5→P1→P4→P2→P3

试题 (50)、(51) 分析

本题考查操作系统进程管理方面的基础知识。

在操作系统进程管理中，安全状态是指系统能按某种进程顺序（P1，P2，…，Pn），来为每个进程 Pi 分配其所需的资源，直到满足每个进程对资源的最大需求，使每个进程都可以顺利完成。如果无法找到这样的一个安全序列，则称系统处于不安全状态。

根据已知条件可知，在 T0 时刻的剩余资源数计算如下：

剩余资源数=资源总数（9，5，3）-已分配数（7，5，2）=（2，0，1）

试题 (51)，进程的执行序列已经给出，我们只需将四个选项按其顺序执行一遍，便可以判断出现死锁的三个序列。

资源 进程	最大需求量			已分配资源数			尚需分配资源数		
	R1	R2	R3	R1	R2	R3	R1	R2	R3
P1	6	1	1	2	1	0	4	0	1
P2	3	2	0	2	1	0	1	1	0
P3	4	3	1	1	1	1	3	2	0
P4	3	3	2	1	1	1	2	2	1
P5	2	1	1	1	1	0	1	0	1

选项 A：P1→P2→P4→P5→P3 是不安全的序列。因为在这种情况下，进程 P1 先运行，由于系统剩余资源数为（2，0，1），P1 尚需资源数为（4，0，1），假设将资源 R1 分配 2 台给进程 P1，则系统剩余的可用资源数为（0，0，1），将导致系统所有的进程都不能做上能完成标志"True"，故选项 A 是不安全的序列。

选项 B：P4→P2→P1→P5→P3 是不安全的序列。因为在这种情况下，进程 P4 先运行，由于系统剩余资源数为（2，0，1），P4 尚需资源数为（2，2，1），假设将资源 R1 分配 2 台给进程 P4，则系统剩余的可用资源数为（0，0，1），将导致系统所有的进程都不能做上能完成标志"True"，故选项 B 是不安全的序列。

选项 C：P5→P2→P4→P3→P1 是安全的序列。因为所有的进程都能做上完成标志"True"，如下表所示。

资源 进程	可用资源数 R1 R2 R3	已分配资源数 R1 R2 R3	尚需资源数 R1 R2 R3	可用+已分 R1 R2 R3	能否完成标志
P5	2 0 1	1 1 0	1 0 1	3 1 1	True
P2	3 1 1	2 1 0	1 1 0	5 2 1	True
P4	5 2 1	1 1 1	2 2 1	6 3 2	True
P3	6 3 2	1 1 1	3 2 0	7 4 3	True
P1	7 4 3	2 1 0	4 0 1	9 5 3	True

具体分析如下：

①进程 P5 运行，系统剩余的可用资源数为（2，0，1），P5 尚需资源数为（1，0，1），系统可进行分配，故进程 P5 能做上能完成标志"True"，释放 P5 占有的资源数（1，1，0），系统可用资源数为（3，1，1）。

②进程 P2 运行，系统剩余的可用资源数为（3，1，1），P2 尚需资源数为（1，1，0），系统可进行分配，故进程 P2 能做上能完成标志"True"，释放 P2 占有的资源数（2，1，0），系统可用资源数为（5，2，1）。

③进程 P4 运行，系统剩余的可用资源数为（5，2，1），P4 尚需资源数为（2，2，1），系统可进行分配，故进程 P4 能做上能完成标志"True"，释放 P4 占有的资源数（1，1，1），系统可用资源数为（6，3，2）。

④进程 P3 运行，系统剩余的可用资源数为（6，3，2），P3 尚需资源数为（3，2，0），系统可进行分配，故进程 P3 能做上能完成标志"True"，释放 P3 占有的资源数（1，1，1），系统可用资源数为（7，4，3）。

⑤进程 P1 运行，系统剩余的可用资源数为（7，4，3），P1 尚需资源数为（4，0，1），系统可进行分配，故进程 P1 能做上能完成标志"True"，释放 P1 占有的资源数（2，1，0），系统可用资源数为（9，5，3）。

选项 D：P5→P1→P4→P2→P3 是不安全的序列。因为在选项 D 中，进程 P5 先运行，系统剩余的可用资源数为（2，0，1），P5 尚需资源数为（1，0，1），系统可进行分配，故进程 P5 能做上能完成标志"True"，释放 P5 占有的资源数（1，1，0），系统可用资源数为（3，1，1）。进程 P1 运行，P1 尚需资源数为（4，0，1），假设将资源 R1 分配 3 台给进程 P1，则系统剩余的可用资源数为（0，1，1），将导致系统中的进程 P1、P2、P3 和 P4 都不能做上能完成标志"True"，故选项 D 是不安全的序列。

参考答案

（50）D　（51）C

试题（52）

"从减少成本和缩短研发周期考虑，要求嵌入式操作系统能运行在不同的微处理器平台上，能针对硬件变化进行结构与功能上的配置。"是属于嵌入式操作系统___（52）___特点。

（52）A. 可定制　　　B. 实时性　　　C. 可靠性　　　D. 易移植性

试题（52）分析

本题考查嵌入式操作系统的基本概念。

嵌入式操作系统的主要特点包括微型化、可定制、实时性、可靠性和易移植性。其中，可定制是指从减少成本和缩短研发周期考虑，要求嵌入式操作系统能运行在不同的微处理器平台上，能针对硬件变化进行结构与功能上的配置，以满足不同应用需要。

参考答案

（52）A

试题（53）

设三个煤场 A、B、C 分别能供应煤 11、14、10 万吨，三个工厂 X、Y、Z 分别需要煤 10、12、13 万吨，从各煤场到各工厂运煤的单价（百元/吨）见下表方框内的数字。只要选择最优的运输方案，总的运输成本就能降到 __(53)__ 百万元。

煤场	工厂 X	工厂 Y	工厂 Z	供应量（万吨）
煤场 A	5	1	6	11
煤场 B	2	4	3	14
煤场 C	3	6	8	10
需求量（万吨）	10	12	13	35

(53) A. 84　　　　B. 90　　　　C. 124　　　　D. 130

试题（53）分析

本题考查应用数学（运筹学—运输问题）的基础知识。

先按最低运费单价 1 和 2（百元/吨）尽量多运，做出如下初始方案，总运费 11×1+10×2+1×4+3×3+10×8=124 百万元。

运量（万吨）	工厂 X	工厂 Y	工厂 Z	供应量（万吨）
煤场 A	5 0	1 11	6 0	11
煤场 B	2 10	4 1	3 3	14
煤场 C	3 0	6 0	8 10	10
需求量（万吨）	10	12	13	35

再改进此方案。按最高运费单价 8 百元/吨尽量少运，再调整其他项，得到如下方案，总运费 11×1+1×4+13×3+10×3=84 百万元。

煤场	工厂 X	工厂 Y	工厂 Z	供应量（万吨）
煤场 A	5 0	1 11	6 0	11
煤场 B	2 0	4 1	3 13	14

续表

煤场	工厂 X	工厂 Y	工厂 Z	供应量（万吨）
煤场 C	3 10	6 0	8 0	10
需求量（万吨）	10	12	13	35

现在，每个未运格若再增加运量，都将增加运费。

例如，若 AX 格增加 1 万吨运输（运费增加 5 百万元），则其他格的运量需要做相应调整。可以有两种情况：(1) AX、AY、CY、CX 分别增、减、增、减 1 万吨运量，则运费变化为 +5–1+6–3=+7（增加 7 百万元）；(2) AX、AY、BY、BZ、CZ、CX 分别增、减、增、减、增、减 1 万吨运量，则运费变化为 +5–1+4–3+8–3=+10（增加 10 百万元）。

全是增加运费的。其余类推。因此最低总运费为 84 百万元。（实际解答时，许多明显不合理的途径不用计算就可以舍去）

运输问题的初始方案可以不同，最优方案也可以不同，但最低运费一定相同。

参考答案

(53) A

试题（54）、（55）

某项目有 A～H 八个作业，各作业所需时间（单位：周）以及紧前作业如下表：

作业名称	A	B	C	D	E	F	G	H
紧前作业	-	A	A	A	B, C	C, D	D	E, F, G
所需时间	2	3	3	5	7	6	5	2

该项目的工期为 __(54)__ 周。如果作业 C 拖延 2 周完成，则该项目的工期 __(55)__ 。

(54) A. 12   B. 13   C. 14   D. 15

(55) A. 不变   B. 拖延 1 周   C. 拖延 2 周   D. 拖延 3 周

试题（54）、（55）分析

本题考查应用数学（运筹学—网络计划图）基础知识。

先根据题中给出的表绘制如下的网络计划图：

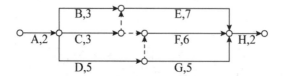

关键路径为从起点到终点所需时间最长的路径：A-D-F-H，工期为 2+5+6+2=15 周。

若作业 C 拖延 2 周完成，则关键路径为 A-C-E-H，工期为 2+5+7+2=16 周，拖延 1 周。

参考答案

(54) D   (55) B

试题（56）

下表记录了六个结点 A、B、C、D、E、F 之间的路径方向和距离。从 A 到 F 的最短距离是 __(56)__ 。

从\到	B	C	D	E	F
A	10	16	24	30	50
B		12	16	21	25
C			14	17	22
D				14	17
E					15

(56) A. 35　　　　B. 38　　　　C. 40　　　　D. 44

试题（56）分析

本题考查应用数学（运筹学—图论）的基础知识。

按照表中的数据，画图如下：

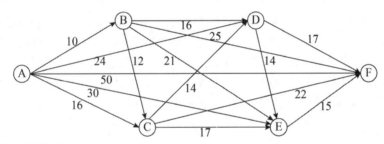

从 E 到 F 的最短距离=15。

从 D 到 F 的最短距离=min{D-E-F,D-F}=min{14+15,17}=17。

从 C 到 F 的最短距离=min{C-D-F,C-E-F,C-F}=min{14+17,17+15,22}=22。

从 B 到 F 的最短距离=min{B-C-F,B-D-F,B-E-F,B-F}=min{12+22,16+17,21+15,25}=25。

从 A 到 F 的最短距离=min{A-B-F,A-C-F,A-D-F,A-E-F,A-F}
　　　　　　　　　=min{10+25,16+22,24+17,30+15,50}=35。

最短路径为 A-B-F，最短距离为 35。

参考答案

(56) A

试题（57）

信息系统的性能评价指标是客观评价信息系统性能的依据，其中，__(57)__ 是指系统在单位时间内处理请求的数量。

(57) A. 系统响应时间　　　　B. 吞吐量
　　　C. 资源利用率　　　　　D. 并发用户数

试题（57）分析

本题考查性能方面的基础知识。

吞吐量是指系统在单位时间内处理请求的数量。对于无并发的应用系统而言，吞吐量与响应时间成严格的反比关系，实际上此时吞吐量就是响应时间的倒数。前面已经说过，对于单用户的系统，响应时间（或者系统响应时间和应用延迟时间）可以很好地度量系统的性能，但对于并发系统，通常需要用吞吐量作为性能指标。

参考答案

（57）B

试题（58）

运用互联网技术，在系统性能评价中通常用平均无故障时间（MTBF）和平均故障修复时间（MTTR）分别表示计算机系统的可靠性和可用性，下列 __(58)__ 表示系统具有高可靠性和高可用性。

（58）A．MTBF 小，MTTR 小　　　　B．MTBF 大，MTTR 小
　　　　C．MTBF 大，MTTR 大　　　　D．MTBF 小，MTTR 大

试题（58）分析

本题考查软件质量属性方面的基础知识。

平均无故障时间就是指在规定的条件下和规定的时间，产品的寿命单位总数与故障总数之比；或者说，平均无故障工作时间是可修复产品在相邻两次故障之间工作时间的数学期望值，即在每两次相邻故障之间的工作时间的平均值，它相当于产品的工作时间与这段时间内产品故障数之比。平均故障修复时间，是指设备出现故障后到恢复正常工作时平均所需要的时间，是排除故障所需实际维修时间的平均值，用 MTTR 表示。

参考答案

（58）B

试题（59）

矢量图是常用的图形图像表示形式，__(59)__ 是描述矢量图的基本组成单位。

（59）A．像素　　　　B．像素点　　　　C．图元　　　　D．二进制位

试题（59）分析

本题考查多媒体系统的基础知识。

所谓矢量图，就是使用直线和曲线来描述的图形，构成这些图形的元素是一些点、线、矩形、多边形、圆和弧线等图元，它们都是通过数学公式计算获得的，具有编辑后不失真的特点。

参考答案

（59）C

试题（60）

使用 __(60)__ DPI 分辨率的扫描仪扫描一幅 2×4 英寸的照片，可直接得到 300×600 像素的图像。

（60）A．100　　　　B．150　　　　C．300　　　　D．600

试题（60）分析

本题考查多媒体系统的基础知识。

300/150=2；600/150=4。

参考答案

（60）B

试题（61）

__(61)__ 防火墙是内部网和外部网的隔离点，它可对应用层的通信数据流进行监控和过滤。

（61）A. 包过滤　　　　B. 应用级网关　　　　C. 数据库　　　　D. Web

试题（61）分析

本题考查防火墙的基础知识。

防火墙一般分为包过滤型、应用级网关和复合型防火墙（集合包过滤与应用级网关技术）。而 Web 防火墙是一种针对于网站安全的入侵防御系统，一般部署在 Web 服务器上或者 Web 服务器的前端。

参考答案

（61）B

试题（62）、（63）

在以太网标准中规定的最小帧长是 __(62)__ 字节，最小帧长是根据 __(63)__ 来设定的。

（62）A. 20　　　　　B. 64　　　　　　C. 128　　　　　　D. 1518

（63）A. 网络中传送的最小信息单位　　　　B. 物理层可以区分的信息长度
　　　C. 网络中发生冲突的最短时间　　　　D. 网络中检测冲突的最长时间

试题（62）、（63）分析

本题考查以太网标准的相关知识。

在以太网标准中规定的最小帧长是 64 字节，最小帧长是根据网络中检测冲突的最长时间，为了过滤冲突废帧而设定的。

参考答案

（62）B　　（63）D

试题（64）

假设模拟信号的频率为 10MHz～16MHz，采样频率必须大于 __(64)__ 时，才能使得到的样本信号不失真。

（64）A. 8MHz　　　　B. 10MHz　　　　C. 20MHz　　　　D. 32MHz

试题（64）分析

本题考查采样定理。

采样定理规定采样频率必须大于信号最高频率 2 倍时，才能使得到的样本信号不失真，故采样频率需大于 32MHz。

参考答案

（64）D

试题（65）

　　TCP 和 UDP 协议均提供了__（65）__能力。

　　（65）A．连接管理　　　　　　　　　B．差错校验和重传
　　　　 C．流量控制　　　　　　　　　 D．端口寻址

试题（65）

　　本题考查 TCP 和 UDP 的工作原理。

　　TCP 和 UDP 协议均提供了端口寻址功能，连接管理、差错校验和重传以及流量控制均为 TCP 的功能。

参考答案

　　（65）D

试题（66）

　　建立 TCP 连接时，一端主动打开后所处的状态为__（66）__。

　　（66）A．SYN SENT　　　　　　　　　B．ESTABLISHED
　　　　 C．CLOSE-WAIT　　　　　　　　 D．LAST-ACK

试题（66）分析

　　本题考查 TCP 的工作原理。

　　建立 TCP 连接时，一端主动打开后所处的状态为 SYN SENT。

参考答案

　　（66）A

试题（67）

　　配置 POP3 服务器时，邮件服务器中默认开放 TCP 的__（67）__端口。

　　（67）A．21　　　　　B．25　　　　　C．53　　　　　D．110

试题（67）分析

　　本题考查 POP3 服务器的配置。

　　在配置邮件服务器的过程中，发送邮件 SMTP 默认采用 25 端口，接收邮件 POP3 服务器默认开放 TCP 的 110 端口。

参考答案

　　（67）D

试题（68）

　　某校园网的地址是 202.115.192.0/19，要把该网络分成 32 个子网，则子网掩码应该是__（68）__。

　　（68）A．255.255.200.0　　　　　　　B．255.255.224.0
　　　　 C．255.255.254.0　　　　　　　D．255.255.255.0

试题（68）分析

　　本题考查 IP 地址及子网划分。

　　将网络划分为 32 个子网需要 5 比特，故划分后子网掩码长度为 24，即子网掩码为 255.255.255.0。

参考答案

（68）D

试题（69）

下列无线网络技术中，覆盖范围最小的是 __（69）__ 。

（69）A．802.15.1 蓝牙　　　　　　　　B．802.11n 无线局域网

　　　C．802.15.4 ZigBee　　　　　　　D．802.16m 无线城域网

试题（69）分析

本题考查扩频技术及相关知识。

802.15.1 蓝牙是覆盖范围最小的无线网络技术。

参考答案

（69）A

试题（70）

2019 年我国将在多地展开 5G 试点，届时将在人口密集区为用户提供 __（70）__ bps 的用户体验速率。

（70）A．100M　　　B．1G　　　C．10G　　　D．1T

试题（70）分析

本题考查 5G 的相关知识。

5G 试点时将在人口密集区为用户提供 1Gbps 的用户体验速率。

参考答案

（70）B

试题（71）～（75）

During the systems planning phase, a systems analyst conducts a __（71）__ activity to study the systems request and recommend specific action. After obtaining an authorization to proceed, the analyst interacts with __（72）__ to gather facts about the problem or opportunity, project scope and constraints, project benefits, and estimated development time and costs. In many cases, the systems request does not reveal the underlying problem, but only a symptom. A popular technique for investigating causes and effects is called __（73）__.

The analyst has analyzed the problem or opportunity, defined the project scope and constraints, and performed __（74）__ to evaluate project usability, costs, benefits, and time constraints. The end product of the activity is __（75）__. The main content must include an estimate of time, staffing requirements, costs, benefits, and expected results for the next phase of the SDLC.

（71）A．case study　　　　　　　　　　B．requirements discovery

　　　C．preliminary investigation　　　　D．business understanding

（72）A．system users　　　　　　　　　B．system owner

　　　C．managers and users　　　　　　D．business analysts

（73）A．fishbone diagram　　　　　　　B．PERT diagram

　　　C．Gantt diagram　　　　　　　　D．use case diagram

(74) A. feasibility analysis　　　　B. requirement analysis
　　　C. system proposal　　　　　D. fact-finding
(75) A. a report to management　　B. a requirement definition
　　　C. a project charter　　　　　D. a request for proposal

参考译文

在系统规划阶段，系统分析师会开展一项初试调研活动来研究系统请求并建议特定行为。在获得执行授权之后，分析师与管理人员和用户进行交互以收集事实，包括问题和机会、项目范围和约束、项目收益和预估的开发时间与成本。在许多情况下，系统请求并未揭示根本的问题，而仅仅是一种症状。一种常用来调查原因和结果的技术称为鱼骨图。分析师分析了问题或机会、定义了项目范围和约束，并开展了实际调查以评估项目的可用性、成本、收益和时间约束。该项活动的最终产物是面向管理层的报告。主要内容必须包括软件开发生命周期（SDLC）下一阶段的时间估算、人员需求、成本、收益和期望的结果。

参考答案

(71) C　(72) C　(73) A　(74) D　(75) A

第8章 2019上半年系统分析师下午试题 I 分析与解答

> 试题一为必答题，从试题二至试题五中任选 2 道题解答。请在答题纸上的指定位置处将所选择试题的题号框涂黑。若多涂或者未涂题号框，则对题号最小的 2 道试题进行评分。

试题一（共 25 分）

阅读以下关于软件系统分析的叙述，在答题纸上回答问题 1 至问题 3。

【说明】

某软件企业为电信公司开发一套网上营业厅系统，以提升服务的质量和效率。项目组经过分析，列出了项目开发过程中的主要任务、持续时间和所依赖的前置任务，如表 1-1 所示。在此基础上，绘制了项目 PERT 图。

表 1-1 网上营业厅系统 PERT 图

任务名称	持续时间（周）	前置任务	松弛时间
A. 问题分析	2	-	-
B. 数据建模	3	A	-
C. 业务过程建模	6	B	（a）
D. 数据库设计	2	B	（b）
E. 接口设计	3	B、C、D	（c）
F. 程序设计	4	B、D	（d）
G. 单元测试	7	D、E、F	（e）
H. 集成测试	2	G	-
I. 安装和维护	2	H	-

【问题 1】（10 分）

PERT 图采用网络图来描述一个项目的任务网络，不仅可以表达子任务的计划安排，还可以在任务计划执行过程中估计任务完成的情况。针对表 1-2 中关于 PERT 图中关键路径的描述（1）～（5），判断对 PERT 图的特点描述是否正确，并说明原因。

表 1-2 PERT 图特点描述

编号	PERT 图特点
（1）	关键路径是 PERT 图中工期最长的路径
（2）	一个 PERT 图仅包含唯一的一条关键路径
（3）	关键路径在项目执行过程中不会变化
（4）	PERT 图中关键路径越多说明项目越复杂
（5）	关键路径上的任务不能延迟

【问题2】(5分)

根据表1-1所示任务及其各项任务之间的依赖关系，计算对应PERT图中的关键路径及项目所需工期。

【问题3】(10分)

根据表1-1所示任务及其各项任务之间的依赖关系，分别计算对应PERT图中任务C~G的松弛时间（Slack Time），将答案填入（a）~（e）中的空白处。

试题一分析

本题考查PERT图及关键路径分析的相关知识及应用。

PERT（Program/Project Evaluation and Review Technique）即计划评审技术，是利用网络分析制订计划以及对计划予以评价的技术。它能协调整个计划的各道工序，合理安排人力、物力、时间、资金，加速计划的完成。在现代计划的编制和分析手段上，PERT被广泛地使用，是现代项目管理的重要手段和方法。

此类题目要求考生熟练掌握项目管理中PERT的基础知识和应用技术，能够结合题目中所述各项任务及其依赖关系绘制PERT图，并在此基础上进行关键路径分析以确定关键路径及非关键任务的可延迟时间。

【问题1】

通过描述PERT图的特点，考查考生对于PERT和关键路径分析知识的掌握程度。

项目工期是指项目所有任务完成的最早时间，对应于PERT图中的最长路径，即关键路径；PERT图中可能存在多条路径有相同工期，关键路径也可能存在多条；在项目执行过程中，如果任务的实际完成时间发生变化，那么项目关键路径就可能发生变化；PERT图中关键路径越多，那同时并发且不可延迟的任务就越多，项目任务之间的关系就会更复杂；关键路径上的任务一旦发生延迟，整个项目工期会增加，所以关键路径上的任务不能延迟。

【问题2】

根据题目所述绘制任务PERT图如下所示。

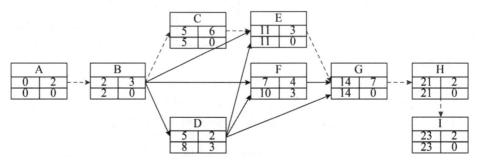

从任务A到任务I中工期最长的路径为关键路径：A-B-C-E-G-H-I，其关键路径长度即项目工期为25周。

【问题3】

从PERT图中可知任务C、E、G为关键任务，其可延迟时间为0；任务D、F为非关键任务，其可延迟时间为最晚开始时间减去最早开始时间，均为3。

参考答案

【问题1】

（1）正确。项目工期是指项目所有任务完成的最早时间，对应于PERT图中工期最长的路径，即关键路径。

（2）错误。PERT图中可能存在多条路径有相同工期，关键路径也可能存在多条。

（3）错误。在项目执行过程中，如果任务的实际完成时间发生变化，那么项目关键路径就可能发生变化。

（4）正确。PERT图中关键路径越多，那同时并发且不可延迟的任务就越多，项目任务之间的关系就会更复杂。

（5）正确。关键路径上的任务一旦发生延迟，那整个项目工期会增加，所以关键路径上的任务不能延迟。

【问题2】

（1）关键路径：A-B-C-E-G-H-I

（2）项目工期：25（周）

【问题3】

(a) 0

(b) 3

(c) 0

(d) 3

(e) 0

试题二（共25分）

阅读以下关于基于MDA（Model Driven Architecture）的软件开发过程的叙述，在答题纸上回答问题1至问题3。

【说明】

某公司拟开发一套手机通讯录管理软件，实现对手机中联系人的组织与管理。公司系统分析师王工首先进行了需求分析，得到的系统需求列举如下：

用户可通过查询接口查找联系人，软件以列表的方式将查找到的联系人显示在屏幕上。显示信息包括姓名、照片和电话号码。用户点击手机的"后退"按钮则退出此软件。

点击联系人列表进入联系人详细信息界面，包括姓名、照片、电话号码、电子邮箱、地址和公司等信息。为每个电话号码提供发送短信和拨打电话两个按键实现对应的操作。用户点击手机的"后退"按钮则回到联系人列表界面。

在联系人详细信息界面点击电话号码对应的发送短信按键则进入发送短信界面。界面包括发送对象信息显示、短信内容输入和发送按键三个功能。用户点击发送按键则发送短信并返回联系人详细信息界面；点击"后退"按钮则回到联系人详细信息界面。

在联系人详细信息界面内点击电话号码对应的拨打电话按键则进入手机的拨打电话界面。在通话结束或挂断电话后返回联系人详细信息界面。

在系统分析与设计阶段，公司经过内部讨论，一致认为该系统的需求定义明确，建议基于公司现有的软件开发框架，采用新的基于模型驱动架构的软件开发方法，将开发人员从大量的重复工作和技术细节中解放出来，使之将主要精力集中在具体的功能或者可用性的设计上。公司任命王工为项目技术负责人，负责项目的开发工作。

【问题1】（7分）

请用300字以内的文字，从可移植性、平台互操作性、文档和代码的一致性等三个方面说明基于MDA的软件开发方法的优势。

【问题2】（8分）

王工经过分析，设计出了一个基于MDA的软件开发流程，如图2-1所示。请填写图2-1中（1）～（4）处的空白，完成开发流程。

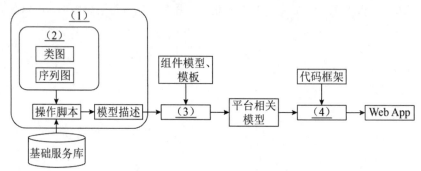

图2-1 基于MDA的软件开发流程

【问题3】（10分）

王工经过需求分析，首先建立了该手机通信录管理软件的状态机模型，如图2-2所示。请对题干需求进行仔细分析，填写图2-2中的（1）～（5）处空白。

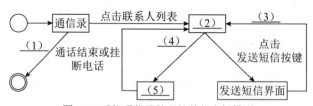

图2-2 手机通信录管理软件状态机模型

试题二分析

本题考查基于MDA的软件开发过程。

本题要求考生认真阅读题目对系统需求的描述，采用需求分析与设计的相关方法对系统进行深入理解，并基于MDA方法对系统进行分析与设计。

【问题1】

基于MDA的软件开发方法的主要过程是抽象出与实现技术无关、完整描述业务功能的核心平台无关模型（Platform Independent Model，PIM），然后针对不同实现技术制定多个转换规则，通过这些转换规则及辅助工具将 PIM 转换成与具体实现技术相关的平台相关模型

（Platform Specific Model，PSM），最后将经过充实的 PSM 转换成代码。

基于 MDA 的软件开发方法可以实现多重可移植性。MDA 中的平台独立模型（Platform Independent Model，PIM）是跨平台的。同一个 PIM 可以自动转化成多个不同平台上的平台相关模型（Platform Specific Model，PSM）。因此，在 PIM 层次的内容都是完全可移植的。

基于 MDA 的软件开发方法可以实现跨平台的互操作能力。从一个 PIM 生成的多个 PSM 之间是有联系的，现有的 PIM 到 PSM 的转换工具不仅能够生成 PSM，还可以生成 PSM 之间互相联系的桥接器，这样就可以实现跨平台的互操作性。

基于 MDA 的软件开发方法可以保持文档与代码的高度一致性，在 MDA 的生命周期中，开发者聚焦于 PIM，而从 PIM 到 PSM 转换过程中，高层次的文档是不会被遗弃的，而且当 PSM 的任何改变都将反映到 PIM 中。这样，高层次的文档就和代码就能够保持一致性。

【问题 2】

基于 MDA 的软件开发过程和图 2-1 的结构，可以看出王工设计的软件开发过程的关键包含平台无关模型（PIM）的构建、平台无关模型与平台相关模型（PSM）之间的转换，以及基于平台相关模型生成对应的代码三个关键步骤。基于上述描述，就可以直接将相应过程填入图中。另外需要注意在建立 PIM 时，通常采用类图、序列图等 UML 模型进行模型表达。

【问题 3】

根据题干需求描述和王工设计的状态机模型，可以看出：

进入软件后，在此界面中点击手机的"后退"按钮则退出此 WebApp，因此（1）处空白应该填写"点击退出按钮"；

点击联系人列表的任意条目则进入对应的联系人详细信息界面，因此（2）处空白应该填写"联系人详细信息界面"；

在联系人详细信息界面内点击电话号码对应的发送短信按键则进入发送短信界面，在发送短信界面中点击移动终端的"后退"按钮则回到联系人详细信息界面，因此（3）处空白应该填写"点击退出按钮"；

在联系人详细信息界面内点击电话号码对应的拨打电话按键则进入手机的拨打电话界面，因此（4）处空白应该填写"点击电话号码对应的拨打电话按键"，（5）处空白应该填写"拨打电话界面"。

参考答案

【问题 1】

基于 MDA 的软件开发方法可以实现多重可移植性。MDA 中的平台独立模型（PlatformIndependent Model，PIM）是跨平台的。同一个 PIM 可以自动转化成多个不同平台上的平台相关模型（Platform Specific Model，PSM）。因此，在 PIM 层次的内容都是完全可移植的。

基于 MDA 的软件开发方法可以实现跨平台的互操作性能力。从一个 PIM 生成的多个

PSM 之间是有联系的，现有的 PIM 到 PSM 的转换工具不仅能够生成 PSM，还可以生成了 PSM 之间互相联系的桥接器，这样就可以实现跨平台的互操作性。

基于 MDA 的软件开发方法可以保持文档与代码的高度一致性，在 MDA 的生命周期中，开发者聚焦于 PIM，而从 PIM 到 PSM 转变过程中，高层次的文档是不会被遗弃的，而且当 PSM 的任何改变都将反映到 PIM 中。这样，高层次的文档就和代码就能够保持一致性。

【问题 2】
（1）平台独立模型（或 PIM）
（2）UML 模型
（3）模型转换
（4）代码生成

【问题 3】
（1）点击退出按钮
（2）联系人详细信息界面
（3）点击发送按键或后退按钮
（4）点击电话号码对应的拨打电话按键
（5）拨打电话界面

试题三（共 25 分）

阅读以下关于安全攸关嵌入式系统相关技术的描述，回答问题 1 至问题 3。

【说明】

某公司机电管理系列产品被广泛应用于飞行器后，外场事故频繁发生，轻则飞机座舱显示机电设备工作异常，重则系统预警，切入备份运行。这些事故给航空公司带来重大经济损失。

公司领导非常重视航空公司的问题反馈，责令公司王总带队到现场进行故障排查。经过一个多月的排查，故障现象始终未复现，同时，公司实验室内也在反复出现故障，结果未取得显著成效，但发现产品存在偶然丢失协议包的现象。随后，公司领导组织行业专家召开故障分析会。王总在会上对前期故障排查情况进行了说明，指出从外场现象看 CCDL 协议包丢失是引起系统报警、切换的主要原因。图 3-1 给出了机电管理产品的工作原理，机电管理系统主要承担了对飞行器的刹车、燃油和环控等子系统进行监视与控制，它对飞行器而言是安全攸关系统，因此，从系统结构上采用了双余度计算机系统。具体工作流程简要说明如下：

1. 机电管理系统由 1 号计算机和 2 号计算机组成，双机互为余度备份。
2. 双机中分别驻留了一个 100ms 周期的 CCDL 任务，完成双机间的交叉对比和实时监控等工作。10ms 定时器作为任务的工作频率。
3. 交叉对比协议包包含一组 "AA55" 报头、消息长度、数据和校验码。
4. 2 号机将协议包通过 422 总线发送给 1 号机（422 总线接口芯片有 8 级缓冲）。
5. 1 号机通过中断方式将 422 总线数据接收到大环形缓冲区中（大小为 4096B）。

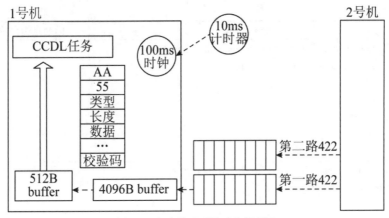

图 3-1 机电管理系统工作原理图

6. 100ms 的 CCDL 定时任务将大环形缓冲区的数据以 512B 为单位拷贝到小环形缓冲区中（大小 512B）。

7. CCDL 任务按照协议包格式解析小环形缓冲的数据，如果校验错误，丢弃当前协议包。

8. 在协议包格式正确的情况下，进行数据交叉比对，比对正确则输出；比对不正确，并连续不正确超过门限，则报警。

【问题 1】（12 分）

王总汇报时指出，在设计安全攸关系统软件时，往往不重视安全攸关软件设计方法，不遵守 C 语言安全编码规范，导致程序质量较差，代码中存在安全隐患。请简要说明表 3-1 给出的 C 语言代码是 C 语言安全编码标准中（如：MISAR C 标准）不允许采用的代码结构的原因。

表 3-1 C 语言代码实例

序号	C 语言代码	标准是否允许采用

1	void static_p(void)
	{ unsigned int x=2u;
	    if(x==2u){
	    /*...*/
	    }else if (x==3u){
	    /*...*/
	    }
	}
		（1）

2	void static_p(int p_1)
	{ int i=p_1;
	    switch(i)
	    {
	    }
	}
		（2）

续表

序号	C 语言代码	标准是否允许采用

3	`unsigned int *static_p(unsigned int *pl_ptr)`
	`{   static unsigned int w=2u;`
	`    /*…*/`
	`    pl_ptr=&w;`
	`    /*…*/`
	`    Reture &w;`
	`}`
		（3）

4	`void foo (unsigned int  p_1, unsigned short p_2)`
	`void   static_p(void)`
	`{`
	`    void(*proc_pointer)(unsigned int , undigned short )=foo;`
	`    /*…*/`
	`}`
		（4）

5	`unsigned int exp_1(unsigned int *p_1)`
	`{   unsigned int x=*p_1;`
	`    (*p_1)=x*x;`
	`    return(x)`
	`}`
	`unsigned int exp_2(unsigned int *p_1)`
	`{   unsigned int x=*p_1;`
	`    (*p_1)=x%2;`
	`    return(x)`
	`}`
	`void static_p(void)`
	`{`
	`    unsigned int y=3u,x=0u;`
	`    x=exp_1(&y)+exp_2(&y);`
	`}`
		（5）

6	`void static_p (void)`
	`{   unsigned short s=0;`
	`    unsigned int *pl_ptr;`
	`    pl_ptr=(unsigned int *)s;`
	`    /*…*/`
	`}`
		（6）

【问题 2】（10 分）

请根据自己对图 3-1 所示的机电管理系统工作原理的分析，用 300 字以内的文字说明本实例中可能存在哪三个方面数据传输时丢失协议包现象，并简要说明原因。

【问题 3】（3 分）

针对以上分析出的三种丢包原因，请举例给出两种以上的修改丢包 bug 的可能的方法。

试题三分析

本题主要考查对安全攸关系统开发中提高可靠性、安全性的保证技术的掌握程度。首先要求考生在理解安全关键系统相关基本概念和主要特征的基础上，对宇航系统软件编码的安全要求、系统余度管理设计技术等方面有所了解。其次，考生应详细阅读题干给出的宇航机电管理系统工作原理和部分系统需求，在理解、分析和推断的基础上，给出各问题的正确解答。

机电管理系统是宇航器飞行的关键系统之一，其主要承担了对飞行器的刹车、燃油和环控等子系统进行监视与控制，通常为了飞行器安全，此系统普遍采用双余度结构，系统提供两个数据采集通道，两个同构计算机上执行相同程序，在数据处理完成后，采用 CCDL 交叉对比，进行表决，最后选取正确的数据输出。

【问题 1】

在设计安全攸关系统软件时，必须规定项目团队的编码规则，宇航系统软件开发通常采用 C 语言。由于 C 语言属于非强制性语言，有些语句存在一定的二义性，有些语句的使用会影响软件最终的安全性，因此，安全攸关系统中的软件开发必须屏蔽掉可能存在安全隐患的语句。参照国际行业规范（如：MISAR C 标准），我国制定了多种 C 语言安全编码标准，从不同领域提出了对 C 语言的使用限制，【问题 1】主要给出了 6 种典型的 C 语言存在安全隐患的语句，简要说明如下，此 6 项在标准中均属于强制执行。

（1）标准要求："if…else…" 语句在程序中必须配对使用，否则属于分支条件不完整，易产生安全隐患。规定"C 语言安全编码标准 'if…else if 语句中必须使用 else 分支'"。

（2）标准要求："switch" 语句大括号内不能缺少执行语句，否则 switch 内的条件无法满足，难易退出循环。规定"C 语言安全编码标准 '禁止使用空 switch 语句'"。

（3）标准要求：为了保证指针使用的安全性，避免指针套指针的结构，引起数据的不可预计，尤其是给过程赋指针变量。规定"禁止将参数指针赋值给过程"。

（4）标准要求：在过程内进行静态声明时，不能将过程静态声明成指针，以免引起访问错误。规定"禁止将过程声明为指针类型"。

（5）标准要求：为了避免表达式中存在二义性，不允许表达式嵌套层次过多，尤其是多重调用函数。规定"禁止同一个表达式中调用多个相关函数"。

（6）标准要求：指针类型变量被强制性转化会引起指针数据的不确定性，尤其是对指针进行强制转化后赋值，其数据的真实含义会发生变化，存在安全隐患。规定"禁止对指针变量使用强制类型转换赋值"。

【问题 2】

图 3-1 给出了机电系统双余度的工作原理，双机交换数据是从 422 串行接口中采集到的，从题干可以看出，422 数据包的长度是不确定，每包包头用"AA55"识别。通常驱动程序需要将数据按字节方式接收后，存入缓冲区中，处理程序将通过找"AA55"包头，获取长度数据，计算出完成数据包，进行处理。

从图 3-1 可以看出，系统采用了大小两个缓冲区，100ms 任务启动后，从大缓冲区读取一帧协议包后，放入小缓冲，因此，大小缓冲不匹配而会引发数据包丢失；其次实时系统工作要依赖于系统工作频率，本系统工作频率为 10ms，一旦 10ms 定时器中断丢失或被屏蔽，必然引起实时调度的时钟不准，而引发周期任务不能准时工作，会导致与当前帧的协议包不完整而丢掉不完整的协议包；422 总线是异步总线，接收方与发送方不存在相互依赖关系，因此，总线仅有 8 级缓冲，并采用 FIFO 方式缓冲，如果缓冲区数据没有被及时读走，将会被后续数据所覆盖，如果包头数据被覆盖，必然导致协议包丢失。具体原因简要说明如下：

（1）大小缓冲不匹配。由于 CCDL 任务在每 100ms 将大缓冲的数据拷贝到小缓冲后，进行协议包解析。当两缓冲存在大量接收数据包时，如果 CCDL 任务处理机制设计不合理，有可能解析时间过长而引起丢包现象。

（2）100ms 时钟不准。由于大小环形缓冲数据交换采用 100ms 时钟周期处理，而 100ms 时钟周期依赖于 10ms 计时器，如果 10ms 计时器受到系统干扰可能丢失中断，则引起 100ms 时钟周期增加 10ms。导致 CCDL 任务定时时间不准，不能按 100ms 周期解析协议包，过早解析协议包，而当前周期的协议包还未到达，可能导致丢包。

（3）422 总线缓冲丢字节。422 总线有 8 字节输入缓冲，如果将 422 总线设置为全满中断时，在数据输入流量大的情况下，8 字节 FIFO 字节输入缓冲容易溢出，导致字节丢失，一旦协议包校验和失败，会丢弃此包，这样会导致丢包。

【问题 3】
基于上述三种可能的丢包原因，可举例给出两种以上的修改丢包缺陷的可能方法。

（1）512B 和 4096B 两个缓冲区合并。设计成两级缓冲方法本身存在不合理的地方，不但数据移动影响系统实时性，而且在寻找协议包时会将半包数据丢弃，因此合并两个缓冲区，100ms 任务直接在大缓冲区中寻找协议包，直接处理，以减少缓冲区拷贝不同步而产生的丢包问题。

（2）422 串行总线中断处理程序、10ms 时钟中断处理程序要精简，在中断处理程序中及时处理并及早退出。这样，可避免 10ms 中断的丢失所引发的 100ms 任务不能准时启动问题。

（3）422 芯片的 8 级缓冲，根据总线数据的传输频率，充分利用 422 芯片的缓冲区的满、半满和空中断机制，避免 422 缓冲区内字节数据未及时读出而丢失，使 100ms 任务找不到包头或校验码错。

（4）采用新型校验码，在 422 总线数据发生校验错时，可进行校对，降低传输中的数据错误。

（5）在总线数据的传输频率非常高的情况下，可以通过缩短 100ms 任务的循环周期，以及时处理 CCDL 任务，确保每帧数据能够得到实时处理。

参考答案
【问题 1】
（1）C 语言安全编码标准"if…else if 语句中必须使用 else 分支"。
（2）C 语言安全编码标准"禁止使用空 switch 语句"。
（3）C 语言安全编码标准"禁止将参数指针赋值给过程"。
（4）C 语言安全编码标准"禁止将过程声明为指针类型"。
（5）C 语言安全编码标准"禁止同一个表达式中调用多个相关函数"。
（6）C 语言安全编码标准"禁止对指针变量使用强制类型转换赋值"。

【问题 2】

图 3-1 可能存在大小缓冲不匹配、时钟不准和 422 总线缓冲丢字节等三方面丢数据包现象。

（1）大小缓冲不匹配。由于 CCDL 任务在每 100ms 将大缓冲的数据拷贝到小缓冲后，进行协议包解析。当两缓冲存在大量接收数据包时，如果 CCDL 任务处理机制设计不合理，有可能解析时间过长而引起丢包现象。

（2）100ms 时钟不准。由于大小环形缓冲数据交换采用 100ms 时钟周期处理，而 100ms 时钟周期依赖于 10ms 计时器，如果 10ms 计时器受到系统干扰可能丢失中断，则引起 100ms 时钟周期增加 10ms。导致 CCDL 任务定时时间不准，不能按 100ms 周期解析协议包，过早解析协议包，而当前周期的协议包还未到达，可能导致丢包。

（3）422 总线缓冲丢字节。422 总线有 8 字节输入缓冲，如果将 422 总线设置为全满中断时，在数据输入流量大的情况下，8 字节 FIFO 字节输入缓冲容易溢出，导致字节丢失，一旦协议包校验和失败，会丢弃此包，这样会导致丢包。

【问题 3】

（1）512B 和 4096B 两个缓冲区合并，以减少缓冲区拷贝不同步而产生的丢包问题。

（2）精简 10ms 时钟中断处理程序，避免 10ms 中断的丢失所引发的 100ms 任务不能准时启动问题。

（3）充分利用 422 芯片的缓冲区的满、半满和空中断机制，避免 422 缓冲区内字节数据未及时读出而丢失，使 100ms 任务找不到包头或校验码错。

（4）采用新型校验码，降低传输中的数据错误。

（5）缩短 100ms 任务的循环周期，以及时处理 CCDL 任务。

试题四（共 25 分）

阅读以下关于数据管理的叙述，在答题纸上回答问题 1 至问题 3。

【说明】

某软件企业开发了一套新闻社交类软件，提供常见的新闻发布、用户关注、用户推荐、新闻点评、新闻推荐、热点新闻等功能，项目采用 MySQL 数据库来存储业务数据。系统上线后，随着用户数量的增加，数据库服务器的压力不断加大。为此，该企业设立了专门的工作组来解决此问题。

张工提出对 MySQL 数据库进行扩展，采用读写分离，主从复制的策略，好处是程序改动比较小，可以较快完成，后续也可以扩展到 MySQL 集群，其方案如图 4-1 所示。李工认为该系统的诸多功能，并不需要采用关系数据库，甚至关系数据库限制了功能的实现，应该采用 NoSQL 数据库来替代 MySQL，重新构造系统的数据层。而刘工认为张工的方案过于保守，对该系统的某些功能，如关注列表、推荐列表、热搜榜单等实现困难，且性能提升不大；而李工的方案又太激进，工作量太大，短期无法完成，应尽量综合二者的优点，采用 Key-Value 数据库+MySQL 数据库的混合方案。

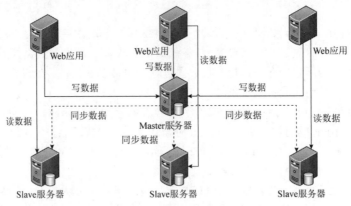

图 4-1 张工方案示意图

经过组内多次讨论，该企业最终决定采用刘工提出的方案。

【问题 1】（8 分）

张工方案中采用了读写分离，主从复制策略。其中，读写分离设置物理上不同的主/从服务器，让主服务器负责数据的 __(a)__ 操作，从服务器负责数据的 __(b)__ 操作，从而有效减少数据并发操作的 __(c)__ ，但却带来了 __(d)__ 的问题。因此，需要采用主从复制策略保持数据的 __(e)__ 。

MySQL 数据库中，主从复制是通过 binary log 来实现主从服务器的数据同步，MySQL 数据库支持的三种复制类型分别是 __(f)__ 、 __(g)__ 、 __(h)__ 。

请将答案填入（a）～（h）处的空白，完成上述描述。

【问题 2】（8 分）

李工方案中给出了关系数据库与 NoSQL 数据的比较，如表 4-1 所示，以此来说明该新闻社交类软件更适合采用 NoSQL 数据库。请完成表 4-1 中的（a）～（d）处空白。

表 4-1 关系数据库与 NoSQL 数据库特征比较

特征	关系数据库	NoSQL 数据库
数据一致性	实时一致性	（a）
数据类型	结构化数据	（b）
事务	高事务性	（c）
水平扩展	弱	强
数据容量	有限数据	（d）

【问题 3】（9 分）

刘工提出的方案采用了 Key-Value 数据库+MySQL 数据库的混合方案，是根据数据的读写特点将数据分别部署到不同的数据库中。但是由于部分数据可能同时存在于两个数据库中，因此存在数据同步问题。请用 200 字以内的文字简要说明解决该数据同步问题的三种方法。

试题四分析

本题考查应用系统开发中数据存储管理设计的知识及应用。此类题目要求考生认真阅读题干中应用系统对数据管理的实际需求，采用不同类型的数据管理技术解决实际问题。

【问题 1】

　　本问题考查 MySQL 数据库读写分离技术的基本概念，以及由数据分离带来的数据同步问题的主从复制技术的基本概念。

　　MySQL 数据库读写分离技术主要用于提高数据查询的效率，降低写数据库操作对整体数据库服务器的性能影响。常见做法是在不同的物理机器上设置主从数据库服务器，让主服务器负责数据的写操作，从服务器负责数据的读操作，从而有效减少数据并发操作的读写冲突，从而带来锁争用问题。但采用主从数据库会使得一份数据存放到两个不同的服务器中，会带来数据冗余存放的问题，由此可能会出现数据一致性的问题。因此，在主从服务器之间，需要采用主从复制策略进行数据同步，从而保证数据的一致性。

　　MySQL 数据库中，主从复制是通过 binary log 来实现主从服务器的数据同步，MySQL 数据库支持的三种复制类型分别是：基于语句的复制，即基于主库将 SQL 语句写入到 binary log 中完成复制；基于行的复制，即基于主库将每一行数据变化的信息作为事件写入到 binary log 完成复制；混合类型的复制，即上述两种复制方式的结合，默认情况下优先使用基于语句的复制，在基于语句复制不安全的情况下会自动切换为基于行的复制。

【问题 2】

　　本问题考查关系数据库和 NoSQL 数据库的基本概念。

　　NoSQL 泛指非关系数据库，也被称为 Not only SQL，其共同的特点是去掉关系数据库的关系特性。NoSQL 数据库种类繁多，一般分为四类：键值数据库、列数据库、文档型数据库、图数据库。其共同特点是易扩展，大数据量、高性能，灵活的数据模型，高可用。

　　与关系数据库相比较，在数据一致性方面，NoSQL 不要求实时一致性，只要求满足最终一致性；在数据结构上，关系数据库存储结构化数据，而 NoSQL 一般存储的是非结构化数据，种类繁多，类型灵活；在事务的支持上，关系数据库强调高事务性，而 NoSQL 对事务的要求要低很多，即支持数据的软状态/柔性事务即可；关系数据库一般为集中式存储，可扩展性差，而 NoSQL 从出现开始就强调水平可扩展性，支持应用系统的快速扩展；在数据容量上，NoSQL 支持海量数据存储管理。

【问题 3】

　　本问题考查两种不同数据库之间的数据同步问题。

　　在混合方案中，数据分别存储在 Key-Value 数据库和 MySQL 数据库中。因此需要解决二者之间的数据同步问题。

　　常见的数据同步方式有：

　　（1）采用自定义函数的方式，在主数据库中进行编程，利用触发器的方式进行数据同步。该方式实现简单，但对主数据库的性能影响大。

　　（2）采用实时同步方式，在数据查询时，首先从缓存中查找，如果查询不到再从 MySQL 数据库中查询，并将查询结果保存到缓存；更新数据时，首先更新数据库，再将缓存中的相应数据设置为过期或失效，或者更新缓存中的相应数据。

　　（3）采用异步队列方式，比如采用消息中间件，可能会存在实时问题。

(4) 使用专门数据同步工具，比如目前存在的 MySQL 日志同步工具，如 canal 等。
在应用中，需要根据应用系统数据存储的实际需求进行选择。

参考答案
【问题 1】
　　（a）写
　　（b）读
　　（c）锁争用
　　（d）数据冗余
　　（e）一致性
　　（f）基于语句的复制
　　（g）基于行的复制
　　（h）混合类型的复制

【问题 2】
　　（a）最终一致性
　　（b）非结构化数据
　　（c）软状态/柔性事务
　　（d）海量数据

【问题 3】
　　（1）实时同步方案，即查询缓存查询不到再从 DB 查询，保存到缓存；更新缓存时，先更新数据库，再将缓存的设置过期或更新缓存；
　　（2）异步队列的方式同步，可采用消息中间件处理；
　　（3）使用专门的数据同步工具，如 canal，通过 MySQL 的日志进行同步；
　　（4）采用 UDF 自定义函数的方式，对 MySQL 的 API 进行编程，利用触发器进行缓存同步。

试题五（共 25 分）

阅读以下关于 Web 应用系统的叙述，在答题纸上回答问题 1 至问题 3。

【说明】

　　某公司因业务需要，拟在短时间内同时完成"小型图书与音像制品借阅系统"和"大学图书馆管理系统"两项基于 B/S 的 Web 应用系统研发工作。

　　小型图书与音像制品借阅系统向某所学校的所有学生提供图书与音像制品的借阅服务。所有学生无须任何费用即可自动成为会员，每人每次最多可借阅 5 本图书和 3 个音像制品。图书需在 1 个月之内归还，音像制品需在 1 周之内归还。如未能如期归还，则取消其借阅其他图书和音像制品的权限，但无须罚款。学生可通过网络查询图书和音像制品的状态，但不支持预定。

　　大学图书馆管理系统向某所大学的师生提供图书借阅服务。有多个图书存储地点，即多个分馆。搜索功能应能查询所有的分馆的信息，但所有的分馆都处于同一个校园内，不支持馆际借阅。本科生和研究生一次可借阅 16 本书，每本书需在 1 个月内归还。教师一次可借阅任意数量的书，每本书需在 2 个月内归还，且支持教师预定图书。如预定图书处于被借出状态，系统自动向借阅者发送邮件提醒。借阅期限到达前 3 天，向借阅者发送邮件提醒。超出借阅期限 1 周，借阅者需缴纳罚款 2 元/天。存在过期未还或罚款待缴纳的借阅者无法再借阅其他图书。图书馆仅向教师和研究生提供杂志借阅服务。

基于上述需求，该公司召开项目研发讨论会。会议上，李工建议开发借阅系统产品线，基于产品线完成这两个 Web 应用系统的研发工作。张工同意李工观点，并提出采用 MVP（Model View Presenter）代替 MVC 的设计模式研发该产品线。

【问题 1】（6 分）

软件产品线是提升软件复用的重要手段，请用 300 字以内的文字分别简要描述什么是软件复用和软件产品线。

【问题 2】（16 分）

产品约束是软件产品线核心资产开发的重要输入，请从以下已给出的（a）～（k）各项内容，分别选出产品的相似点和不同点填入表 5-1 中（1）～（8）处的空白，完成该软件产品线的产品约束分析。

（a）项目当前状态　　（b）项目操作　　（c）预定策略　　（d）会员分类
（e）借阅项目数量　　（f）项目的类型和属性　　（g）检索功能
（h）与支付相关的用户信息　　（i）图书编号　　（j）教师　　（k）学生

表 5-1　产品约束分析

相似点	用户通用数据，如姓名、电话、住址等	
	（1）	
	项目通用数据：项目存储位置、（2）	
	（3）：预定、借阅、归还	
	（4）	
不同点	（5）	
	借阅策略	允许哪些顾客可以借阅
		（6）
		在什么情况下借阅权限可被修改
	逾期惩罚	当借阅的项目没有如期归还时，该采取何种措施
	提醒策略	顾客发出预定请求时，如果项目处于被借阅状态，如何处理
		是否需要向顾客发出一个通知，以提醒其归还该项目
	（7）	哪些顾客可以预定
		预定请求何时过期
	收费方式	成为顾客是否需要付费
		发出预定请求时是否需要付费
		当延期归还时，是否需要付费
	（8）	
	馆际互借	

【问题 3】（3 分）

MVP 模式是由 MVC 模式派生出的一种设计模式。请说明张工建议借阅系统产品线采用 MVP 模式代替 MVC 模式的原因。

试题五分析

本题考查 Web 系统分析设计的能力。此类题目要求考生认真阅读题目对现实问题的描述，需要根据需求描述完成系统分析与设计。

【问题 1】

软件复用（SoftWare Reuse）是将已有软件的各种有关知识用于建立新的软件，以缩减软件开发和维护的花费。软件复用是提高软件生产力和质量的一种重要技术。早期的软件复用主要是代码级复用，被复用的知识专指程序，后来扩大到包括领域知识、开发经验、设计决定、体系结构、需求、设计、代码和文档等一切有关方面。软件复用是一种系统化的软件开发过程，它通过开发一组基本的软件构造模块，以覆盖不同需求/体系结构之间的相似性，从而提高系统开发的效率、质量和性能；它通过识别、开发、分类、获取和修改软件实体，以便在不同的软件开发过程中重复地使用它们。

软件产品线是一组软件系统，共享一组通用的特征集合，通过使用一组预先开发的和通用的核心资产来满足不同产品的研发需求。产品线的三个基本活动包括核心资产开发、核心资产管理和产品开发。软件产品线的定义和任何产品线的传统定义相一致——满足特定市场或任务需求的、具有一组公共的、可管理特性的系统集合。但是它增加了一些内容，即在软件产品线中增加了系统开发方式上的一些限制。因为软件产品线的系统需要按照指定方式进行公共资产集的开发，与独立开发、从零开始开发、随机开发等方式相比较，可以获得显著的生产经济效益。正是由此产生的经济效益，才使软件产品线更具吸引力。软件产品线针对特定领域中的一系列具有公共特性的软件系统，试图通过对领域（commonality）共性和可变性（variability）的把握构造一系列领域核心资产，从而使特定的软件产品可以在这些核心资产基础上按照预定义的方式快速、高效地构造出来。软件产品线工程主要包括领域工程、应用系统工程和产品线管理三个方面。其中，领域工程是其中的核心部分，它是领域核心资产（包括领域模型、领域体系结构、领域构件等）的生产阶段；应用系统工程面向特定应用需求，在领域核心资产的基础上面向特定应用需求实现应用系统的定制和开发；而产品线管理则从技术和组织两个方面为软件产品线的建立和长期发展提供管理支持。

【问题 2】

产品约束是软件产品线中核心资产开发的主要输入。产品约束分析即分析各个产品有哪些相同点和差异，遵循什么标准，和哪些外部系统有接口，必须满足什么质量属性等。根据需求描述，可具体分析该产品线中的产品约束。

【问题 3】

MVP 的全称为 Model-View-Presenter，Model 提供数据，View 负责显示，Controller/Presenter 负责逻辑的处理。MVP 从 MVC 演变而来，通过表示器将视图与模型巧妙地分开。在该模式中，视图通常由表示器初始化，它呈现用户界面（UI）并接收用户所发出命令，但不对用户的输入做任何逻辑处理，而仅仅是将用户输入转发给表示器。通常每一个视图对应一个表示器,但是也可能一个拥有较复杂业务逻辑的视图会对应多个表示器,每个表示器完成该视图的一部分业务处理工作,降低了单个表示器的复杂程度,一个表示器也能被多个有着相同业务需求的视图复用,增加单个表示器的复用度。表示器包含大多数表示逻辑,用以处理视图,与模型交互以获取或更新数据等。模型描述了系统的处理逻辑,模型对于表示器和视图一无所知。MVP 与 MVC 有着一个重大的区别:在 MVP 中 View 并不直接使用 Model,它们之间的通信是通过 Presenter(MVC 中的 Controller)来进行的,所有的交互都发生在 Presenter 内部,而在 MVC 中 View 会直接从 Model 中读取数据而不是通过 Controller。

参考答案

【问题 1】

软件复用是一种系统化的软件开发过程。它通过开发一组基本的软件构造模块,以覆盖不同需求/体系结构之间的相似性,从而提高系统开发的效率、质量和性能;它通过识别、开发、分类、获取和修改软件实体,以便在不同的软件开发过程中重复地使用它们。

软件产品线是一组软件系统,共享一组通用的特征集合,通过使用一组预先开发的/通用的核心资产来满足不同产品的研发需求。产品线的三个基本活动包括核心资产开发、核心资产管理、产品开发。

【问题 2】

(1)(h)

(2)(a)

(3)(b)

(4)(g)

(5)(f)

(6)(e)

(7)(c)

(8)(d)

【问题 3】

在 MVP 里,Presenter 完全把 Model 和 View 进行了分离,主要的程序逻辑在 Presenter 里实现。Presenter 与具体的 View 是没有直接关联的,而是通过定义好的接口进行交互,从而使得在变更 View 时候可以保持 Presenter 的不变。借阅系统产品线应用 MVP 模式可以使所有的交互都发生在 Presenter 内部,更好地支持模型与视图完全分离,修改视图而不影响模型,从而更好地支持产品线中不同产品的实现。

第 9 章 2019 上半年系统分析师下午试题 II 写作要点

> 从下列的 4 道试题（试题一至试题四）中任选 1 道解答。请在答题纸上的指定位置处将所选择试题的题号框涂黑。若多涂或者未涂题号框，则对题号最小的一道试题进行评分。

试题一 论系统需求分析方法

系统需求分析是开发人员经过调研和分析，准确理解用户和项目的功能、性能、可靠性等要求，将用户非形式的诉求表述转化为完整的需求定义，从而确定系统必须做什么的过程。系统需求分析具体可分为功能性需求、非功能性需求与设计约束三个方面。

请围绕"系统需求分析方法"论题，依次从以下三个方面进行论述。
1. 概要叙述你参与管理和开发的软件项目以及你在其中所担任的主要工作。
2. 详细论述系统需求分析的主要方法。
3. 结合你具体参与管理和开发的实际软件项目，说明是如何使用系统需求分析方法进行系统需求分析的，说明具体实施过程以及应用效果。

写作要点

一、简要叙述所参与管理和开发的软件项目，并明确指出在其中承担的主要任务和开展的主要工作。

二、从系统分析出发，可将需求分析方法大致分为功能分解方法、结构化分析方法、信息建模方法和面向对象的分析方法。

（1）功能分解方法。

将新系统作为多功能模块的组合。各功能模块可分解为若干子功能及接口，子功能再继续分解。便可得到系统的雏形，即功能分解：功能、子功能和功能接口。

（2）结构化分析方法。

结构化分析方法是一种从问题空间到某种表示的映射方法，是结构化方法中重要且被普遍接受的表示系统，由数据流图和数据词典构成并表示。此分析法又称为数据流法。其基本策略是跟踪数据流，即研究问题域中数据流动方式及在各个环节上所进行的处理，从而发现数据流和加工。结构化分析可定义为数据流、数据处理或加工、数据存储、端点、处理说明和数据字典。

（3）信息建模方法。

它从数据角度对现实世界建立模型。大型软件较复杂。很难直接对其分析和设计，常借助模型。模型是开发中常用工具，系统包括数据处理、事务管理和决策支持。实质上，也可看成由一系列有序模型构成，其有序模型通常为功能模型、信息模型、数据模型、控制模型和决策模型。有序是指这些模型是分别在系统的不同开发阶段及开发层次一同建立的。建立系统常用的基本工具是 E-R 图。经过改进后称为信息建模法，后来又发展为语义数据建模方法，并引入了许多面向对象的特点。

信息建模可定义为实体或对象、属性、关系、父类型/子类型和关联对象。此方法的核心概念是实体和关系，基本工具是 E-R 图，其基本要素由实体、属性和联系构成。该方法的基本策略是从现实中找出实体，然后再用属性进行描述。

（4）面向对象的分析方法。

面向对象的分析方法的关键是识别问题域内的对象，分析它们之间的关系，并建立三类模型，即对象模型、动态模型和功能模型。面向对象主要考虑类或对象、结构与连接、继承和封装、消息通信。这些只表示面向对象分析中几项最重要特征。类的对象是对问题域中事物的完整映射，包括事物的数据特征（即属性）和行为特征（即服务）。

三、考生需结合自身参与项目的实际状况，指出其参与管理和开发的项目中如何应用系统需求分析方法进行系统需求分析的，说明具体实施过程、使用的方法，并对实际应用效果进行分析。

试题二　论系统自动化测试及其应用

软件系统测试是在将软件交付给客户之前所必须完成的重要步骤之一，目前，软件测试仍是发现软件缺陷的主要手段。软件系统测试的对象是完整的、集成的计算机系统，系统测试的目的是验证完整的软件配置项能否和系统正确连接，并满足系统设计文档和软件开发合同规定的要求。系统测试工作任务难度高，工作量大，存在大量的重复性工作，因此自动化测试日益成为当前软件系统测试的主要手段。

请围绕"系统自动化测试及其应用"论题，依次从以下三个方面进行论述。

1. 概要叙述你参与管理和开发的软件项目以及你在其中所担任的主要工作。
2. 详细论述系统自动化测试的主要工作内容及优缺点。
3. 结合你具体参与管理和开发的实际项目，说明是如何进行系统自动化测试的，说明具体实施过程以及应用效果。

写作要点

一、简要叙述所参与管理和开发的软件项目，并明确指出在其中承担的主要任务和开展的主要工作。

二、自动化测试通常需要构建存放程序软件包和测试软件包的文件服务器、存储测试用例和测试结果的数据库服务器、执行测试的运行环境、控制服务器、Web 服务器和客户端程序。自动化测试工具应该包含对测试执行的支撑功能，具体应包括：具备相应的容错处理系统，能够自动处理测试中的异常情况；提供测试的集成环境，支持对脚本的执行、跟踪、检查、错误定位，以及故障重演等能力，并提供对外部自动化测试工具的集成扩展能力；提供对脚本代码的控制与管理等。

自动化测试的优点：

（1）提高测试执行的速度；

（2）提高工作效率；

（3）保证测试结果的准确性；

（4）连续运行测试脚本；

（5）模拟现实环境下受约束的情况。

自动化测试存在受约束的情况。例如：自动化测试不能取代手工测试，能够发现的缺陷不如手工测试；自动化测试对所测产品质量的依赖性大；测试工具本身不具备智能与想象力，依然需要人工介入。

三、考生需结合自身参与项目的实际情况，指出其在参与管理和开发的项目中所进行的系统测试活动，说明该活动的具体实施过程、使用方法和自动化测试工具，并对实际应用效果进行分析。

试题三　论处理流程设计方法及应用

处理流程设计（Process Flow Design，PFD）是软件系统设计的重要组成部分，它的主要目的是设计出软件系统所有模块以及它们之间的相互关系，并具体设计出每个模块内部的功能和处理过程，包括局部数据组织和控制流，以及每个具体加工过程和实施细节，为实现人员提供详细的技术资料。每个软件系统都包含了一系列核心处理流程，对这些处理流程的理解和设计将直接影响软件系统的功能和性能。因此，设计人员需要认真掌握处理流程的设计方法。

请围绕"处理流程设计方法及应用"论题，依次从以下三个方面进行论述。

1. 简要叙述你参与的软件开发项目以及你所承担的主要工作。

2. 详细说明目前主要有哪几类处理流程设计工具，每个类别至少详细说明一种流程设计工具。

3. 根据你所参与的项目，说明是具体采用哪些流程设计工具进行流程设计的，实施效果如何。

写作要点

一、简要描述所参与的软件系统开发项目，并明确指出在其中承担的主要任务和开展的主要工作。

二、详细说明目前主要有哪几类处理流程设计工具，每个类别至少详细说明一种流程设计工具。

1. 图形工具（程序流程图、IPO图、N-S图、问题分析图）

（1）程序流程图。

程序流程图（Program Flow Diagram，PFD）用一些图框表示各种操作，它独立于任何一种程序设计语言，比较直观、清晰，易于学习掌握。为更好地使用流程图描述结构化程序，必须对流程图进行限制，流程图中只能包括5种基本控制结构，任何复杂的程序流程图都应由这5种基本控制结构组合或嵌套而成。

（2）IPO图。

IPO图是由IBM公司发起并逐步完善的一种流程描述工具。系统分析阶段产生的数据流图经转换和优化后形成的系统模块结构图的过程中将产生大量的模块，分析与设计人员应为每个模块写一份说明,即可用 IPO 图来对每个模块进行表述,IPO 图用来描述每个模块的输入、输出和数据加工。

(3) N-S 图。

N-S 图中也包括 5 种控制结构,分别是顺序型、选择型、WHILE 循环型(当型循环)、UNTIL 循环型(直到型循环)和多分支选择型,任何一个 N-S 图都是这 5 种基本控制结构相互组合与嵌套的结果。在 N-S 图中,过程的作用域明确;它没有箭头,不能随意转移控制;而且容易表示嵌套关系和层次关系;并具有强烈的结构化特征。

(4) 问题分析图。

问题分析图是一种支持结构化程序设计的图形工具。PAD 也包含 5 种基本控制结构,并允许递归使用。PAD 的执行顺序是从最左主干线的上端的结点开始,自上而下依次执行。每遇到判断或循环,就自左而右进入下一层,从表示下一层的纵线上端开始执行,直到该纵线下端,再返回上一层的纵线的转入处。如此继续,直到执行到主干线的下端为止。

2. 表格工具(判定表)

对于具有多个互相联系的条件和可能产生多种结果的问题,用结构化语言描述则显得不够直观和紧凑,这时可以用以清楚、简明为特征的判定表(Decision Table)来描述。判定表采用表格形式来表达逻辑判断问题,表格分成 4 个部分,左上部分为条件说明,左下部分为行动说明,右上部分为各种条件的组合说明,右下部分为各条件组合下相应的行动。在表的右上部分中列出所有条件,T 表示该条件取值为真,F 表示该条件取值为假,空白表示这个条件无论取何值对动作的选择不产生影响,在判定表右下部分中列出所有的处理动作,Y 表示执行对应的动作,空白表示不执行该动作;判定表右半部分的每一列实质上是一条规则,规定了与特定条件取值组合相对应的动作。

3. 语言工具(过程设计语言)

过程设计语言是一种混合语言,采用自然语言的词汇和结构化程序设计语言的语法,用于描述处理过程怎么做,类似于编程语言。过程设计语言用于描述模块中算法和加工逻辑的具体细节,以便在开发人员之间比较精确地进行交流。过程设计语言的语法规则一般分为外层语法和内层语法。外层语法用于描述结构,采用与一般编程语言类似的关键字(例如,IF-THEN-ELSE,WHIEL-DO 等),外层语法应当符合一般程序设计语言常用语句的语法规则;内层语法用于描述操作,可以采用自然语句(例如,英语和汉语等)中的一些简单的句子、短语和通用的数学符号来描述程序应执行的功能。过程设计语言仅仅是对算法或加工逻辑的一种描述,是不可执行的。使用过程设计语言,可以做到逐步求精,从比较概括和抽象的过程设计语言程序开始,逐步写出更详细、更精确的描述,其写法比较灵活,它使用自然语言来描述处理过程,不必考虑语法错误,有利于设计人员把主要精力放在描述算法和加工逻辑上。

三、针对考生本人所参与的项目中使用的流程设计工具,说明实施过程和具体实施效果。

试题四　论企业智能运维技术与方法

智能运维(Artificial Intelligence for IT Operations,AIOps)是将人工智能应用于运维领域,基于已有的运维数据(日志数据、监控数据、应用信息等),采用机器学习方法来进一步解决自动化运维难以解决的问题。具体来说，智能运维在自动化运维的基础上，增加了一个基于机器学习的智能决策模块，控制监测系统采集运维决策所需的数据，做出智能分析与决策，并通过自动化脚本等手段去执行决策，以达到运维系统的整体目标。智能运维能够提高企业信息系统的预判能力和稳定性，降低 IT 成本，提升企业产品的竞争力。

请围绕"企业智能运维技术与方法"论题，依次从以下三个方面进行论述。

1. 概要叙述你参与管理与实施的软件运维项目以及你在其中所担任的主要工作。
2. 智能运维主要从效率提高、质量保障和成本管理等三个方面提升运维水平，其成熟程度可以分为尝试应用、单点应用、串联应用、能力完备和能力成熟五个级别，请任意选择三个成熟度级别，说明其在效率提升、质量保障和成本管理等方面的特征。
3. 结合你具体参与管理与实施的实际软件系统运维项目，举例说明如何采用智能运维技术和方法提高运维效率、保障运维质量并降低运维成本，实施效果如何。在智能运维过程中都遇到了哪些具体问题，是如何解决的。

写作要点

一、简要描述所参与管理与实施的软件系统运维项目，并明确指出在其中承担的主要任务和开展的主要工作。

二、智能运维主要从效率提升、质量保障和成本管理三个方面提升运维水平，其成熟程度可以分为尝试应用、单点应用、串联应用、能力完备和能力成熟五个级别，每个级别在效率提升、质量保障和成本管理方面的特征如下表所示。

成熟程度	效率提升	质量保障	成本管理
尝试应用	尝试在变更、问答、决策、预测领域使用人工智能的能力，但是并没有形成有效的单点应用	没有成熟的单点应用，主要是手动运维、自动化运维和智能运维的尝试阶段	运维的成本管理方向还在尝试引入人工智能，但是并没有成熟的单点应用
单点应用	在一些小的场景下，人工智能已经可以逐步发挥自己的能力，包括智能变更、智能问答、智能决策、智能预测	在一些单点应用的场景下，人工智能已经开始逐步发挥自己的能力，包括指标监控、磁盘、网络异常检测等	在一些小的场景下，人工智能已经开始逐步发挥自己的能力，包括成本报表方向、资源优化、容量规划、性能优化等方向
串联应用	人工智能已经将单点应用中的一些模块串联起来，可以结合多个情况进行下一步的分析和操作	人工智能已经将单点应用中的一些模块串联在一起，可以综合多个情况进行下一步的分析和操作，包括多维下钻分析寻找故障根本原因等方向	人工智能已经将单点应用中的一些模块串联在一起，可以根据成本、资源、容量、性能的实际状况进行下一步的分析和操作
能力完备	人工智能能力完备，已经可以基于实际场景实现性能优化，然后进行预测、变更、问答、决策等操作	人工智能已经基于故障的实际场景实现故障定位，然后进行故障自愈等操作。例如根据版本质量分析推断时需要版本回退，CDN 自动调度等	人工智能的能力已经完备，能够实现基于成本和资源的实际场景实现成本的自主优化，然后进行智能改进的操作

续表

成熟程度	效率提升	质量保障	成本管理
能力成熟	人工参与的成分已经很少，性能优化等整个流程由智能运维模块统一控制，并由自动化和智能化自主实施	人工参与的部分已经很少，从故障发现到诊断到自愈整个流程由智能运维模块统一控制，并由自动化和智能化自主实施	人工参与的成分已经很少，从成本报表、资源优化、容量规划、性能优化性等整个流程由智能运维模块统一控制，自动化自主实施

（可以任意选取三个级别，每个级别需要对效率提升、质量保障和成本管理三个方面的特征进行论述）

三、针对具体参与管理与实施的实际软件系统运维项目，说明采用了哪些具体的智能运维技术和方法，解决了何种运维问题，如何提高运维效率，保障运维质量并降低运维成本，实施的效果如何。并且需要举例说明在实施智能运维过程中遇到了哪些实际的问题，具体的解决方案是什么。

第 10 章 2020 下半年系统分析师上午试题分析与解答

试题（1）
系统结构化分析模型包括数据模型、功能模型和行为模型，这些模型的核心是 __(1)__ 。
(1) A. 实体联系图　　B. 状态转换图　　C. 数据字典　　D. 流程图

试题（1）分析
本题考查结构化分析方法的基础知识。
系统结构化分析模型的核心是数据字典，围绕这个核心，有三个层次的模型，分别是数据模型、功能模型和行为模型。在实际工作中，一般使用 E-R 图表示数据模型，用 DFD 表示功能模型，用状态转换图（State Transform Diagram，STD）表示行为模型。

参考答案
(1) C

试题（2）
数据流图是系统分析的重要工具，数据流图中包含的元素有 __(2)__ 。
(2) A. 外部实体、加工、数据流、数据存储
　　B. 参与者、用例、加工、数据流
　　C. 实体、关系、基数、属性
　　D. 模块、活动、数据流、控制流

试题（2）分析
本题考查数据流图的基础知识。
在数据流图中，通常会出现 4 种基本符号，分别是数据流、加工、数据存储和外部实体（数据源及数据终点）。数据流是具有名字和流向的数据，在 DFD 中用标有名字的箭头表示。加工是对数据流的变换，一般用圆圈表示。数据存储是可访问的存储信息，一般用直线段表示。外部实体是位于被建模的系统之外的信息生产者或消费者，是不能由计算机处理的成分，它们分别表明数据处理过程的数据来源及数据去向，用标有名字的方框表示。

参考答案
(2) A

试题（3）～（5）
UML 2.0 所包含的图中，__(3)__ 将进程或者其他结构展示为计算内部一步步的控制流和数据流；__(4)__ 描述模型本身分解而成的组织单元以及它们之间的依赖关系；__(5)__ 描述运行时的处理节点以及在其内部生存的构件的配置。
(3) A. 用例图　　　　B. 通信图　　　C. 状态图　　　D. 活动图
(4) A. 类图　　　　　B. 包图　　　　C. 对象图　　　D. 构件图
(5) A. 组合结构图　　B. 制品图　　　C. 部署图　　　D. 交互图

试题（3）～（5）分析

本题考查统一建模语言 UML 的基础知识。

UML 2.0 包括 14 种图，其中，活动图将进程或其他计算结构展示为计算内部一步步的控制流和数据流。活动图专注于系统的动态视图，它对系统的功能建模和业务流程建模特别重要，并强调对象间的控制流程。包图描述由模型本身分解而成的组织单元，以及它们之间的依赖关系。部署图描述对运行时的处理节点及在其中生存的构件的配置。部署图给出了架构的静态部署视图，通常一个节点包含一个或多个部署图。

参考答案

（3）D　（4）B　（5）C

试题（6）

以下关于防火墙技术的描述中，正确的是__(6)__。

（6）A．防火墙不能支持网络地址转换

B．防火墙通常部署在企业内部网和 Internet 之间

C．防火墙可以查、杀各种病毒

D．防火墙可以过滤垃圾邮件

试题（6）分析

本题考查防火墙的基础知识。

防火墙（Firewall）在 IT 领域中是一个架设在互联网与企业内网之间的信息安全系统，根据企业预定的策略来监控往来的数据包。防火墙是目前最重要的一种网络防护设备，从专业角度来说，防火墙是位于两个（或多个）网络间，实行网络间访问或控制的一组组件集合。

防火墙能够实现的功能包括网络隔离、网络地址转换以及部分路由功能等。一般不提供查杀病毒、过滤垃圾邮件的功能。

参考答案

（6）B

试题（7）

SHA-256 是__(7)__算法。

（7）A．加密　　　　B．数字签名　　　　C．认证　　　　D．报文摘要

试题（7）分析

本题考查信息安全中的报文摘要算法的相关知识。

SHA-256 是安全散列算法（Secure Hash Algorithm，SHA）的一种，是能计算出一个数字消息所对应到的、长度固定的字符串（又称消息摘要、报文摘要）的算法。若输入的消息不同，它们就对应到不同的字符串。SHA 家族的算法，是由美国国家安全局（NSA）所设计，并由美国国家标准与技术研究院（NIST）发布的政府标准。

参考答案

（7）D

试题（8）

某电子商务网站为实现用户安全访问，应使用的协议是__(8)__。

(8) A. HTTP   B. WAP   C. HTTPS   D. IMAP

试题（8）分析

本题考查网络安全的相关知识。

HTTP（超文本传输协议）用于在 Web 浏览器和网站服务器之间传递信息，HTTP 协议以明文方式发送内容，不提供任何方式的数据加密，如果攻击者截取了 Web 浏览器和网站服务器之间的传输报文，就可以直接读懂其中的信息，因此，HTTP 协议不适合传输一些敏感信息，如信用卡号、密码等支付信息。为了数据传输的安全，HTTPS 在 HTTP 的基础上加入了 SSL 协议，SSL 依靠证书来验证服务器的身份，并为浏览器和服务器之间的通信加密。

WAP（无线通信协议）是在数字移动电话、互联网或其他个人数字助理机（PDA）乃至未来的信息家电之间进行通信的全球性开放标准。

IMAP（Internet 消息访问协议）提供面向用户的邮件收取服务，常用的版本是 IMAP4。IMAP4 改进了 POP3 的不足，用户可以通过浏览信件头来决定是否收取、删除和检索邮件的特定部分，还可以在服务器上创建或更改文件夹或邮箱，它除了支持 POP3 协议的脱机操作模式外，还支持联机操作和断连接操作。它为用户提供了有选择地从邮件服务器接收邮件的功能、基于服务器的信息处理功能和共享信箱功能。

参考答案

（8）C

试题（9）

根据国际标准 ITUT X.509 规定，数字证书的一般格式中会包含认证机构的签名，该数据域的作用是__(9)__。

（9）A. 用于标识颁发证书的权威机构 CA
　　　B. 用于指示建立和签署证书的 CA 的 X.509 名字
　　　C. 用于防止证书伪造
　　　D. 用于传递 CA 的公钥

试题（9）分析

本题考查信息安全中的 X.509 数字证书的知识。

X.509 是密码学里公钥证书的格式标准。X.509 证书已应用在包括 TLS/SSL 在内的众多网络协议里，同时它也用在很多非在线应用场景里，比如电子签名服务。X.509 证书里含有公钥、身份信息（比如网络主机名、组织的名称或个体名称等）和签名信息（可以是证书签发机构 CA 的签名，也可以是自签名）。对于一份经由可信的证书签发机构签名或者可以通过其他方式验证的证书，证书的拥有者就可以用证书及相应的私钥来创建安全的通信，对文档进行数字签名。除了证书本身功能，X.509 还附带了证书吊销列表和用于从最终对证书进行签名的证书签发机构直到最终可信点为止的证书合法性验证算法。X.509 是 ITU-T 标准化部门基于他们之前的 ASN.1 定义的一套证书标准。

证书中包含的认证机构签名用于防止证书的伪造。

参考答案

（9）C

试题（10）

李某是某软件公司的软件设计师，其作为主要人员完成某软件项目开发后，按公司规定进行归档。以下有关该软件的著作权的叙述中，正确的是__(10)__。

(10) A．该软件著作权应由公司享有

B．该软件著作权应由公司和李某共同享有

C．该软件著作权应由李某享有

D．除署名权以外的著作权其他权利由李某享有

试题（10）分析

本题考查知识产权的基础知识。

软件著作权的客体包括程序及文档。显然，李某在该软件公司任职，其作品是职务作品，因此该软件著作权应由公司享有。

参考答案

(10) A

试题（11）

我国由国家版权局主管全国软件著作权登记管理工作，指定__(11)__为软件著作权登记机构。

(11) A．著作权登记中心　　　　　　　B．国家知识产权局

C．中国版权保护中心　　　　　　D．国家专利局

试题（11）分析

本题考查知识产权的基础知识。

国家版权局是国务院著作权行政管理部门，主管全国的著作权管理工作。中国版权保护中心的主要职能之一是计算机软件著作权登记，包括软件著作权登记、软件源程序封存保管、软件著作权转让或专有许可合同登记、软件著作权质权登记等。

参考答案

(11) C

试题（12）

在软件使用许可中，按照被许可使用权排他性强弱的不同，可分为独占使用许可、__(12)__。

(12) A．排他使用许可和多用户许可　　　B．排他使用许可和普通使用许可

C．专有许可和普通使用许可　　　　D．专有许可和多用户许可

试题（12）分析

本题考查知识产权的基础知识。

软件使用许可是指权利人与使用人之间订立的确立双方权利义务的协议。依照这种协议，使用人不享有软件所有权，但可以在协议约定的时间、地点，按照约定的方式行使软件使用权。这种使用许可不同于权利转让，不发生所有权的移转或者所有权人的变更。

按照被许可使用权排他性强弱的不同，可以将使用许可分为独占使用许可、排他使用许可和普通使用许可三种。

当软件著作权人许可他人享有独占使用许可之后,便不得再许可第三人使用该软件,并且软件著作权人在该独占使用许可有效期间也不得使用该软件,只有被许可人可以使用该软件;当软件著作权人向被许可人发放排他使用许可之后,依约不得再向第三人发放该软件的使用许可,但软件著作权人仍然可以使用该软件;普通使用许可是最为常见的使用许可方式,被许可人除了享有自己使用的权利之外,并不享有任何排他权利。软件著作权人可以不受限制地向他人发放这种许可。根据我国法律规定,凡未明确说明是独占使用许可或排他使用许可的,该许可即为普通使用许可。只要是通过市场上购买的各种商品化软件的使用权都属于这种普通使用许可。

参考答案

(12) B

试题（13）

以下关于软件著作权产生时间的叙述中,正确的是 __(13)__ 。

(13) A. 自软件首次公开发表时　　B. 自开发者有开发意图时
　　　 C. 自软件开发完成之日时　　D. 自软件著作权登记时

试题（13）分析

本题考查知识产权的基础知识。

计算机软件著作权是指软件的开发者或者其他权利人依据有关著作权法律的规定,对于软件作品所享有的各项专有权利。著作权的取得无须经过个别确认,这就是人们常说的"自动保护"原则,自软件开发完成之日自动取得软件著作权。

参考答案

(13) C

试题（14）

RISC-V 是基于精简指令集计算原理建立的开放指令集架构,以下关于 RISC-V 的说法中,不正确的是 __(14)__ 。

(14) A. RISC-V 架构不仅短小精悍,而且其不同的部分还能以模块化的方式组织在一起,从而试图通过一套统一的架构满足各种不同的应用场景
　　　 B. RISC-V 基础指令集中只有 40 多条指令,加上其他模块化扩展指令总共也就几十条指令
　　　 C. RISC-VISA 可以免费使用,允许任何人设计、制造和销售 RISC-V 芯片和软件
　　　 D. RISC-V 也是 X86 架构的一种,它和 ARM 架构之间存在很大区别

试题（14）分析

本题考查处理器体系结构的基础知识。

RISC（Reduced Instruction Set Computer）是精简指令集计算机的简称。RISC 起源于 20 世纪 80 年代的 MIPS 处理器。RISC-V 是一种基于精简指令集（RISC）原则的开源指令架构（ISA）,RISC-V 指令集可以自由地用于任何目的,允许任何人设计、制造和销售 RISC-V 芯片和软件。其主要特征是完全开源、架构简单、易于移植、模块化设计和具备完善的工具链等。而 ARM 处理器的架构是基于 RISC 架构设计的,因此 RISC-V 与 ARM 的架构属于同一

种。选项 A、B、C 都是 RISC-V 的基本特征，选项 D 是错误的说法，其正确描述应该是 RISC-V 是 ARM 架构的一种，二者整体架构类似，但与 X86 架构存在很大区别。

参考答案

（14）D

试题（15）

IEEE-1394 总线采用菊花链的拓扑结构时，可最多支持 63 个节点。当 1394 总线支持 1023 条桥接总线时，最多可以采用菊花链的拓扑结构互连 __(15)__ 个节点。

（15）A．1023　　　　B．1086　　　　C．64 449　　　　D．645 535

试题（15）分析

本题考查计算机总线设计的基础知识。

IEEE-1394 串行总线是当前计算机系统设计中普遍采用的高速数据传输总线，相比 USB 总线，它具有速度快、距离远和传输稳定等特征。IEEE-1394 通常可以树形或菊花链形拓扑结构连接 63 台设备。每个 1394 设备是一个节点，设备地址有 64bit。其中段 ID 占 10bit，节点 ID 占 6bit，其余的 48bit 是存储器地址。如果在一个复杂的系统中使用菊花链形拓扑结构，那么，10bit 的总线 ID 就可表示 1023 个总线段，因此，1394 总线支持 1023 条桥接总线时，最多可以互连 1023×63=64 449 个节点。

参考答案

（15）C

试题（16）

在计算机体系结构设计时，通常在 CPU 和内存之间设置小容量的 Cache 机制，以提高 CPU 数据输入输出速率。通常当 Cache 已存满数据后，新数据必须替换（淘汰）Cache 中的某些旧数据。常用的数据替换算法包括 __(16)__ 。

（16）A．随机算法、先进先出（FIFO）和近期最少使用（LRU）
　　　　B．随机算法、先进后出（FILO）和近期最少使用（LRU）
　　　　C．轮询调度（RRS）、先进先出（FIFO）和近期最少使用（LRU）
　　　　D．先进先出（FIFO）、近期最少使用（LRU）和最近最常使用（MRU）

试题（16）分析

本题考查计算机体系结构设计的基础知识。

计算机设计中，Cache 机制是提高计算机运行速度的基本机制之一，它是 CPU 与内存之间能够快速交换数据的一种设计方法，Cache 的命中率高低是衡量设计优劣的一种标准。在 Cache 新旧数据替换过程中，好的 Cache 替换算法可以产生较高的命中率。目前比较流行的算法包括：

①随机算法（RAND）：若当前 Cache 被填满，则随机选择一块进行替换。

②先进先出算法（FIFO）：遵循先入先出原则，若当前 Cache 被填满，则替换最早进入 Cache 的块。

③先进后出算法（FILO）：遵循先入后出原则，若当前 Cache 被填满，则替换最晚进入 Cache 的块。

④近期最少使用算法(LRU)：若当前 Cache 被填满，则将最近最少使用的内容替换出 Cache。

⑤最近最常使用算法（MRU）：与 LRU 类似，差别在于它是按使用的频率来排序，最少使用的数据最先被替换。

选项 A 是最接近正确答案的。因为选项 B 中的先进后出算法（FILO）不适合 Cache 替换，它会降低 Cache 的命中率；选项 C 中的轮询调度（RRS）不是 Cache 替换算法，主要以轮叫的方式依次请求调度不同的服务器，适用于服务器调度；选项 D 的近期最少使用（LRU）和最近最常使用（MRU）是两种互斥的算法，最常用的还是 LRU。

参考答案

（16）A

试题（17）、（18）

在信息安全领域，基本的安全性原则包括保密性（Confidentiality）、完整性（Integrity）和可用性（Availability）。保密性指保护信息在使用、传输和存储时 __(17)__ 。信息加密是保证系统保密性的常用手段。使用哈希校验是保证数据完整性的常用方法。可用性指保证合法用户对资源的正常访问，不会被不正当地拒绝。 __(18)__ 就是破坏系统的可用性。

（17）A．不被泄露给已注册的用户　　　　B．不被泄露给未授权的用户
　　　　C．不被泄露给未注册的用户　　　　D．不被泄露给已授权的用户
（18）A．XSS 跨站脚本攻击　　　　　　　B．DoS 拒绝服务攻击
　　　　C．CSRF 跨站请求伪造攻击　　　　D．缓冲区溢出攻击

试题（17）、（18）分析

在信息安全领域，人们会根据信息的涉密程度与范围，将涉密信息定义为绝密、机密和秘密三类，对于不同等级（关键、重要和一般）的涉密用户，在授权之后，才能获悉相同档次的密级信息。而未注册或已注册未授权的用户是不能获取、使用、传输和存储相关秘密信息的。因此，保密性指保护信息在使用、传输和存储时不被泄露给未授权的用户。

XSS 跨站脚本攻击（Cross-Site Scripting）是指将攻击代码注入用户浏览的网页，这种代码包括 HTML 和 JavaScript 脚本。

DoS 拒绝服务攻击（Denial of Service）是指故意攻击网络协议实现的缺陷或直接通过野蛮手段耗尽被攻击对象的资源，目的是让目标计算机或网络无法提供正常的服务或资源访问。最常见的 DoS 攻击有计算机网络宽带攻击和连通性攻击。

CSRF 跨站请求伪造（Cross-Site Request Forgery）是指攻击者通过一些技术手段欺骗用户的浏览器去访问一个自己曾经认证过的网站并执行一些操作（如转账或购买商品等）。由于浏览器曾经认证过，所以被访问的网站会认为是真正的用户在操作而去执行。

缓冲区溢出攻击是指利用缓冲区溢出漏洞所进行的攻击行为。

根据这四种攻击原理，XSS 利用的是用户对指定网站的信任，CSRF 利用的则是网站对用户浏览器的信任，缓冲区溢出利用的是程序漏洞，只有 DoS 攻击是利用协议缺陷或恶意抢占资源而造成计算机或网络无法正常使用，从而破坏系统的可用性。

参考答案

（17）B　（18）B

试题（19）～（21）

__(19)__ 是一套为企业运营提供辅助决策和日常管理信息的大规模集成化软件，同时也是辅助企业管理向零缺陷趋近的一整套现代化管理思想和办公手段。它将供应商和企业内部的采购、__(20)__、销售以及客户紧密联系起来，可对__(21)__上的所有环节进行有效管理，实现对企业的动态控制和资源的集成和优化，提升基础管理水平，追求资源的合理高效利用。

(19) A．供应链管理系统　　　　　　B．财务管理系统
　　　 C．信息资源规划系统　　　　　D．企业资源规划系统
(20) A．人力　　　B．生产　　　C．培训　　　D．交付
(21) A．供应链　　B．资金链　　C．信息流　　D．业务流

试题（19）～（21）分析

本题主要考查对企业资源规划基本概念的理解。

企业资源规划系统是一套为企业运营提供辅助决策和日常管理信息的大规模集成化软件，同时也是辅助企业管理向零缺陷趋近的一整套现代化管理思想和办公手段。它将供应商和企业内部的采购、生产、销售以及客户紧密联系起来，可对供应链上的所有环节进行有效管理，实现对企业的动态控制和资源的集成和优化，提升基础管理水平，追求资源的合理高效利用。

参考答案

(19) D　　(20) B　　(21) A

试题（22）、（23）

客户关系管理系统的核心是客户__(22)__管理，其目的是与客户建立长期和有效的业务关系，最大限度地增加利润。__(23)__和客户服务是 CRM 的支柱性功能，是客户与企业产生联系的主要方面。

(22) A．信息　　　B．价值　　　C．需求　　　D．变更
(23) A．客户关怀　B．客户开拓　C．市场营销　D．市场调研

试题（22）、（23）分析

本题主要考查对客户关系管理系统的理解。

客户关系管理系统的核心是客户价值管理，其目的是与客户建立长期和有效的业务关系，最大限度地增加利润。市场营销和客户服务是 CRM 的支柱性功能，是客户与企业产生联系的主要方面。

参考答案

(22) B　　(23) C

试题（24）～（26）

商业智能（BI）主要关注如何从业务数据中提取有用的信息，然后根据这些信息采取相应的行动，其核心是构建__(24)__。BI 系统的处理流程主要包括 4 个阶段，其中__(25)__阶段主要包括数据的抽取（extraction）、转换（transformation）和加载（load）三个步骤（即 ETL 过程）；__(26)__阶段不仅需要进行数据汇总/聚集，同时还提供切片、切块、下钻、上卷和旋转等海量数据分析功能。

(24) A. ER 模型　　　　B. 消息中心　　　C. 数据仓库　　　D. 业务模型
(25) A. 数据预处理　　　B. 数据预加载　　C. 数据前处理　　D. 数据后处理
(26) A. 业务流程分析　　B. OLTP　　　　　C. OLAP　　　　　D. 数据清洗

试题（24）～（26）分析

本题主要考查对商业智能基本概念的理解。

商业智能主要关注如何从业务数据中提取有用的信息，然后根据这些信息采取相应的行动，其核心是构建数据仓库。BI 系统的处理流程主要包括 4 个阶段，其中数据预处理阶段主要包括数据的抽取转换和加载三个步骤（即 ETL 过程）；OLAP（在线数据分析）阶段不仅需要进行数据汇总/聚集，同时还提供切片、切块、下钻、上卷和旋转等海量数据分析功能。

参考答案

（24）C　（25）A　（26）C

试题（27）～（29）

工作流管理系统（Workflow Management System，WfMS）通过 __(27)__ 创建工作流并管理其执行。它运行在一个或多个工作流引擎上，这些引擎解释对过程的定义与参与者的相互作用，并根据需要调用其他 IT 工具或应用。WfMS 的基本功能体现在对工作流进行建模、工作流执行和 __(28)__ 。WfMS 最基本的组成部分是工作流参考模型（Workflow Reference Model，WRM），其包含 6 个基本模块，分别是工作流执行服务、工作流引擎、 __(29)__ 、客户端应用、调用应用和管理监控工具。

(27) A. 软件定义　　　　B. 需求定义　　　C. 标准定义　　　D. 实现定义
(28) A. 业务过程的实现　　　　　　　　 B. 业务过程的设计和实现
　　　C. 业务过程的管理和分析　　　　　 D. 业务过程的监控
(29) A. 流程定义工具　　　　　　　　　 B. 流程服务引擎
　　　C. 标准引擎　　　　　　　　　　　 D. 流程设计工具

试题（27）～（29）分析

本题考查工作流管理系统的相关知识。

工作流管理系统是一个软件系统，它完成工作流的定义和管理，按照在系统中预先定义好的工作流逻辑进行工作流实例的执行。工作流管理系统不是企业的业务系统，而是为企业的业务系统的运行提供了一个软件支撑环境。WfMS 的基本功能体现在对工作流进行建模、工作流执行和业务过程的管理和分析。WfMS 最基本的组成部分是工作流参考模型，其包含 6 个基本模块，分别是工作流执行服务、工作流引擎、流程定义工具、客户端应用、调用应用和管理监控工具。

参考答案

（27）A　（28）C　（29）A

试题（30）、（31）

企业应用集成（Enterprise Application Integration，EAI）技术可以消除 __(30)__ 。当前，从最普遍的意义上来说，EAI 可以包括表示集成、数据集成、控制集成和业务流程集成等多个层次和方面。其中， __(31)__ 把用户界面作为公共的集成点，把原有零散的系统界面集中在一个新的界面中。

(30) A．业务流程编排错误　　　B．安全隐患
　　　C．信息孤岛　　　　　　　D．网络故障
(31) A．表示集成　　　　　　　B．数据集成
　　　C．控制集成　　　　　　　D．业务流程集成

试题（30）、（31）分析

本题考查企业应用集成的相关知识。

企业应用集成是将基于各种不同平台、用不同方案建立的异构应用集成的一种方法和技术。EAI 通过建立底层结构，来联系横贯整个企业的异构系统、应用、数据源等，实现企业内部的 ERP、CRM、SCM、数据库、数据仓库，以及其他重要的内部系统之间无缝地共享和交换数据。有了 EAI，企业就可以将企业核心应用和新的 Internet 解决方案结合在一起。信息孤岛是指相互之间在功能上不关联互助、信息不共享互换以及信息与业务流程和应用相互脱节的计算机应用系统。通过 EAI 技术可将企业的业务流程、公共数据、应用软件、硬件和各种标准联合起来，在不同企业应用系统之间实现无缝集成，使它们像一个整体一样进行业务处理和信息共享。因此，企业应用集成被视作消除信息孤岛的重要技术。

企业应用集成包含以下几个类别的集成：

（1）表示集成（界面集成）：这是比较原始和最浅层次的集成，但又是常用的集成。这种方法是把用户界面作为公共的集成点，把原有零散的系统界面集中在一个新的、通常是浏览器的界面之中。

（2）业务流程集成：当对业务流程进行集成的时候，企业必须在各种业务系统中定义、授权和管理各种业务信息的交换，以便改进操作、减少成本、提高响应速度。业务流程集成包括业务管理、进程模拟以及综合任务、流程、组织和进出信息的工作流，还包括业务处理中每一步都需要的工具。

（3）控制集成（应用集成）：为两个应用中的数据和函数提供接近实时的集成。在一些 B2B 集成中用来实现 CRM 系统与企业后端应用和 Web 的集成，构建能够充分利用多个业务系统资源的电子商务网站。

（4）数据集成：为了完成应用集成和业务流程集成，必须首先解决数据和数据库的集成问题。在集成之前，必须首先对数据进行标识并编成目录，另外还要确定元数据模型。这三步完成以后，数据才能在数据库系统中分布和共享。

（5）平台集成：要实现系统的集成，底层的结构、软件、硬件以及异构网络的特殊需求都必须得到集成。平台集成处理一些过程和工具，以保证这些系统进行快速安全的通信。

参考答案

(30) C　　(31) A

试题（32）～（34）

结构化设计（Structured Design，SD）是一种面向数据流的系统设计方法，它以 (32) 等文档为基础，是一个 (33) 、逐步求精和模块化的过程。SD 方法的基本思想是将软件设计成由相对独立且具有单一功能的模块，其中 (34) 阶段的主要任务是确定软件系统的结构，对软件系统进行模块划分，确定每个模块的功能、接口和模块之间的调用关系。

(32) A. 数据流图和数据字典　　　　　　B. 业务流程说明书
　　　C. 需求说明书　　　　　　　　　　D. 数据说明书
(33) A. 自底向上　　　　　　　　　　　B. 自顶向下
　　　C. 原型化　　　　　　　　　　　　D. 层次化
(34) A. 模块设计　　　　　　　　　　　B. 详细设计
　　　C. 概要设计　　　　　　　　　　　D. 架构设计

试题（32）～（34）分析

　　本题考查结构化设计的相关知识。

　　结构化设计是一种面向数据流的系统设计方法，它以数据流图和数据字典等文档为基础。数据流图或数据流程图（Data Flow Diagram，DFD），从数据传递和加工角度，以图形方式来表达系统的逻辑功能、数据在系统内部的逻辑流向和逻辑变换过程，是结构化系统分析方法的主要表达工具及用于表示软件模型的一种图示方法。数据字典（Data Dictionary）是对于数据模型中的数据对象或者项目的描述的集合，这样做有利于程序员和其他需要参考的人。分析一个用户交换的对象系统的第一步就是去辨别每一个对象，以及它与其他对象之间的关系。这个过程称为数据建模，结果产生一个对象关系图。当每个数据对象和项目都给出了一个描述性的名字之后，它的关系再进行描述（或者是成为潜在描述关系的结构中的一部分），然后再描述数据的类型（例如文本还是图像，或者是二进制数值），列出所有可能预先定义的数值，以及提供简单的文字性描述。这个集合被组织成书的形式用来参考，就叫作数据字典。数据字典最重要的作用是作为分析阶段的工具。任何字典最重要的用途都是供人查询对不了解的条目的解释，在结构化分析中，数据字典的作用是给数据流图上每个成分加以定义和说明。

　　结构化设计的基本思想是自顶向下逐步分解。这一思想指明了模块划分工作的层次性。首先，将系统整体看作一个模块，按其功能分为若干个子模块，这些子模块各自承担系统部分功能，并协调完成系统总体功能。然后，将每一个子模块分别作为整体，进一步划分下一层功能更简单的子模块，以此类推，直至模块功能不能再划分为止，最终形成层次型的系统结构模型。

　　模块化是按照模块化的指导思想，一个复杂系统可以按一定规则构成若干相对独立的、功能单一的模块。模块是结构化系统的基本要素，其功能应当简单明确，模块间联系应该尽量减少。对模块以三种基本结构形式进行分解，三种基本结构（顺序结构、循环结构和选择结构）以不同的方式相结合，便可形成不同复杂程度的系统。

　　在结构化设计方法中，模块的划分原则包括：模块具有最大独立性，这是模块划分所应遵循的最重要、最基本的原则；合理确定模块大小，模块划分过大、过小都不利于系统设计；将与硬件相关的部分尽可能集中放置，易变动的部分也最好集中，以尽量减少对其进行修改可能影响的模块数；模块扇入数和扇出数应保持合理，不宜过多，否则将增加问题的复杂性，给系统编制、测试和维护带来困难；通过建立公用模块，尽量消除重复工作，这不仅有利于减少开发时间，而且也利于进行程序编制、调试和维护。

　　概要设计的主要任务是把需求分析得到的系统扩展用例图转换为软件结构和数据结构。

设计软件结构的具体任务是：将一个复杂系统按功能进行模块划分、建立模块的层次结构及调用关系、确定模块间的接口及人机界面等。数据结构设计包括数据特征的描述、确定数据的结构特性，以及数据库的设计。概要设计建立的是目标系统的逻辑模型，概要设计有多种方法，在早期有模块化方法、功能分解方法，后来又提出了面向数据流和面向数据结构的设计方法以及面向对象的设计方法等。

参考答案

（32）A　（33）B　（34）C

试题（35）

在信息系统开发方法中，__（35）__是一种根据用户初步需求，利用系统开发工具，快速地建立一个系统模型展示给用户，在此基础上与用户交流，最终实现用户需求的系统快速开发方法。

（35）A．结构化方法　B．需求模型法　C．面向对象法　D．原型法

试题（35）分析

本题考查信息系统开发方法的相关知识。

在信息系统开发方法中，原型法是指在获取一组基本的需求定义后，利用高级软件工具可视化的开发环境，快速地建立一个目标系统的最初版本，并把它交给用户试用，在此基础上进行补充和修改，再进行新的版本开发。反复进行这个过程，直到得出系统的"精确解"，即用户满意为止。

参考答案

（35）D

试题（36）、（37）

企业战略与信息化战略集成的主要方法有业务与IT整合和__（36）__，其中，__（37）__适用于现有信息系统和IT基础架构不一致、不兼容和缺乏统一的整体管理的企业。

（36）A．企业IT架构　　　　　　B．BITA
　　　C．信息架构　　　　　　　D．业务信息整合
（37）A．信息架构　　　　　　　B．企业IT架构
　　　C．业务与IT整合　　　　　D．结构化方法

试题（36）、（37）分析

本题考查企业信息化的相关知识。

企业战略与信息化战略集成的主要方法有业务与IT整合和企业IT架构。业务架构是把企业的业务战略转化为日常运作的渠道，业务战略决定业务架构，它包括业务的运营模式、流程体系、组织结构、地域分布等内容。IT架构是指导IT投资和设计决策的IT框架，是建立企业信息系统的综合蓝图，包括数据架构、应用架构和技术架构三部分。企业IT架构适用于现有信息系统和IT基础架构不一致、不兼容和缺乏统一的整体管理的企业。

参考答案

（36）A　（37）B

试题（38）、（39）

在软件逆向工程的相关概念中，__(38)__ 是指在同一抽象级别上转换系统描述形式。__(39)__ 是指在逆向工程所获得信息的基础上，修改或重构已有的系统，产生系统的一个新版本。

（38）A．设计恢复　　B．正向工程　　C．设计重构　　D．重构
（39）A．设计重构　　B．双向工程　　C．再工程　　　D．重构

试题（38）、（39）分析

本题考查软件逆向工程的相关知识。

软件逆向工程（Software Reverse Engineering）又称软件反向工程，是指从可运行的程序系统出发，运用解密、反汇编、系统分析、程序理解等多种计算机技术，对软件的结构、流程、算法、代码等进行逆向拆解和分析，推导出软件产品的源代码、设计原理、结构、算法、处理过程、运行方法及相关文档等。通常，人们把对软件进行反向分析的整个过程统称为软件逆向工程，把在这个过程中所采用的技术都统称为软件逆向工程技术。

重构是指在同一抽象级别上转换系统描述形式。再工程是指在逆向工程所获得信息的基础上，修改或重构已有的系统，产生系统的一个新版本。

参考答案

（38）D　（39）C

试题（40）

在数据库系统中，数据的并发控制是指在多用户共享的系统中，协调并发事务的执行，保证数据库的__(40)__不受破坏，避免用户得到不正确的数据。

（40）A．安全性　　B．可靠性　　C．兼容性　　D．完整性

试题（40）分析

本题考查数据库系统的基本概念。

并发控制（Concurrency Control）是指在多用户共享的系统中，许多用户可能同时对同一数据进行操作。DBMS的并发控制子系统负责协调并发事务的执行，保证数据库的完整性不受破坏，避免用户得到不正确的数据。

参考答案

（40）D

试题（41）

若事务 T_1 对数据 D_1 已加排它锁，事务 T_2 对数据 D_2 已加共享锁，那么__(41)__。

（41）A．事务 T_1 对数据 D_2 加共享锁成功，加排它锁失败；事务 T_2 对数据 D_1 加共享锁成功、加排它锁失败

　　　B．事务 T_1 对数据 D_2 加排它锁和共享锁都失败；事务 T_2 对数据 D_1 加共享锁成功、加排它锁失败

　　　C．事务 T_1 对数据 D_2 加共享锁失败，加排它锁成功；事务 T_2 对数据 D_1 加共享锁成功、加排它锁失败

　　　D．事务 T_1 对数据 D_2 加共享锁成功，加排它锁失败；事务 T_2 对数据 D_1 加共享锁和排它锁都失败

试题（41）分析

本题考查数据库并发控制方面的基础知识。

在多用户共享的系统中，许多用户可能同时对同一数据进行操作，可能带来的问题是数据的不一致性。为了解决这一问题，数据库系统必须控制事务的并发执行，保证数据处于一致的状态，在并发控制中引入两种锁：排它锁（Exclusive Locks，简称 X 锁）和共享锁（Share Locks，简称 S 锁）。

排它锁又称为写锁，用于对数据进行写操作时进行锁定。如果事务 T 对数据 A 加上 X 锁，就只允许事务 T 读取和修改数据 A，其他事务对数据 A 不能再加任何锁，因而也不能读取和修改数据 A，直到事务 T 释放 A 上的锁。

共享锁又称为读锁，用于对数据进行读操作时进行锁定。如果事务 T 对数据 A 加上 S 锁，事务 T 就只能读数据 A 但不可以修改，其他事务可以再对数据 A 加 S 锁来读取，只要数据 A 上有 S 锁，任何事务都只能再对其加 S 锁读取而不能加 X 锁修改。

参考答案

（41）D

试题（42）、（43）

给定关系模式 $R<U,F>$，其中：属性集 $U=\{A,B,C,D,E,G\}$，函数依赖集 $F=\{A \to BC, C \to D, AE \to G\}$。因为 __（42）__ $=U$，且满足最小性，所以其为 R 的候选码；若将 R 分解为如下两个关系模式 __（43）__ ，则分解后的关系模式保持函数依赖。

（42）A. $(AB)_F^+$　　　　B. $(AD)_F^+$　　　　C. $(AE)_F^+$　　　　D. $(CD)_F^+$

（43）A. $R_1(A,B,C)$ 和 $R_2(D,E,G)$　　　　B. $R_1(B,C,D,E)$ 和 $R_2(A,E,G)$
　　　　C. $R_1(B,C,D)$ 和 $R_2(A,E,G)$　　　　D. $R_1(A,B,C,D)$ 和 $R_2(A,E,G)$

试题（42）、（43）分析

本题考查关系模式和关系规范化方面的基础知识。

关系模式 R 的码为 AE。因为 AE 仅出现在函数依赖集 F 左部的属性，则 AE 必为 R 的任一候选码的成员。又因为若 $(AE)_F^+=U$，则 AE 必为 R 的唯一候选码。

试题（43）选项 D 是正确的，选项 A、选项 B 和选项 C 是错误的。分析如下：

对于选项 A，分解 $R_1(A,B,C)$ 和 $R_2(D,E,G)$ 可求得其函数依赖集分别为 $F_1=\{A \to B, A \to C\}$ 和 $F_2=\phi$，由于 $F_1+F_2=\{A \to B, A \to C\}$，显然 $F \neq F_1+F_2$，故分解后的关系模式不保持函数依赖。

对于选项 B，分解 $R_1(B,C,D,E)$ 和 $R_2(A,E,G)$ 可求得其函数依赖集分别为 $F_1=\{C \to D\}$ 和 $F_2=\{AE \to G\}$，由于 $F_1+F_2=\{C \to D, AE \to G\}$，显然 $F \neq F_1+F_2$，故分解后的关系模式不保持函数依赖。

对于选项 C，分解 $R_1(B,C,D)$ 和 $R_2(A,E,G)$ 可求得其函数依赖集分别为 $F_1=\{C \to D\}$ 和 $F_2=\{AE \to G\}$，由于 $F_1+F_2=\{C \to D, AE \to G\}$，显然 $F \neq F_1+F_2$，故分解后的关系模式不保持函数依赖。

对于选项 D，分解 $R_1(A,B,C,D)$ 和 $R_2(A,E,G)$ 可求得其函数依赖集分别为

$F_1 = \{A \to B, A \to C, C \to D\}$ 和 $F_2 = \{AE \to G\}$，而 $F = F_1 + F_2$，所以分解后的关系模式保持函数依赖。

参考答案

（42）C　（43）D

试题（44）

将 Teachers 表的查询权限授予用户 U1 和 U2，并允许该用户将此权限授予其他用户。实现此功能的 SQL 语句如下__（44）__。

（44）A. GRANT SELECT ON TABLE Teachers TO U1, U2 WITH PUBLIC;
　　　B. GRANT SELECT TO TABLE Teachers ON U1, U2 WITH PUBLIC;
　　　C. GRANT SELECT ON TABLE Teachers TO U1, U2 WITH GRANT OPTION;
　　　D. GRANT SELECT TO TABLE Teachers ON U1, U2 WITH GRANT OPTION;

试题（44）分析

本题考查数据库并发控制方面的基础知识。

一般授权是指授予某用户对某数据对象进行某种操作的权利。在 SQL 语言中，DBA 及拥有权限的用户可用 GRANT 语句向用户授权。GRANT 语句格式如下：

```
GRANT <权限>[,<权限>]…[ON<对象类型><对象名>]TO <用户>[,<用户>]…
[WITH GRANT OPTION];
```

其中，PUBLIC 参数可将权限赋给全体用户；WITH GRANT OPTION 表示获得了权限的用户还可以将权限赋给其他用户。

参考答案

（44）C

试题（45）

数据的物理独立性和逻辑独立性分别是通过修改__（45）__来完成的。

（45）A. 外模式与内模式之间的映像、模式与内模式之间的映像
　　　B. 外模式与内模式之间的映像、外模式与模式之间的映像
　　　C. 外模式与模式之间的映像、模式与内模式之间的映像
　　　D. 模式与内模式之间的映像、外模式与模式之间的映像

试题（45）分析

本题考查数据独立性方面的基础知识。

数据的独立性是由 DBMS 的二级映像功能来保证的。数据的独立性包括数据的物理独立性和数据的逻辑独立性。

数据的物理独立性是指当数据库的内模式发生改变时，数据的逻辑结构不变。由于应用程序处理的只是数据的逻辑结构，这样物理独立性可以保证，当数据的物理结构改变了，应用程序不用改变。但是，为了保证应用程序能够正确执行，需要修改概念模式/内模式之间的映像。

数据的逻辑独立性是指用户的应用程序与数据库的逻辑结构是相互独立的。数据的逻辑

结构发生变化后,用户程序也可以不修改。但是,为了保证应用程序能够正确执行,需要修改外模式/概念模式之间的映像。

参考答案

（45）D

试题（46）、（47）

在进程资源有向图中,圆圈表示进程,方框表示资源,方框内的小圆数表示资源数。当有向边（或称请求边）由进程指向资源时,表示申请一个资源;当有向边（或称分配边）由资源指向进程时,表示获得一个资源。假设系统中有三个进程P1、P2和P3,两种资源R1、R2,且R1的资源数等于3,R2的资源数等于3。如果进程资源图如图（a）和图（b）所示,那么图（a）中__(46)__；图（b）中__(47)__。

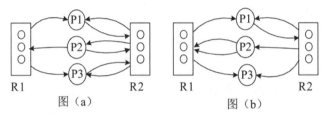

图（a）　　　　　　　　图（b）

（46）A．P1、P2、P3都是阻塞节点,该图不可以化简,是死锁的
　　　B．P1、P2、P3都是非阻塞节点,该图可以化简,是非死锁的
　　　C．P1、P2是非阻塞节点,P3是阻塞节点,该图不可以化简,是死锁的
　　　D．P3是非阻塞节点,P1、P3是阻塞节点,该图可以化简,是非死锁的

（47）A．P1、P2、P3都是非阻塞节点,该图可以化简,是非死锁的
　　　B．P1、P2、P3都是阻塞节点,该图不可以化简,是死锁的
　　　C．P3是非阻塞节点,P1、P2是阻塞节点,该图可以化简,是非死锁的
　　　D．P1、P2是非阻塞节点,P3是阻塞节点,该图不可以化简,是死锁的

试题（46）、（47）分析

根据题中所述"R2的资源数等于3",从图（a）可见已经给进程P1、P2、P3各分配1个R2资源,因此R2的可用资源数等于0。进程P1、P2、P3又分别再申请1个R2,该申请得不到满足,故进程P1、P2、P3都是阻塞节点。可见进程资源图（a）不可以化简,是死锁的。

图（b）中P3只有分配边无请求边,故是非阻塞节点。P1是阻塞节点,因为它请求再获得一个R2资源,而R2的可用资源数等于0,其申请得不到满足,所以P1阻塞。P2是阻塞节点,分析同P1。又因为P3是非阻塞节点,可以运行完毕,释放其占有的1个R1资源和1个R2资源,然后P1申请1个R2资源可以得到满足,这样可以使得P1变为非阻塞节点,得到所需资源运行完毕,释放其占有资源,使得P2变为非阻塞节点,运行完毕。故进程资源图（b）可以化简,是非死锁的。

参考答案

（46）A　（47）C

试题（48）

某文件管理系统在磁盘上建立了位示图（bitmap），记录磁盘的使用情况。若计算机系统的字长为 32 位（注：每位可以表示一个物理块"使用"还是"未用"的情况），若磁盘的容量为 400GB，物理块的大小为 4MB，那么位示图的大小需要__(48)__个字。

(48) A. 256　　　　B. 1024　　　　C. 3200　　　　D. 4098

试题（48）分析

本题考查操作系统文件管理方面的基础知识。

根据题意，计算机系统中的字长为 32 位，每位可以表示一个物理块的"使用"还是"未用"，一个字可记录 32 个物理块的使用情况。又因为 1G=1024/4=256 个物理块，磁盘的容量为 400GB 可划分成 400×256=102 400 个物理块，位示图的大小为 3200 个字（102 400/32=3200）。

参考答案

(48) C

试题（49）～（51）

进程 P1、P2、P3、P4 和 P5 的前趋图如下所示：

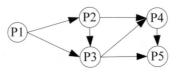

若用 PV 操作控制这 5 个进程的同步与互斥的程序如下，那么程序中的空①和空②处应分别为__(49)__；空③和空④处应分别为__(50)__；空⑤和空⑥处应分别为__(51)__。

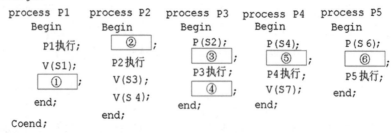

(49) A. V（S1）和 P（S2）　　　　B. P（S1）和 V（S2）
　　 C. V（S1）和 V（S2）　　　　D. V（S2）和 P（S1）

(50) A. V（S4）和 V（S5）P（S3）　B. P（S3）和 V（S5）V（S6）
　　 C. V（S3）和 V（S4）V（S5）　D. P（S4）和 V（S4）P（S3）

(51) A．P（S5）和 P（S7）
       B．P（S6）和 P（S7）
       C．V（S5）和 V（S6）
       D．V（S6）和 P（S7）

试题（49）～（51）分析

对于试题（49），根据前驱图，P1 进程运行完需要用 V（S1）、V（S2）通知 P2 和 P3 进程，所以空①应填 V（S2），在 P2 进程执行前需等待 P1 的通知，因此应使用 P（S1），即空②应填 P（S1）。

对于试题（50），根据前驱图，P3 进程运行前需要等待 P1 和 P2 的通知，故 P3 执行前需要执行 2 个 V 操作，由于之前已经用 P（S2），空③应为 P（S3）；又由于 P3 执行结束需要分别通知 P4、P5 进程，需要 2 个 V 操作，故空④应为 V（S5）V（S6）。而 P4 进程的程序中执行前只有 1 个 P 操作，故空④应为 1 个 P 操作。采用排除法，对于试题（50），只有选项 B 满足条件。

对于试题（51），根据前驱图，P4 进程运行前需要等待 P2 和 P3 的通知，由于 P4 执行前已经用 P（S4），空⑤应为 P（S5）；P5 进程运行前需要等待 P3 和 P4 的通知，由于 P5 执行前已经用 P（S6），空⑥应填 P（S7）。

根据上述分析，用 PV 操作控制这 6 个进程的同步与互斥的程序如下：

```
begin
  S1,S2,S3,S4,S5,S6,S7: semaphore;    //定义信号量
  S1:=0;S2:=0;S3:=0;S4:=0;S5:=0;S6,S7:=0;S7:=0;
  Cobegin
    processP1      processP2     processP3     processP4     processP5
      Begin          Begin         Begin         Begin         Begin
        P1执行;        P(S1);        P(S2);        P(S4);        P(S6);
        V(S1);         P2执行;       P(S3);        P(S5);        P(S7);
        V(S2);         V(S3);        P3执行;       P4执行;       P5执行;
      end;             V(S4);        V(S5);        V(S7);        end;
    Coend;           end;            V(S6);        end;
  end.                               end;
```

参考答案

（49）D　（50）B　（51）A

试题（52）

线性规划问题由线性的目标函数和线性的约束条件（包括变量非负条件）组成。满足约束条件的所有解的集合称为可行解区。既满足约束条件，又使目标函数达到极值的解称为最优解。以下关于可行解区和最优解的叙述中，正确的是__(52)__。

(52) A．可行解区一定是封闭的多边形或多面体
     B．若增加一个线性约束条件，则可行解区可能会扩大
     C．若存在两个最优解，则它们的所有线性组合都是最优解

　　　　　D．若最优解存在且唯一，则可以从可行解区顶点处比较目标函数值来求解
试题（52）分析
　　本题考查应用数学-运筹学-线性规划的基础知识。
　　线性规划问题的可行解区可能无界；如果增加一个线性约束条件，则可行解区可能缩小也可能不变；如果存在两个最优解，则连接这两点的线段内所有的点都是最优解，而线段两端延长线上可能会超出可行解区；如果最优解存在且唯一，则目标函数的极值一定会在某个顶点处达到，这就为方便计算开辟了道路。
参考答案
　　（52）D
试题（53）、（54）
　　某项目有8个作业A～H，每个作业的紧前作业、所需天数和所需人数见下表。由于整个项目团队总共只有9人，各个作业都必须连续进行，中途不能停止，因此需要适当安排施工方案，使该项目能尽快在__(53)__内完工。在该方案中，作业A应安排在__(54)__内进行。

作业	A	B	C	D	E	F	G	H
紧前作业	-	-	-	-	C	B,E	D	F,G
所需天数	3	1	2	2	2	3	2	3
所需人数	7	8	5	4	1	1	7	6

　　（53）A．10天　　　　　B．11天　　　　　C．12天　　　　　D．13天
　　（54）A．第3～5天　　　B．第4～6天　　　C．第5～7天　　　D．第6～8天

试题（53）、（54）分析
　　本题考查应用数学-运筹学-网络计划图的基础知识。
　　根据题中各作业的紧前作业和所需天数，可绘制网络计划图如下：

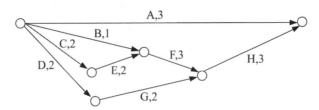

　　根据该图，如果不考虑人数限制，该项目的关键路径为C-E-F-H，需要2+2+3+3=10天。
　　先考虑安排关键路径上这几个作业顺序进行：第1～2天安排5人做作业C，第3～4天安排1人做作业E，第5～7天安排1人做作业F，第8～10天安排6人做作业H，图示如下：

C,5人	C,5人	E,1人	E,1人	F,1人	F,1人	F,1人	H,6人	H,6人	H,6人

　　由于作业B必须在F之前进行，需要8人做1天，只能安排在第3或第4天进行。
　　由于作业D和G必须在H之前进行，作业D需要4人做2天，安排在第1～2天为好。
而作业G需要7人做2天，将作业B安排在第3天，将作业G安排在第4～5天为好。

作业A虽然可以在全程安排，但由于需要7人，所以安排在第6~8天为好。然而第8天作业H已暂时安排6人，这样会引发第8天人数（6+7）超出9人的限制。最好的解决办法是将作业H推迟1天。从而，在每天人数限制9人的条件下，项目最快能在11天完成，实施方案图示如下：

天	1	2	3	4	5	6	7	8	9	10	11
作业,人数	C,5	C,5	E,1	E,1	F,1	F,1	F,1		H,6	H,6	H,6
	D,4	D,4	B,8	G,7	G,7	A,7	A,7	A,7			
总人数	9	9	9	8	8	8	8	7	6	6	6

参考答案

（53）B　（54）D

试题（55）

某乡8个小村（编号为1~8）之间的距离如下表（单位：km）。1号村离水库最近，为5km，从水库开始铺设水管将各村连接起来，最少需要铺设__（55）__长的水管（为便于管理和维修，水管分叉必须设在各村处）。

从＼到	2	3	4	5	6	7	8
1	1.5	2.5	1.0	2.0	2.5	3.5	1.5
2		1.0	2.0	1.0	3.0	2.5	1.8
3			2.5	2.0	2.5	2.0	1.0
4				2.5	1.5	1.5	1.0
5					3.0	1.8	1.5
6						0.8	1.0
7							0.5

（55）A．6.3km　　　B．11.3km　　　C．11.8km　　　D．16.8km

试题（55）分析

本题考查应用数学-运筹学-图论应用的基础知识。

为解决这类问题，可以按最短距离逐村铺设水管进行连接。

从水库到①村先铺设水管，距离为5km。

离①村最近的④村距离为1km，因此铺设水管①-④。

离①、④村最近的为⑧村，④-⑧距离为1km，因此铺设水管④-⑧。

离①、④、⑧村最近的为⑦村，⑦-⑧距离为0.5km，因此铺设水管⑧-⑦。

离①、④、⑦、⑧村最近的为⑥村，⑦-⑥距离为0.8km，因此铺设水管⑦-⑥。

②、③、⑤村中，离①、④、⑥、⑦、⑧村最近的为③村，⑧-③距离为1km，因此铺设水管⑧-③。

②、⑤村中，离①、③、④、⑥、⑦、⑧村最近的为②村，③-②距离为1km，因此铺

设水管③-②。

⑤村离①、②、③、④、⑥、⑦、⑧村最近的为②村，②-⑤距离为 1km，因此铺设水管②-⑤。至此，所有 8 村均已与水库连接，如下图：

水库 ---①---④---⑧---⑦---⑥
　　　　　　　｜
　　　　　　　③---②---⑤

因此，从水库开始连接各村水管的最小总长度为：5+5×1+0.5+0.8=11.3km。

这种解决方法，虽然连接方式可能不唯一，但最小总长度是确定的。

参考答案
　　（55）B

试题（56）

某运输网络图（见下图）有 A～E 五个结点，结点之间标有运输方向箭线，每条箭线旁标有两个数字，前一个是单位流量的运输费用，后一个是该箭线所允许的单位时间内的流量上限。从结点 A 到 E 可以有多种分配运输量的方案。如果每次都选择最小费用的路径来分配最大流量，则可以用最小总费用获得最大总流量的最优运输方案。该最优运输方案中，所需总费用和达到的总流量分别为　（56）　。

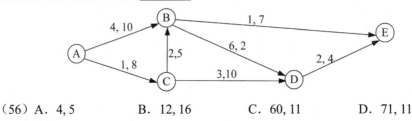

（56）A．4，5　　　　B．12，16　　　　C．60，11　　　　D．71，11

试题（56）分析

本题考查应用数学-运筹学-网络图的基础知识。

从原图中的运输费用来看，从 A 到 E 的路径 ACBE 上单位流量的总费用最低，为 1+2+1=4，最多可以分配流量 min{8,5,7}=5。除去流量 5 后得到如下图：

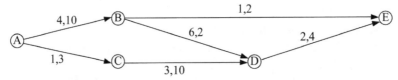

从该图中的运输费用来看，从 A 到 E 的路径 ABE 上单位流量的总费用最低，为 4+1=5，最多可以分配流量 min{10,2}=2。除去流量 2 后得到如下图：

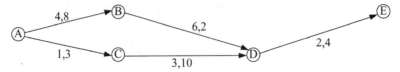

从该图中的运输费用来看，从 A 到 E 的路径 ACDE 上单位流量的总费用最低，为

1+3+2=6，最多可以分配流量 min{3,10,4}=3。除去流量 3 后得到如下图：

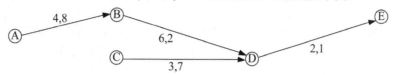

从该图看，从 A 到 E 只有路径 ABDE，单位流量的总费用=4+6+2=12，最多可以分配流量 min{8,2,1}=1。

上述运输方案，总流量=5+2+3+1=11，总费用=5×4+2×5+3×6+1×12=60。

参考答案

（56）C

试题（57）

甲、乙、丙、丁四个任务分配在 A、B、C、D 四台机器上执行，每台机器执行一个任务，所需的成本（单位：百元）如下表所示。适当分配使总成本最低的最优方案中，任务乙应由机器 __(57)__ 执行。

	A	B	C	D
甲	1	4	6	3
乙	9	7	10	9
丙	4	5	11	7
丁	8	7	8	5

（57）A. A　　B. B　　C. C　　D. D

试题（57）分析

本题考查应用数学-运筹学-分配（指派）问题的基础知识。

本题的实质就是要求在 4×4 矩阵中找出四个元素，分别位于不同行、不同列，使其和达到最小值。

显然，任一行（或列）各元素都减（或加）一常数后，并不会影响最优解的位置，只是目标值（分配方案的各项总和）也减（或加）了这一常数。

我们可以利用这一性质使矩阵更多的元素变成 0，其他元素保持正，以利于求解。

$$\begin{pmatrix} 1 & 4 & 6 & 3 \\ 9 & 7 & 10 & 9 \\ 4 & 5 & 11 & 7 \\ 8 & 7 & 8 & 5 \end{pmatrix} \begin{matrix} \text{第1行都减1} \\ \text{第2行都减7} \\ \text{第3行都减4} \\ \text{第4行都减5} \end{matrix} \longrightarrow \begin{pmatrix} 0 & 3 & 5 & 2 \\ 2 & 0 & 3 & 2 \\ 0 & 1 & 7 & 3 \\ 3 & 2 & 3 & 0 \end{pmatrix}, \text{第 3 列都减 3 得}$$

$$\begin{pmatrix} 0 & 3 & 2 & 2 \\ 2 & 0 & 0 & 2 \\ 0 & 1 & 4 & 3 \\ 3 & 2 & 0 & 0 \end{pmatrix}, \text{累计减数 } 1+7+4+5+3=20。$$

对该矩阵，从第 1、3 行可以看出，并不存在全 0 分配。

现在来检查对该矩阵是否有总和为 1 的分配。显然，第 1 行必须选元素（1,1），第 3 行只能选元素（3,2）。从第 4 列看，只能选（4,4），因此，最后一个必须选（2,3）。这样得到的分配方案中，位于（1,1）、（2,3）、（3,2）、（4,4）的元素之和为 1，肯定是最小的。因此，分配甲、乙、丙、丁分别在机器 A、C、B、D 上能达到最低的总成本为 20+1=21 百元。

本题也可用试验法解决。

参考答案

（57）C

试题（58）

根据历史数据和理论推导可知，某随机变量 x 的分布密度函数为 f(x)=2x，(0<x<1)。这意味着，当 Δx 充分小时，随机变量 x 落在区间(x,x+Δx)内的概率约等于 f(x)Δx。为此，在计算机上可采用 __(58)__ 来模拟该随机变量，其中，r1 和 r2 为计算机产生的、均匀分布在（0,1）区间的两个伪随机数，且互相独立。

（58）A．max(r1,r2)　　　B．min(r1,r2)　　　C．r1*r2　　　D．(r1+r2)/2

试题（58）分析

本题考查应用数学-运筹学-随机模拟的基础知识。

用计算机来模拟随机系统往往需要模拟实际的随机变量。根据历史数据或理论推导可以得到随机变量的分布密度函数，而根据分布密度函数设计计算机抽样方法，可用于模拟随机变量。

本题中，若 Δx 充分小，随机变量 max(r1,r2)落在区间(x,x+Δx)内的事件 A，是事件 A1、A2 和 A3 的并集。事件 A1 为 r1 落在区间(x,x+Δx)内，而 r2<x；事件 A2 为 r1<x，而 r2 落在区间(x,x+Δx)内；事件 A3 为 r1 和 r2 都落在区间(x,x+Δx)内。这三个事件互相没有交集。因此概率 P(A)=P(A1)+P(A2)+P(A3)=Δx*x+x*Δx+Δx*Δx≈2xΔx=f(x)Δx。因此，max(r1,r2)可以用来模拟随机变量 x。

定性地选择该题的正确答案也不难：(0,1)区间内的分布密度函数 2x，意味着随着 x 的增大出现的概率也线性地增大。显然，对于 min(r1,r2)，出现较小的数值的概率更大些；r1*r2（两个小于 1 的数相乘会变得更小）也会这样。对于随机变量(r1+r2)/2，出现中等大小数值的概率更大一些，出现较大的或较小值的概率会小一些，其分布密度函数会呈凸型。只有 max(r1,r2)，出现较大数值的概率更大些。

参考答案

（58）A

试题（59）、（60）

系统评价是对系统运行一段时间后的技术性能和经济效益等方面的评价，是对信息系统审计工作的延伸。系统评价包含多个方面的内容，其中系统 __(59)__ 评价是系统评价的主要内容，评价指标一般包括可靠性、系统效率、可维护性等；系统 __(60)__ 评价分配在信息系统生命周期的各个阶段的阶段评审之中，在系统规划阶段，主要关注如何识别满足业务目标的信息系统。

（59）A．性能　　　B．建设　　　C．效益　　　D．安全

(60) A. 性能　　　　　B. 建设　　　　　C. 效益　　　　　D. 安全

试题（59）、（60）分析

本题主要考查考生对系统评价基础知识的理解与掌握。

系统评价是对系统运行一段时间后的技术性能和经济效益等方面的评价，是对信息系统审计工作的延伸。系统评价包含多个方面的内容，其中系统性能评价是系统评价的主要内容，评价指标一般包括可靠性、系统效率、可维护性等；系统建设评价分配在信息系统生命周期的各个阶段的阶段评审之中，在系统规划阶段，主要关注如何识别满足业务目标的信息系统。

参考答案

（59）A　　（60）B

试题（61）～（64）

磁盘冗余阵列（Redundant Array of Inexpensive Disks，RAID）机制中共分 __(61)__ 级别，RAID 应用的主要技术有分块技术、交叉技术和重聚技术。其中，__(62)__ 是无冗余和无校验的数据分块；__(63)__ 由磁盘对组成，每一个工作盘都有其对应的镜像盘，上面保存着与工作盘完全相同的数据拷贝，具有最高的安全性，但磁盘空间利用率只有50%；__(64)__ 是具有独立的数据硬盘与两个独立的分布式校验方案。

(61) A. 7个　　　　　B. 8个　　　　　C. 6个　　　　　D. 9个
(62) A. RAID 0级　　B. RAID 1级　　C. RAID 2级　　D. RAID 3级
(63) A. RAID 4级　　B. RAID 1级　　C. RAID 3级　　D. RAID 2级
(64) A. RAID 6级　　B. RAID 5级　　C. RAID 4级　　D. RAID 3级

试题（61）～（64）分析

本题考查磁盘冗余阵列的相关知识。

廉价磁盘冗余阵列简称硬盘阵列，其基本思想就是把多个相对便宜的硬盘组合起来，成为一个硬盘阵列组，使性能达到甚至超过一个价格昂贵、容量巨大的硬盘。根据选择的版本不同，RAID 比单颗硬盘具有的好处是：增强资料整合度，增强容错功能，增加处理量或容量。RAID 把多个硬盘组合成为一个逻辑磁区，因此，操作系统只会把它当作一个硬盘。也就是说，磁盘阵列对于电脑来说，看起来就像一个单独的硬盘或逻辑存储单元。RAID 分为不同的等级，包括 RAID 0、RAID 1、RAID 1E、RAID 5、RAID 6、RAID 7、RAID 10、RAID 50。每种等级都有其理论上的优缺点，不同的等级在两个目标间取得平衡，分别是增加资料可靠性以及增加存储器（群）读写效能。

RAID 0级是无冗余和无校验的数据分块；RAID 1级由磁盘对组成，每一个工作盘都有其对应的镜像盘，上面保存着与工作盘完全相同的数据拷贝，具有最高的安全性，但磁盘空间利用率只有50%；RAID 6级是具有独立的数据硬盘与两个独立的分布式校验方案。

参考答案

（61）B　　（62）A　　（63）B　　（64）A

试题（65）

Telnet 是用于远程访问服务器的常用协议。下列关于 Telnet 的描述中，不正确的是 __(65)__ 。

(65) A. 可传输数据和口令　　　　　B. 默认端口号是 23

C．一种安全的通信协议　　　　D．用 TCP 作为传输层协议

试题（65）分析

本题考查 Telnet 方面的基础知识。

Telnet 协议是 TCP/IP 协议簇中的一员，是 Internet 远程登录服务的标准协议和主要方式。Telnet 远程登录服务分为以下 4 个过程：

（1）本地与远程主机建立连接。该过程实际上是建立一个 TCP 连接，用户必须知道远程主机的 IP 地址或域名，远程主机的默认服务端口号是 23。

（2）将本地终端上输入的用户名和口令及以后输入的任何命令或字符以 NVT（Net Virtual Terminal）格式传送到远程主机。该过程实际上是从本地主机向远程主机发送一个 IP 数据包。

（3）将远程主机输出的 NVT 格式的数据转化为本地所接受的格式送回本地终端，包括输入命令回显和命令执行结果。

（4）最后，本地终端对远程主机进行撤销连接。该过程是撤销一个 TCP 连接。

Telnet 是一个明文传送协议，它将用户的所有内容，包括用户名和密码都明文在互联网上传送，具有一定的安全隐患。

参考答案

（65）C

试题（66）

Cookie 为客户端持久保持数据提供了方便，但也存在一定的弊端。下列选项中，不属于 Cookie 弊端的是　（66）　。

（66）A．增加流量消耗　　　　　　B．明文传输，存在安全性隐患
　　　 C．存在敏感信息泄漏风险　　D．保存访问站点的缓存数据

试题（66）分析

本题考查 Cookie 方面的基础知识。

Cookie 有时也用其复数形式 Cookies，类型为"小型文本文件"，是某些网站为了辨别用户身份，进行 Session 跟踪而储存在用户本地终端上的数据，由用户客户端计算机暂时或永久保存的信息。Cookie 虽然为持久保存客户端数据提供了方便，分担了服务器存储的负担，但还是有很多局限性的。Cookie 会被附加在 HTTP 请求中，所以无形中增加了流量消耗。由于 HTTP 请求中的 Cookie 是明文传递的，所以存在安全性隐患。如果 Cookie 被人拦截了，就可以取得所有的 Session 信息。即使加密也于事无补，因为拦截者并不需要知道 Cookie 的意义，他只要原样转发 Cookie 就可以达到目的了。

参考答案

（66）D

试题（67）

使用电子邮件客户端从服务器下载邮件，能实现邮件的移动、删除等操作在客户端和邮箱上更新同步，所使用的电子邮件接收协议是　（67）　。

（67）A．SMTP　　　　B．POP3　　　　C．IMAP4　　　　D．MIME

试题（67）分析

本题考查电子邮件协议方面的基础知识。

SMTP（Simple Mail Transfer Protocol）即简单邮件传输协议，是一组用于从源地址到目的地址传输邮件的规范，通过它来控制邮件的中转方式。SMTP 协议属于 TCP/IP 协议簇，它帮助每台计算机在发送或中转信件时找到下一个目的地。

POP3（Post Office Protocol 3）是规定怎样将个人计算机连接到 Internet 的邮件服务器和下载电子邮件的电子协议。它是因特网电子邮件的第一个离线协议标准，POP3 允许用户从服务器上把邮件存储到本地主机（即自己的计算机）上，同时删除保存在邮件服务器上的邮件。

IMAP4 协议与 POP3 协议一样，也是规定个人计算机如何访问网上的邮件服务器进行收发邮件的协议，但是 IMAP4 协议同 POP3 协议相比更高级。IMAP4 支持协议客户机在线或者离线访问并阅读服务器上的邮件，还能交互式地操作服务器上的邮件。开启了 IMAP4 后，在电子邮件客户端收取的邮件仍然保留在服务器上，同时在客户端上的操作都会反馈到服务器上，如删除邮件、标记已读等，服务器上的邮件也会做相应的动作。所以无论从浏览器登录邮箱或者客户端软件登录邮箱，看到的邮件以及状态都是一致的。

MIME（Multipurpose Internet Mail Extensions）即多用途互联网邮件扩展类型，为多功能 Internet 邮件扩展，它设计的最初目的是在发送电子邮件时附加多媒体数据，让邮件客户程序能根据其类型进行处理。

参考答案

（67）C

试题（68）

用户在登录 FTP 服务器的过程中，建立 TCP 连接时使用的默认端口号是 __（68）__ 。

（68）A．20　　　　B．21　　　　C．22　　　　D．23

试题（68）分析

本题考查 FTP 服务器的基础知识。

FTP 服务基于传输层 TCP 协议，使用 21 和 22 端口，其中建立 TCP 连接使用端口 21，数据传输使用端口 22。

参考答案

（68）B

试题（69）

在 Linux 系统中，DNS 配置文件的 __（69）__ 参数，用于确定 DNS 服务器地址。

（69）A．nameserver　　B．domain　　　C．search　　　D．sortlist

试题（69）分析

本题考查 Linux 应用服务器的基础知识。

在 Linux 中，dtc/resolv.conf 是 DNS 客户配置文件，它包含了主机的域名搜索顺序和 DNS 服务器的地址，常用参数及其意义如下：

nameserver：表明 DNS 服务器的 IP 地址。可以有很多行的 nameserver，每一行一个 IP 地址。

domain：声明主机的域名。很多程序用到它，如邮件系统，当为没有域名的主机进行 DNS 查询时也要用。

search：其多个参数指明域名的查询顺序。当要查询没有域名的主机时，主机将在由 search 声明的域中分别查找。

sortlist：允许将得到的域名结果进行特定的排序。它的参数为网络/掩码对，允许任意的排列顺序。

参考答案

（69）A

试题（70）

为了控制 IP 报文在网络中无限转发，在 IPv4 数据报首部中设置了 （70） 字段。

（70）A．标识符　　　　B．首部长度　　　　C．生存期　　　　D．总长度

试题（70）分析

本题考查 IP 协议相关的基础知识。

生存期限制了 IP 报文在因特网中转发的次数或时间。

参考答案

（70）C

试题（71）～（75）

Unified Modeling Language (UML) is a widely used method of visualizing and documenting an information system. The UML can be used to develop (71) , in which an object represents a person, place, event, or transaction that is significant to the information system. Systems analysts define an object's attributes during the (72) . An object also has (73) , which are tasks or functions that the object performs when it receives a message, or command, to do so. A(n) (74) is a group of similar objects. If objects are similar to nouns, attributes are similar to adjectives that describe the characteristics of an object. Objects can have a specific attribute called a(n) (75) , which of an object is an adjective that describes the object's current status. All objects within a class share common attributes and methods, so a class is like a blueprint, or template for all the objects within the class.

（71）A．database models　　　　　　　　B．object models
　　　　C．event models　　　　　　　　　D．static system models

（72）A．systems maintenance process　　　B．systems implementation process
　　　　C．systems design process　　　　　D．systems testing process

（73）A．methods　　　　　　　　　　　　B．interactions
　　　　C．interfaces　　　　　　　　　　　D．behaviors

（74）A．actor　　　　　　　　　　　　　B．instance
　　　　C．component　　　　　　　　　　D．class

（75）A．state　　　　　　　　　　　　　B．constant
　　　　C．instance　　　　　　　　　　　D．member

参考译文

统一建模语言（UML）是一种广泛用于可视化和文档化信息系统的方法。UML 可用于开发对象模型，其中的对象表示人、地点、事件或信息系统的关键业务。系统分析师在系统设计过程中定义对象的属性。对象还具有方法，这些方法是对象在收到消息或命令时执行的任务或功能。一个类是一组相似的对象。如果把对象类比于名词，那属性就可类比于描述一个对象特征的形容词。对象可以具有称为状态的特定属性，通常一个对象的状态用于描述该对象的当前状态。一个类中的所有对象共享共同的属性和方法，所以一个类就像一个蓝图，或该类中所有对象的模板。

参考答案

（71）B　（72）C　（73）A　（74）D　（75）A

第 11 章 2020 下半年系统分析师下午试题 I 分析与解答

> 试题一为必答题，从试题二至试题五中任选 2 道题解答。请在答题纸上的指定位置处将所选择试题的题号框涂黑。若多涂或者未涂题号框，则对题号最小的 2 道试题进行评分。

试题一（共 25 分）

阅读下列说明，回答问题 1 至问题 3，将解答填入答题纸的对应栏内。

【说明】

某软件企业拟采用面向对象方法开发一套体育用品在线销售系统，在系统分析阶段，"提交订单"用例详细描述如表 1-1 所示。

表 1-1 提交订单用例表

用例名称	提交订单	
用例编号	SGS-RS01	
优先级	高	
主要参与者	注册会员	
其他参与者	商家、仓库、支付系统、快递公司	
前置条件	会员已成功登录系统	
触发器	会员选择商品加入购物车	
执行步骤	1. 会员选择商品并加入购物车； 3. 会员确认购物车商品类型及商品数量，并提交结算； 5. 用户提交订单； 7. 用户选择支付方式； 9. 用户提交支付申请；	2. 系统显示购物车已选购商品列表； 4. 系统显示订单配送信息、订单商品列表及价格、订单总价； 6. 系统显示支付信息； 8. 用户输入支付密码； 10. 系统显示成功支付页面。
可选步骤	5A. 用户取消订单，用例结束。 9A. 用户放弃支付，转（3）。 10A. 系统显示未成功支付，转（6）。	
后置条件	商家通知仓库打包订单商品，并按照配送地址交付快递公司发货。	

【问题 1】（9 分）

面向对象系统开发中，实体对象、控制对象和接口对象的含义是什么？

【问题 2】（10 分）

面向对象系统分析与建模中，从潜在候选对象中筛选系统业务对象的原则有哪些？

【问题 3】（6 分）

根据题目所示"提交订单"用例详细描述，可以识别出哪些业务对象？

试题一分析

本题考查系统分析与建模相关知识及应用。

面向对象分析方法是将面向对象思想应用于系统分析过程，以用例描述作为输入，基于对象完成业务问题的理解、业务过程分析和建模。用例是软件工程或系统工程中对系统如何反映外界请求的描述，是一种通过用户的使用场景来获取需求的技术。每个用例提供了一个或多个场景，该场景说明了系统是如何和最终用户或其他系统互动，也就是谁可以用系统做什么，从而获得一个明确的业务目标。面向对象系统开发过程中，按照对象所承担的职责不同，可以将对象分为实体对象、控制对象和接口对象。

此类题目要求考生熟练掌握面向对象系统分析与建模的基础知识，能够结合题目中所述案例准确识别不同类型的对象以支持面向对象系统开发过程。

【问题 1】

在面向对象系统开发过程中，对象按照其职责可以分为三种类型：实体对象、控制对象和接口对象。其中实体对象是用来表示业务域的事实数据并需要持久化存储的对象类型；控制对象是用来表示业务系统中应用逻辑和业务规则的对象类型；接口对象是用来表示用户与系统之间交互方式的对象类型。

【问题 2】

通过对用例进行分析，可以识别出多个数据项作为候选对象，要通过分析这些数据项之间的关系最终筛选出真正的对象集合。在对象筛选过程中，首先需要去重，即去除相同含义的数据项；也有可能部分数据项不属于系统开发的范围，也需要去除；还要去除一些数据项本身没有明显特征进行区分或者含义无法解释，将来无法准确表示出来；还有一些数据项是属于其他数据项的属性或者行为描述，也不适合作为业务对象。

【问题 3】

通过对表 1-1 所示用例中的数据项进行分析，识别出的数据项包括订单、会员、商品、购物车、系统、商家、仓库、支付系统、快递公司、商品列表、价格、支付、密码、配送地址等，其中，商家、仓库、支付系统、快递公司属于系统外部数据项，商品列表和商品重复，价格、支付、密码和配送地址等都属于其他数据项的属性或行为，无需独立作为候选对象。最后可以筛选出候选对象，包括会员、商品、购物车、订单、配送信息、支付记录。

参考答案

【问题 1】

（1）实体对象：用来表示业务域的事实数据并需要持久化存储的对象类型；

（2）控制对象：用来表示业务系统中应用逻辑和业务规则的对象类型；

（3）接口对象：用来表示用户与系统之间交互方式的对象类型。

【问题 2】

（1）去除相同含义的对象；

（2）去除不属于系统范围内的对象；

（3）去除没有特定独立行为的对象；
（4）去除含义解释不清楚的对象；
（5）去除属于另一个对象属性或行为的对象。

【问题 3】
会员、商品、购物车、订单、配送信息、支付记录。

试题二（共 25 分）

阅读以下关于软件系统分析与设计的叙述，在答题纸上回答问题 1 至问题 3。

【说明】
某企业拟开发一套数据处理系统，在系统分析阶段，系统分析师整理的核心业务流程与需求如下：

（a）系统分为管理员和用户两类角色，其中管理员主要进行用户注册与权限设置，用户主要完成业务功能；

（b）系统支持用户上传多种类型的数据，主要包括图像、文本和二维曲线等；

（c）数据上传完成后，用户需要对数据进行预处理操作，预处理操作包括图像增强、文本摘要，曲线平滑等；

（d）预处理操作完成后，需要进一步对数据进行智能分析，智能分析操作包括图像分类、文本情感分析、曲线未来走势预测等；

（e）上述预处理和智能分析操作的中间结果均需要进行保存；

（f）用户可以将数据分析结果以图片、文本、二维图表等多种方式进行展示，并支持结果汇总，最终导出为符合某种格式的报告。

【问题 1】（9 分）
数据流图（Data Flow Diagram，DFD）是一种重要的结构化系统分析方法，重点表达系统内数据的传递关系，并通过数据流描述系统功能。请用 300 字以内的文字说明 DFD 在进行系统需求分析过程中的主要作用。

【问题 2】（10 分）
顶层图（也称作上下文数据流图）是描述系统最高层结构的 DFD，它的特点是将整个待开发的系统表示为一个加工，将所有的外部实体和进出系统的数据流都画在一张图中。请参考题干描述，将合适的内容填入图 2-1 中（1）～（5）空白处，完成该系统的顶层图。

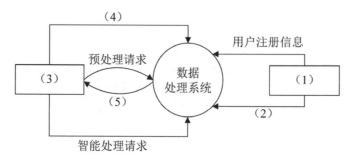

图 2-1　数据处理系统顶层图

【问题 3】（6 分）

在结构化设计方法中，通常采用流程图表示某一处理过程，这种过程既可以是生产线上的工艺流程，也可以是完成一项任务必需的管理过程。而在面向对象的设计方法中，则主要采用活动图表示某个用例的工作流程。请用 300 字以内的文字说明流程图和活动图在表达业务流程时的三个主要不同点。

试题二分析

本题考查软件系统分析与设计中数据流图的知识与应用。

此类题目要求考生认真阅读题目对系统需求的描述，梳理系统功能和业务流程，并采用数据流图这一工具对系统业务流转过程进行描述。

【问题 1】

数据流图（Data Flow Diagram，DFD）是一种重要的结构化系统分析方法，重点表达系统内数据的传递关系，并通过数据流描述系统功能。DFD 的主要作用包括：

（1）DFD 是理解和表达用户需求的工具，是需求分析的手段。

（2）DFD 概括地描述了系统的内部逻辑过程，是需求分析结果的表达工具，也是系统设计的重要参考资料，是系统设计的起点。

（3）DFD 作为一个存档的文字材料，是进一步修改和充实开发计划的依据。

【问题 2】

顶层图（也称作上下文数据流图）是描述系统最高层结构的 DFD，它的特点是将整个待开发的系统表示为一个加工，将所有的外部实体和进出系统的数据流都画在一张图中。根据题干描述，待开发的数据处理系统跟管理员和用户有数据交互关系，交互的数据包括用户权限信息、用户注册信息、预处理请求、多种类型数据、智能处理请求和导出报告/展示结果等，根据上述分析即可完成上下文数据流图。

【问题 3】

在结构化设计方法中，通常采用流程图表示处理过程，这种过程既可以是生产线上的工艺流程，也可以是完成一项任务必需的管理过程。而在面向对象的设计方法中，则主要采用活动图表示某个用例的工作流程。流程图和活动图有如下三个主要区别：

（1）流程图着重描述处理过程，它的主要控制结构是顺序、分支和循环，各个处理过程之间有严格的顺序和时间关系。而活动图描述的是对象活动的顺序关系所遵循的规则，它着重表现的是系统的行为，而非系统的处理过程。

（2）流程图只能表达顺序执行过程，活动图则可以表达并发执行过程。

（3）活动图可以有多个结束状态，而流程图只能有一个结束状态。

参考答案

【问题 1】

DFD 的主要作用如下：

（1）DFD 是理解和表达用户需求的工具，是需求分析的手段。

（2）DFD 概括地描述了系统的内部逻辑过程，是需求分析结果的表达工具，也是系统设计的重要参考资料，是系统设计的起点。

（3）DFD作为一个存档的文字材料，是进一步修改和充实开发计划的依据。

【问题2】
（1）管理员
（2）用户权限信息
（3）用户
（4）多种类型数据
（5）导出报告/展示结果

【问题3】
流程图和活动图有如下三个主要区别：
（1）流程图着重描述处理过程，它的主要控制结构是顺序、分支和循环，各个处理过程之间有严格的顺序和时间关系。而活动图描述的是对象活动的顺序关系所遵循的规则，它着重表现的是系统的行为，而非系统的处理过程。
（2）流程图只能表达顺序执行过程，活动图则可以表达并发执行过程。
（3）活动图可以有多个结束状态，而流程图只能有一个结束状态。

试题三（共25分）

阅读以下关于嵌入式实时系统设计的相关技术的描述，回答问题1至问题3。

【说明】
某公司长期从事嵌入式系统研制任务，面对机器人市场的蓬勃发展，公司领导决定自主研制一款通用的工业机器人。王工承担了此工作，他在广泛调研的基础上提出：公司要成功地完成工业机器人项目的研制，应采用实时结构化分析和设计（RTSAD）方法，该方法已被广泛应用于机器人顶层分析和设计中。

【问题1】（9分）
实时结构化分析和设计（RTSAD）方法分为分析和设计两个阶段。分析阶段要开发一个基本模型，即需求模型，基本模型中包含一个环境模型和一个行为模型；设计阶段是一种程序设计方法，该方法在转换分析和事务分析策略中结合使用了模块耦合和内聚标准，用于开发从结构化分析规范开始的设计方案。请用300字以内文字说明环境模型、行为模型、模块耦合和内聚的含义；并从模块独立性的角度，说明模块设计的基本原则。

【问题2】（9分）
图3-1给出了机器人控制器的状态转换图，其中T1-T6表示了状态转换过程中的触发事件，请将T1-T6填到图3-1中的空（1）～（6）处，完善机器人控制器的状态转换图，并将正确答案填写在答题纸上。

【问题3】（7分）
参考机器人控制器状态转换图（图3-1）和机器人控制器环境图（图3-2），完善机器人控制器命令的数据流程图（图3-3）中的空（1）～（7）处，并将正确答案填写在答题纸上。

第 11 章　2020 下半年系统分析师下午试题 I 分析与解答

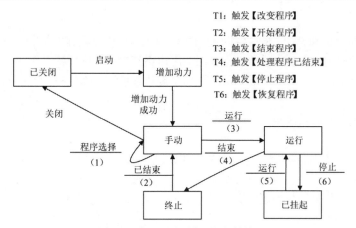

图 3-1　机器人控制器状态转换图

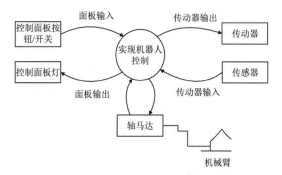

图 3-2　机器人控制器环境图

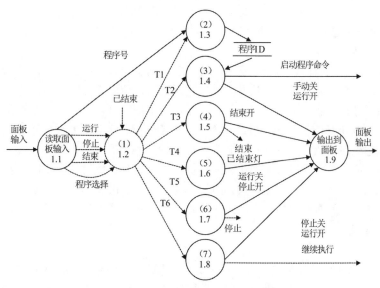

图 3-3　机器人控制器命令的数据流程图

试题三分析

实时结构化分析和设计（RTSAD）是结构化分析与结构化设计的扩展。用于解决实时系统中需要解决的问题。许多实时结构化分析的用户将其视为用于解决系统软件需求问题的主要规范方法。对结构化分析的扩展满足了更精确地描述所开发系统行为特征的需求，本方法主要通过使用状态转换图、控制流，并通过使用控制转换或者控制规范将状态转换图结合到数据流图中，实现实时系统结构化分析与设计。

【问题 1】

本问题主要考查考生对实时结构化分析和设计方法的基本概念掌握程度。实时结构化分析和设计（RTSAD）方法主要包含分析和设计两个阶段，其中分析阶段要求开发一个基础模型，这个基础模型称为需求模型。通常基本模型中应包含一个环境模型和一个行为模型。

环境模型描述的是系统运行时所处的环境，也就是系统要连接的外部实体，以及发送给系统的输入和来自系统的输出。

行为模型描述的是行为，也就是系统对从外部环境中接收到的输入信息的反应，在实时系统中，这些反应一般都是依赖于状态的。

设计阶段是一种程序设计方法，这种方法在转换分析和事务分析策略中结合使用了模块耦合和内聚标准，用于开发从结构化分析规范开始的设计方案。

模块耦合在模块分解过程中作为一种标准来使用，用于判断模块间连接性的程度。

模块内聚在模块分解过程中作为一种标准来使用，用于确定模块内部的强度或统一性。

从模块设计角度看，模块独立性应遵守"高内聚低耦合"的基本原则。

【问题 2】

本问题主要通过机器人控制器实例说明，考查考生掌握状态转换图转换的能力。

题中已给出图 3-1 机器人控制器状态转换图。机器人控制器设定了 6 种状态，即已关闭、增加动力、手动、运行、终止和已挂起，在 6 个状态相互转换时，设计了 6 个触发事件（T1～T6），需要考生根据已知的机器人控制器原理，将触发条件填到相应位置。以下详细说明机器人控制器状态转换关系：

当按下【启动】按键时，系统就会进入【增加动力】状态。在成功地完成了增加动力的过程之后，系统就会进入【手动】状态。操作员现在可以使用【程序选择】旋钮开关来选择程序（T1：触发【改变程序】）。当操作员按下【运行】按钮时，就会启动当前选择程序的执行过程（T2：触发【开始程序】），系统就会过渡到【运行】状态。操作员可以通过按下【停止】按钮来挂起程序的执行过程（T5：触发【停止程序】），然后系统就会进入【已挂起】状态。操作员现在可以按下【运行】按钮来继续执行程序（T6：触发【恢复程序】），系统则返回到【运行】状态。为了终止程序，操作员按下【结束】按钮（T3：触发【结束程序】），系统现在进入了【终止】状态。当程序终止执行时（T4：触发【处理程序已结束】），系统就返回了【手动】状态。

【问题 3】

本问题主要通过机器人控制器实例说明，考查考生掌握数据流程的设计能力。

图 3-1 和图 3-2 分别给出了机器人控制器的状态转换图和环境图，如果考生能够正确完

善问题2的内容，则本题的意义就在于完善机器人控制器数据流图，这是结构化分析和设计方法核心步骤之一。

从图3-3给出的机器人控制器的数据流图看，虚线代表了事件流，也就是触发事件，实线代表了数据流，而圆形代表了一种转换。因此，本题重点考查机器人控制器的命令流程关系。

图3-3给出了从【机器人命令】转换的分解中得到的流程图。【读取控制面板输入】转换可以从控制面板接收输入。这些输入要作为事件流发送给【控制机器人】（答案（1）），【控制机器人】转换要在系统当前状态下检查输入是否有效，如果有效，那么【控制机器人】转换就可以从状态转换图中判断新的状态和所需操作，然后该转换就会触发相应的数据转换来实现操作。

因此，T1触发了【修改程序】转换（答案（2））、T2触发了【启动程序】转换（答案（3））、T3触发了【结束程序】转换（答案（4））、T4触发了【处理程序结束】转换（答案（5））、T5触发了【停止程序】转换（答案（6））、T6触发了【继续执行程序】转换（答案（7））。

参考答案

【问题1】

环境模型描述的是系统运行时所处的环境，也就是系统要连接的外部实体，以及发送给系统的输入和来自系统的输出。

行为模型描述的是行为，也就是系统对从外部环境中接收到的输入信息的反应，在实时系统中，这些反应一般都是依赖于状态的。

模块耦合在模块分解过程中作为一种标准来使用，用于判断模块间连接性的程度。

模块内聚在模块分解过程中作为一种标准来使用，用于确定模块内部的强度或统一性。

模块设计在模块独立性上的基本原则：高内聚低耦合。

【问题2】

（1）T1

（2）T4

（3）T2

（4）T3

（5）T6

（6）T5

【问题3】

（1）控制机器人

（2）修改程序

（3）启动程序

（4）结束程序

（5）处理程序结束

（6）停止程序

（7）继续执行程序

试题四（共 25 分）

阅读以下关于数据管理的叙述，在答题纸上回答问题 1 至问题 3。

【说明】

某全国连锁药店企业在新冠肺炎疫情期间，紧急推出在线口罩预约业务系统。该业务系统为普通用户提供口罩商品查询、购买、订单查询等业务，为后台管理人员提供订单查询、订单地点分布汇总、物流调度等功能。该系统核心的关系模式为预约订单信息表。

推出业务系统后，几天内业务迅速增长到每日 10 万多笔预约订单，系统数据库服务器压力剧增，导致该业务交易响应速度迅速降低，甚至出现部分用户页面无法刷新、预约订单服务无响应的情况。为此，该企业紧急成立技术团队，由张工负责，以期尽快解决此问题。

【问题 1】（9 分）

经过分析，张工认为当前预约订单信息表存储了所有订单信息，记录已达到了百万级别。系统主要的核心功能均涉及对订单信息表的操作，应首先优化预约订单信息表的读写性能，建议针对系统中的 SQL 语句，建立相应索引，并进行适当的索引优化。

针对张工的方案，其他设计人员提出了一些异议，认为索引过多有很多副作用。请用 100 字以内的文字简要说明索引过多的副作用。

【问题 2】（10 分）

作为团队成员之一，李工认为增加索引并进行优化并不能解决当前问题，建议采用物理分区策略，可以根据预约订单信息表中"所在城市"属性进行表分区，并将每个分区分布到独立的物理磁盘上，以提高读写性能。常见的物理分区特征如表 4-1 所示。李工建议选择物理分区中的列表分区模式。

表 4-1 物理分区模式比较表

分区模式	分区依据	适合数据	数据管理能力	数据分布
范围分区	属性取值范围	(b)	能力强	不均匀
哈希分区	属性的哈希值	静态数据	能力弱	(d)
列表分区	(a)	单属性、离散值	(c)	不均匀
组合分区	属性组合分区	周期、离散等	能力强	

请填补表 4-1 中的空（a）～（d）处，并用 100 字以内的文字解释说明李工选择该方案的原因。

【问题 3】（6 分）

在系统运行过程中，李工发现后台管理人员执行的订单地址信息汇总等操作，经常出现与普通用户的预约订单操作形成读写冲突，影响系统的性能。因此李工建议采用读写分离模式，采用两台数据库服务器，并采用主从复制的方式进行数据同步。请用 100 字以内的文字简要说明主从复制的基本步骤。

试题四分析

本题考查数据库优化的相关知识及其应用。

【问题 1】

本问题考查索引优化的相关知识。

索引是提高数据库查询速度的利器，而数据库查询往往又是数据库系统中最频繁的操作，因此索引对数据库性能优化有重大意义。但是索引并不一定会带来性能的提升，使用不当的情况下甚至会导致性能下降。

索引过多有时会带来一系列的副作用，常见的有：
（1）过多的索引会占用大量的存储空间；
（2）更新开销，更新语句会引起相应的索引更新；
（3）过多索引会导致查询优化器需要评估的组合增多；
（4）每个索引都有对应的统计信息，索引越多则需要的统计信息越多；
（5）聚集索引的变化会导致非聚集索引的同步变化。

【问题 2】

本问题考查数据库物理分区的基本概念及应用。

数据库分区是一种物理数据库设计技术，其主要目的是在特定的 SQL 操作中减少数据读写的总量，以缩减响应时间。物理分区是根据一定的规则，在保证数据逻辑模式不变的前提下，从物理存储上把一个表分解成多个更小的、更容易管理的部分。物理分区对应用来说是完全透明的，不影响应用的业务逻辑。

常见的分区方式及其比较如下表所示。

分区模式	分区依据	适合数据	数据管理能力	数据分布
范围分区	属性取值范围	周期数据	能力强	不均匀
哈希分区	属性的哈希值	静态数据	能力弱	均匀
列表分区	属性的离散值	单属性、离散值	能力强	不均匀
组合分区	属性组合分区	周期、离散等	能力强	

李工建议根据预约订单所在城市进行表分区，而所在城市属性为离散值，根据所在城市属性建立列表分区，也方便不同城市处理自己的数据，方便数据管理。

【问题 3】

本问题考查数据库主从复制的基本概念。

主从复制是建立一个和主数据库完全一样的数据库环境（称之为从数据库），提供主、从数据库之间的数据同步的一种机制。其优点主要有：
（1）数据热备，当主数据库故障时，可切换到从数据库；
（2）架构扩展，业务增大后，单机无法满足的情况下，扩展数据库性能；
（3）读写分离，使数据库支持更大的并发，在报表应用中尤其重要。

主从复制的基本步骤：
（1）主服务器将所做修改通过自己的 I/O 线程保存在本地二进制日志中；
（2）从服务器上的 I/O 线程读取主服务器上面的二进制日志，然后写入从服务器本地的中继日志；
（3）从服务器上同时开启一个 SQL thread，定时检查中继日志，如果发现有更新则立即把更新的内容在本机的数据库上面执行一遍。

参考答案

【问题 1】

索引过多的副作用有：

（1）过多的索引会占用大量的存储空间；

（2）更新开销，更新语句会引起相应的索引更新；

（3）过多索引会导致查询优化器需要评估的组合增多；

（4）每个索引都有对应的统计信息，索引越多则需要的统计信息越多；

（5）聚集索引的变化会导致非聚集索引的同步变化。

【问题 2】

（a）属性的离散值

（b）周期性数据/周期数据

（c）能力强

（d）均匀

李工建议根据预约订单所在城市进行表分区，而所在城市属性为离散值，根据所在城市属性建立列表分区，也方便不同城市处理自己的数据，方便数据管理。

【问题 3】

主从复制的基本步骤：

（1）主服务器将所做修改通过自己的 I/O 线程，保存在本地二进制日志中；

（2）从服务器上的 I/O 线程读取主服务器上面的二进制日志，然后写入从服务器本地的中继日志；

（3）从服务器上同时开启一个 SQL thread，定时检查中继日志，如果发现有更新则立即把更新的内容在本机的数据库上面执行一遍。

试题五（共 25 分）

阅读以下关于 Web 应用系统的叙述，在答题纸上回答问题 1 至问题 3。

【说明】

某公司拟开发一个基于 O2O（Online To Offline）外卖配送模式的外卖平台。该外卖平台采用自行建立的配送体系承接餐饮商家配送订单，收取费用，提供配送服务。餐饮商家在该 O2O 外卖平台发布配送订单后，根据餐饮商家、订餐用户、外卖配送员位置等信息，以骑手抢单、平台派单等多种方式为订单找到匹配的外卖配送员，完成配送环节，形成线上线下的 O2O 闭环。

基于项目需求，该公司多次召开项目研发讨论会。会议上，张工分析了 O2O 外卖平台配送服务的业务流程，提出应采用事件系统架构风格实现订单配送，并建议采用基于消息队列的点对点模式的事件派遣机制。

【问题 1】（10 分）

基于对 O2O 外卖平台配送服务的业务流程分析，在图 5-1 的空（1）～（5）处完善 O2O 外卖平台配送的服务流程。

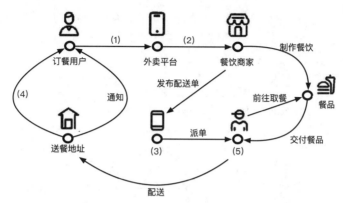

图 5-1 O2O 外卖平台配送的服务流程

【问题 2】（9 分）

根据张工的建议，该系统采用事件系统架构风格实现订单配送服务。请基于对事件系统架构风格的了解，补充图 5-2 的空（1）～（3）处，完成事件系统的工作原理图。

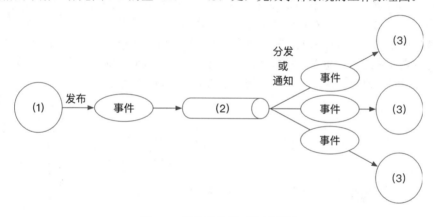

图 5-2 事件系统的工作原理图

【问题 3】（6 分）

请用 200 字以内的文字说明基于消息队列的点对点模式的定义，并简要分析张工建议该系统采用基于消息队列的点对点模式的事件派遣机制的原因。

试题五分析

本题考查基于 Web 的系统分析与设计的相关知识及如何在实际问题中综合应用。

此类题目要求考生认真阅读题目对现实系统需求的描述，结合系统分析与设计的相关知识、实现技术等完成该系统的分析设计。

【问题 1】

本问题需要考生根据题目中的需求描述，完成该 Web 系统的业务流程分析。

根据题干描述，该外卖平台系统的业务流程如下，餐饮商家在该 O2O 外卖平台发布配送订单后，根据餐饮商家、订餐用户、外卖配送员位置等信息，以骑手抢单、平台派单等多种方式为订单找到匹配的外卖配送员，完成配送环节。因此，O2O 外卖平台配送的服务流程图如下。

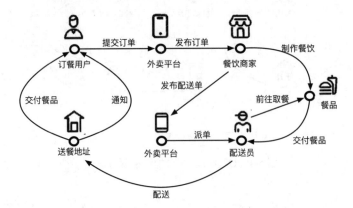

【问题2】

本问题考查软件架构风格中事件系统架构风格的相关知识及应用。

事件是能够激活对象功能的动作，当发生动作后会给所涉及对象发送一条消息，对象便可执行相应的功能。在事件系统架构风格中，事件源负责广播一些事件，系统中其他处理器在事件管理器中注册自己感兴趣的事件，并将自己的过程与某个事件相关联事件管理器通过注册调用相关的处理器。因此，事件系统的工作原理图如下所示。

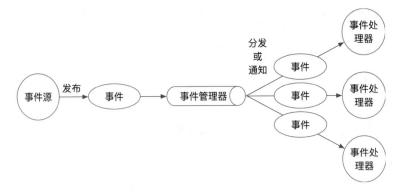

【问题3】

本问题考查事件系统架构的事件派遣机制设计的相关知识。

事件系统派遣机制设计可分为无独立派遣模块和有独立派遣模块两大类设计方式。基于消息队列的点对点模式属于有派遣模块设计方式类别中的一种，在该方式中，消息生产者生产消息并发送到消息队列（Queue）中，然后消息消费者从 Queue 中取出并且消费消息。消息被消费以后，Queue 中不再有存储，所以消息消费者不可能消费到已经被消费的消息。Queue 支持存在多个消费者，但是对一个消息而言，只有一个消费者可以消费。在外卖系统中，如本题目的需求描述，任何一个外卖配送订单（消息）都只能被一个配送员（消费者）接单。因此，应该采用基于消息队列的点对点模式。

参考答案

【问题 1】

(1) 提交订单

(2) 发布订单

(3) 外卖平台

(4) 交付餐品

(5) 配送员

【问题 2】

(1) 事件源

(2) 事件管理器

(3) 事件处理器

【问题 3】

在基于消息队列的点对点模式中，消息生产者生产消息并发送到消息队列（Queue）中，然后消息消费者从 Queue 中取出并且消费消息。消息被消费以后，Queue 中不再有存储，所以消息消费者不可能消费到已经被消费的消息。Queue 支持存在多个消费者，但是对一个消息而言，只有一个消费者可以消费。

如需求描述，任何一个外卖配送订单（消息）都只能被一个配送员（消费者）接单，所以，应该采用基于消息队列的点对点模式。

第 12 章 2020 下半年系统分析师下午试题 II 写作要点

> 从下列的 4 道试题（试题一至试题四）中任选 1 道解答。请在答题纸上的指定位置处将所选择试题的题号框涂黑。若多涂或者未涂题号框，则对题号最小的一道试题进行评分。

试题一 论面向服务的信息系统开发方法及其应用

信息系统是一个极为复杂的人机交互系统，它不仅包含计算机技术、通信技术和网络技术，以及其他的工程技术，而且，它还是一个复杂的管理系统，需要管理理论和方法的支持。如何选择一个合适的开发方法，以保证在多变的市场环境下，在既定的预算和时间要求范围内，开发出让用户满意的信息系统，这是系统分析师所必须要面临的问题。目前，有多种方法来解决该问题，其中面向服务（Service-Oriented，SO）的开发方法就是一种常见的信息系统开发方法，其将接口的定义与实现进行解耦，并将跨构件的功能调用暴露出来。

请围绕"面向服务的信息系统开发方法及其应用"论题，依次从以下三个方面进行论述：
1. 概要叙述你参与管理和开发的软件项目以及你在其中所承担的主要工作。
2. 请简要描述面向服务的开发方法的三个主要抽象级别。
3. 请围绕基于面向服务开发方法的三个主要抽象级别，具体阐述你参与管理和开发的项目是如何进行系统开发的。

写作要点

一、简要叙述所参与管理和开发的软件项目，需要明确指出在其中承担的主要任务和开展的主要工作。

二、信息系统开发方法描述如下。

面向服务的信息系统开发方法有三个主要的抽象级别：操作、服务和业务流程。

位于最底层的操作代表单个逻辑单元的事物，执行操作通常会导致读、写或修改一个或多个持久性数据。服务的操作类似于对象的方法，它们都有特定的结构化接口，并且返回结构化的响应。位于第二层的服务代表操作的逻辑分组。最高层的业务流程则是为了实现特定业务目标而执行的一组长期运行的动作或活动，包括依据一组业务规则按照有序序列执行的一系列操作。其中操作的排序、选择和执行成为服务或流程的编排，典型的情况是调用已编排的服务来响应业务事件。

三、论文中需要结合项目实际工作，详细论述在项目中是如何基于面向服务的开发方法进行信息系统开发的。

试题二 论快速应用开发方法及其应用

快速应用开发（Rapid Application Development，RAD）是一种比传统生命周期法快得多的信息系统开发方法，它强调极短的开发周期。RAD 模型是瀑布模型的一个变种，通过使用基于构件的开发方法进行快速开发。如果需求理解得很好，且约束了项目范围，利用这种模型可以很快开发出功能完善的信息系统。RAD 强调复用已有的程序结构或使用构件，或者创建可复用的构件。一般来说，如果一个业务能够被模块化，且其中每一个主要功能均可以在不到三个月的时间内完成，它就适合采用 RAD 方法。每个主要功能可由一个单独的 RAD 组来实现，最后再集成起来，形成一个整体。

请围绕"快速应用开发方法及其应用"论题，依次从以下三个方面进行论述：

1. 概要叙述你参与管理和开发的软件项目以及你在其中所承担的主要工作。
2. RAD 方法的流程从业务建模开始，随后是数据建模、过程建模、应用生成、测试与交付。请简要对上述 5 个步骤的主要工作和特点进行论述。
3. 具体阐述你参与管理和开发的项目是如何采用 RAD 方法进行开发的，并围绕上述 5 个步骤，详细论述在项目开发过程中遇到了哪些实际问题，是如何解决的。

写作要点

一、简要叙述所参与管理和开发的软件项目，需要明确指出在其中承担的主要任务和开展的主要工作。

二、RAD 方法的流程主要包括以下 5 个步骤：

（1）业务建模。确定驱动业务过程运作的信息、要生成的信息、如何生成、信息流的去向及其处理等，可以使用数据流图来帮助建立业务模型。

（2）数据建模。为支持业务过程的数据流查找数据对象集合、定义数据对象属性，并与其他数据对象的关系构成数据模型，可以使用 E-R 图来帮助建立数据模型。

（3）过程建模。将数据对象变换为要完成一个业务功能所需的信息流，创建处理描述以便增加、修改、删除或获取某个数据对象，即细化数据流图中的加工。

（4）应用生成。利用第四代语言（4GL）写出处理程序，复用已有构件或创建新的可复用构件，利用环境提供的工具自动生成并构造出整个应用系统。

（5）测试与交付。因为 RAD 强调复用，许多构件已经是测试过的，这就减少了测试的时间。由于大量复用，所以一般只做总体测试，但新创建的构件还是要进行充分测试。

三、论文中需要结合项目实际工作，详细论述在项目中是如何采用 RAD 方法进行项目开发的，并围绕 RAD 方法的 5 个主要步骤，描述在实际开发过程中遇到了哪些具体问题，采用何种方法解决的。

试题三　论软件设计模式及其应用

设计模式（Design Pattern）是一套被反复使用的代码设计经验总结，代表了软件开发人员在软件开发过程中面临的一般问题的解决方案和最佳实践。使用设计模式的目的是提高代码的可重用性，让代码更容易被他人理解，并保证代码可靠性。现有的设计模式已经在前人的系统中得以证实并广泛使用，它使代码编写真正实现工程化，将已证实的技术表述成设计模式，也会使新系统开发者更加容易理解其设计思路。根据目的和用途不同，设计模式可分为创建型（creational）模式、结构型（structural）模式和行为型（behavioral）模式三种。

请围绕"软件设计模式及其应用"论题,依次从以下三个方面进行论述:
1. 简要叙述你参与的软件开发项目以及你所承担的主要工作。
2. 详细说明每种设计模式的特点及其所包含的具体设计模式,每个类别至少详细说明两种代表性设计模式。
3. 根据你所参与的项目,论述具体采用了哪些设计模式,其实施效果如何。

写作要点

一、简要描述所参与的软件系统开发项目,并明确指出在其中承担的主要任务和开展的主要工作。

二、详细说明每种设计模式的特点及其所包含的具体设计模式,每个类别至少详细说明两种代表性设计模式。

(1)创建型模式。

创建型模式对类的实例化过程(即对象的创建过程)进行了抽象,能够使软件模块做到与对象的创建和组织无关。创建型模式隐藏了对象是如何被创建和组合在一起的,以达到使整个系统独立的目的。创建型模式包括工厂方法模式、抽象工厂模式、原型模式、单例模式和建造者模式等。

(2)结构型模式。

结构型模式描述如何将类或对象结合在一起形成更大的结构。结构型模式描述两种不同的事物,即类与类的实例(对象),根据这一点,可以分为类结构型模式和对象结构型模式。结构型模式包括适配器模式、桥接模式、组合模式、装饰模式、外观模式、享元模式和代理模式等。

(3)行为型模式。

行为型模式是在不同的对象之间划分责任和算法的抽象化,它不仅仅是关于类和对象的,而且是关于它们之间的相互作用的。行为型模式分为类行为模式和对象行为模式两种,其中类行为模式使用继承关系在几个类之间分配行为,而对象行为模式则使用对象的聚合来分配行为。行为型模式包括职责链模式、命令模式、解释器模式、迭代器模式、中介者模式、备忘录模式、观察者模式、状态模式、策略模式、模板方法模式、访问者模式等。

三、针对考生本人所参与的项目中使用的设计模式,说明实施过程和具体实施效果。

试题四　论遗留系统演化策略及其应用

遗留系统是指任何基本上不能进行修改和演化以满足新的变化了的业务需求的信息系统。在企业信息系统升级改造过程中,如何处理和利用遗留系统,成为新系统建设中的重要问题,而处理恰当与否,直接关系到新系统的成败和开发效率。遗留系统的演化方式有多种,究竟采用哪些策略来处理遗留系统,需要根据对遗留系统的评价结果来确定。

请围绕"遗留系统演化策略及其应用"论题,依次从以下三个方面进行论述:
1. 概要叙述你参与管理和开发的软件项目,以及你在其中所担任的主要工作。
2. 详细论述遗留系统评价的主要活动,论述常见的演化策略。
3. 结合你具体参与管理和开发的实际项目,说明如何进行遗留系统评价并选择合适的演化策略,请说明具体实施过程以及应用效果。

写作要点

一、简要叙述所参与管理和开发的软件项目,并明确指出在其中承担的主要任务和开展的主要工作。

二、对遗留系统评价的目的是获得对遗留系统更好的理解,是遗留系统演化的基础。主要评价方法包括度量系统技术水准、商业价值和与之关联的企业特征,其结果作为选择处理策略的基础。评价方法由一系列活动组成:

(1)启动评价:评价准备,数据搜集过程。

(2)业务价值评价:主要是判断遗留系统对企业的重要程度。

(3)外部环境评价:包括硬件、支撑软件和企业IT基础设施的统一体。

(4)应用软件评价:遗留系统本身的特征评价。

(5)分析评价结果:按照业务评价分值和技术水平分值的高低组合,将评价结果分为四种。

根据四种评价结果选择不同的遗留系统演化策略。

(1)淘汰策略:评价结果为业务价值低、技术水平低的遗留系统。

(2)继承策略:评价结果为业务价值高、技术水平低的遗留系统。

(3)改造策略:评价结果为业务价值高、技术水平高的遗留系统。

(4)集成策略:评价结果为业务价值低、技术水平高的遗留系统。

三、考生需结合自身参与项目的实际状况,指出其参与管理和开发的项目中所进行的遗留系统评价与演化,说明评价活动的具体实施过程,演化策略如何选择,并对实际应用效果进行分析。

第 13 章　2021 上半年系统分析师上午试题分析与解答

试题（1）

　　结构化分析方法以数据字典为核心，有三个维度的模型，分别是__(1)__。

　　(1) A．数据模型、功能模型、架构模型

　　　　B．功能模型、状态模型、行为模型

　　　　C．数据模型、功能模型、行为模型

　　　　D．数据模型、状态模型、架构模型

试题（1）分析

　　本题考查系统分析模型方面的基础知识。

　　系统分析模型的核心是数据字典，围绕这个核心，有三个层次的模型，分别是数据模型、功能模型和行为模型（也称为状态模型）。在实际工作中，一般使用 E-R 图表示数据模型，用 DFD 表示功能模型，用 STD 表示行为模型。

参考答案

　　(1) C

试题（2）

　　如果一个用例包含了两种或两种以上的不同场景，则可以通过__(2)__表示。

　　(2) A．扩展关系　　　B．包含关系　　　C．泛化关系　　　D．组合关系

试题（2）分析

　　本题考查用例建模方面的基础知识。

　　用例之间的关系主要有包含、扩展和泛化。如果一个用例明显地混合了两种或两种以上的不同场景，即根据情况可能发生多种分支，则可以将这个用例分为一个基本用例和一个或多个扩展用例，以使描述更加清晰。

参考答案

　　(2) A

试题（3）～（5）

　　数据字典中有 6 类条目，不同类型的条目有不同的属性描述。其中，__(3)__是数据的最小组成单位；__(4)__用来描述数据之间的组合关系；__(5)__是数据流的来源或去向。

　　(3) A．数据类型　　　B．数据流　　　C．数据模型　　　D．数据元素

　　(4) A．数据项　　　　B．数据结构　　C．数据表　　　　D．数据存储

　　(5) A．数据库　　　　B．数据存储　　C．外部实体　　　D．输入输出

试题（3）～（5）分析

　　本题考查数据字典方面的基础知识。

　　数据字典中一般有 6 类条目，分别是数据元素、数据结构、数据流、数据存储、加工逻

第 13 章　2021 上半年系统分析师上午试题分析与解答

辑和外部实体。不同类型的条目有不同的属性需要描述。数据元素也称为数据项,是数据的最小组成单位;数据结构的描述重点是数据元素之间的组合关系,即说明数据结构包括哪些成分;外部实体是数据的来源和去向,对外部实体的描述应包括外部实体的名称、编号、简要说明、外部实体产生的数据流和系统传给该外部实体的数据流,以及该外部实体的数量。

参考答案

(3) D　(4) B　(5) C

试题 (6)

光信号在单模光纤中是以　(6)　方式传输。

(6) A. 直线传输　　　B. 渐变反射　　　C. 突变反射　　　D. 无线收发

试题 (6) 分析

本题考查光纤传输的基本原理。

光信号的传输有多模突变、多模渐变及单模 3 种方式。前 2 种属于多模传输,即光信号的传输沿着多个入射方向反射传输;单模则是沿着一个方向直线传输。

参考答案

(6) A

试题 (7)

在浏览器地址栏输入 192.168.1.1 访问网页时,首先执行的操作是　(7)　。

(7) A. 域名解析　　　　　　　　　　B. 解释执行

　　C. 发送页面请求报文　　　　　　D. 建立 TCP 连接

试题 (7) 分析

本题考查浏览器访问方面的基础知识。

浏览器访问网页的过程如下:

(1) 浏览器本身是一个客户端,当输入 URL 的时候,首先浏览器会去请求 DNS 服务器,通过 DNS 获取相应的域名对应的 IP;

(2) 然后通过 IP 地址找到 IP 对应的服务器后,要求建立 TCP 连接;

(3) 浏览器发送 HTTP Request（请求）包;

(4) 服务器收到请求之后,调用自身服务,返回 HTTP Response（响应）包;

(5) 客户端收到来自服务器的响应后开始渲染这个 Response 包里的主体（body）,等收到全部的内容后断开与该服务器之间的 TCP 连接。

综上所述,本题中输入的 URL 是 IP 地址,不需要进行域名解析。根据上述流程,首先要执行的操作是建立 TCP 连接。

参考答案

(7) D

试题 (8)

使用　(8)　格式的文件存储视频动画数据可以提高网页内容的载入速度。

(8) A. .jpg　　　　B. .avi　　　　C. .gif　　　　D. .rm

试题（8）分析

本题考查网页应用的基础知识。

网页载入速度会极大地影响用户的上网浏览体验，因此，在不损害浏览内容的前提下，尽量缩小文件的体积有利于提高网页内容的载入速度。在网页上展示动画时，一般会采用.gif 格式的文件来进行展示，该格式的文件属于动图，对缩小文件体积较为有利，并且能够完整地展示文件内容。

参考答案

（8）C

试题（9）

对一个新的 QoS 通信流进行网络资源预留，以确保有足够的资源来处理所请求的 QoS 流，该规则属于 IntServ 规定的 4 种用于提供 QoS 传输规则中的__(9)__规则。

(9) A．准入控制　　　B．路由选择　　　C．排队　　　D．丢弃策略

试题（9）分析

本题考查 QoS 的基础知识。

IntServ 主要解决的问题是在发生拥塞时如何共享可用的网络带宽，为保证质量的服务提供必要的支持。在基于 IP 的因特网中，可用的拥塞控制和 QoS 工具是很有限的，路由器只能采用两种机制，即路由选择算法和分组丢弃策略，但这些手段并不足以支持保证质量的服务。IntServ 提议通过 4 种手段来提供 QoS 传输机制。

（1）准入控制：IntServ 对一个新的 QoS 通信流要进行资源预约。如果网络中的路由器确定没有足够的资源来保证所请求的 QoS，则这个通信流就不会进入网络。

（2）路由选择算法：可以基于许多不同的 QoS 参数（而不仅仅是最小时延）来进行路由选择。

（3）排队规则：考虑不同通信流的不同需求而采用有效的排队规则。

（4）丢弃策略：在缓冲区耗尽而新的分组来到时要决定丢弃哪些分组以支持 QoS 传输。

参考答案

（9）A

试题（10）

下列关于计算机程序的智力成果中，能取得专利权的是__(10)__。

(10) A．计算机程序算法　　　　　B．计算机程序代码
　　　C．计算机编程规则　　　　　D．程序代码的测试用例

试题（10）分析

本题考查知识产权及相关法律法规。

计算机程序的法律保护形式有著作权法、专利法、商标法、商业秘密法等，计算机程序的专利保护可以弥补著作权保护的不足，但是专利法规定，智力活动的规则和方法不能授予专利权，因此编程规则不能取得专利权。

计算机程序算法和代码是智力活动的成果，著作权保护程序代码但是不保护算法，专利权可以作为著作权的补充，用专利权保护算法。

参考答案

（10）A

试题（11）

以下著作权权利中，__(11)__ 的保护期受时间限制。

(11) A．署名权　　　　　　　　B．修改权

　　　C．发表权　　　　　　　　D．保护作品完整权

试题（11）分析

本题考查知识产权及相关法律法规。

著作权包括人身权和财产权。人身权又称为精神权利，具体包括发表权、署名权、修改权和保护作品完整权。署名权、修改权和保护作品完整权是与特定的人身权利相联系的权利，不因人的死亡而消失，受法律永久保护。发表权的保护期较为特殊，它与著作权的财产权利保护期相同。

参考答案

（11）C

试题（12）

某软件公司参与开发管理系统软件的程序员丁某，辞职到另一公司任职，该公司项目负责人将管理系统软件的开发者署名替换为王某，该项目负责人的行为__(12)__。

(12) A．不构成侵权，因为丁某不是软件著作权人

　　　B．只是行使管理者的权利，不构成侵权

　　　C．侵犯了开发者丁某的署名权

　　　D．不构成侵权，因为丁某已离职

试题（12）分析

本题考查知识产权及相关法律法规。

署名权是开发者的永久权利，该项目负责人的行为侵犯了开发者丁某的署名权。

参考答案

（12）C

试题（13）

孙某是 A 物流公司的信息化系统管理员。在任职期间，孙某根据公司的业务要求开发了"物资进销存系统"，并由 A 公司使用。后来 A 公司将该软件申请了计算机软件著作权，并取得《计算机软件著作登记证书》。证书明确软件著作名称为"物资进销存系统 V1.0"，以下说法正确的是__(13)__。

(13) A．物资进销存系统 V1.0 著作权属于 A 物流公司

　　　B．物资进销存系统 V1.0 著作权属于孙某

　　　C．物资进销存系统 V1.0 的著作权属于孙某和 A 物流公司

　　　D．物资进销存系统的软件登记公告以及有关登记文件不予公开

试题（13）分析

本题考查知识产权及相关法律法规。

孙某是在任职期间根据公司业务要求开发的软件系统，属于职务作品，著作权归 A 物流公司。

参考答案

（13）A

试题（14）

在嵌入式系统中，板上通信接口是指用于将各种集成电路与其他外围设备交互连接的电路或总线。常用的板上通信接口包括 I2C、SPI、UART 等。其中，I2C 总线通常被用于多主机场景。以下关于 I2C 总线不正确的说法是 ___（14）___ 。

（14）A．I2C 总线是一种同步、双向、半双工的两线式串行接口总线

　　　　B．I2C 总线由两条总线组成：串行时钟总线 SCL 和串行数据总线 SDA

　　　　C．I2C 总线是一种同步、双向、全双工的 4 线式串行接口总线

　　　　D．I2C 最初的设计目标是为微处理器/微控制器系统与电视机外围芯片之间的连接提供简单的方法

试题（14）分析

本题考查处理器体系结构的基础知识。

SPI 总线是同步、双向、全双工的 4 线式串行接口总线，最早由 Motorola 公司提出。SPI 是由"单个主设备+多个从设备"构成的系统。这里需要说明的是：在系统中，只要任意时刻只有一个主设备处于激活状态，就可以存在多个 SPI 主设备。SPI 通常用于在 EEPROM、FLASH、实时时钟、AD 转换器、数字信号处理器和数字信号解码器之间实现通信。

I2C 总线由两条总线组成：串行时钟线 SCL 和串行数据线 SDA。其中，SCL 线负责产生同步时钟脉冲，SDA 线负责在设备间传输串行数据。I2C 总线是共享的总线系统，因此可以将多个 I2C 设备连接到该系统上。连接到 I2C 总线上的设备既可以用作主设备，也可以用作从设备。

"I2C 总线是一种同步、双向、全双工的 4 线式串行接口总线"的说法是错误的。

参考答案

（14）C

试题（15）

在一个具有 72MHz 的 Cortex-M3/M4 系统下，使用中断模式来接收串口数据，其波特率为 115 200。假设该系统的串行接口没有硬件 FIFO，波特率是 115 200，数据格式采用"1 起始位+1 终止位+无校验位+8 数据位"，则其最大允许屏蔽中断的时间约是 ___（15）___ 。

（15）A．11.5 μs　　　　B．87 μs　　　　C．23.4 μs　　　　D．17 μs

试题（15）分析

本题考查计算机总线设计的基础知识。

在设计串行总线的驱动程序时，必须理解两个基本概念，即最大允许屏蔽中断时间和中断处理程序允许的理论最大安全尺寸，掌握了这个参数算法，就可以设计出比较合理驱动程序。

假设，在一个 72MHz 的 Cortex-M3/M4 系统下，使用中断模式来接收串口数据，在波特

率为 115 200 的情况下，如何计算这两个参数？

首先要搞清楚系统的指令大小和指令集的周期数情况。以 ARM Cortex M3/M4 为例，其指令大部分为单周期指令，支持 16 位指令和 32 位指令。为了评估中断处理程序的尺寸上限，可以分别以 16 位指令和 32 位指令为基础计算出两个结果作为参考范围。

其次，系统频率为 72MHz，假设 USART 没有硬件 FIFO，则 115 200 的波特率在典型的 "1 起始位+1 终止位+无校验位+8 数据位" 的配置下（每个数据帧对应 10 个 bit），实际上对应最大 11.52kB/s 的数据率，也就是说，USART 完成中断每秒钟发生 11.52 千次。因此，本系统中最大允许屏蔽中断的时间是 1/11.52kHz ≈87μs。

如何预估中断处理程序的代码规模？假设中断屏蔽的时间为 87μs，则中断处理程序的理论最大尺寸范围应是（72×87×2）字节到（72×87×4）字节，即 12.528kB 到 25.056kB 之间，取最小值是 12kB。这样，中断处理程序及其调用的子函数，其尺寸总和至少要小于 12kB 才能确保 115 200 波特率的接收完成中断得到及时的响应。由于未考虑循环、分支以及其他任务的存在，以上结果仅用于粗略的快速评估，实际代码通常应该远小于上限值。当实际尺寸接近或者超过 13kB 时，基本可以判定该系统无法及时稳定地响应中断。

参考答案

（15）B

试题（16）

在多核与多处理技术融合的系统中，对调试问题提出许多新挑战。其主要原因是由于系统的复杂度在不断增加，需要通过优化硬件和软件来充分发挥系统的性能潜力。以下对调试难点问题的描述，不正确的是__（16）__。

（16）A．在多核、多电路板和多操作系统环境中对操作系统和应用代码进行调试
　　　 B．调试单一芯片中的同构和异构调试方法，进而实现整个系统的协同调试
　　　 C．有效利用 JTAG 与基于代理调试方法，确保不同调试工具之间的顺畅协同
　　　 D．在多核环境中调试应用程序不需考虑同步机制

试题（16）分析

本题考查基于多核处理器的调试的相关知识。

多核处理器的出现，解决了计算机计算速度难以提升的瓶颈问题，同时也降低了处理器能耗，目前被广泛使用。但是在应用中，多核调试技术始终困扰着软件开发人员，面临的问题有许多，最主要的难点可总结为以下几个方面：

- 有效地管理内存和外设等共享资源；
- 在多内核、多电路板和多操作系统的环境中对操作系统和应用代码进行调试；
- 优化 JTAG 接口并充分利用 JTAG 带宽；
- 调试单一芯片中的同构和异构多核，进而实现整个系统的协同调试；
- 有效地利用 JTAG 与基于代理的调试方法，确保不同调试工具之间的顺畅协同；
- 确保多核环境中应用调试的同步机制。

选项 A、B、C 是正确的描述，而 D 所述的 "在多核环境中调试应用程序不需考虑同步机制" 是不对的，应用程序在调试中如果不能保证同步，势必带来结果的二义性。

参考答案
（16）D

试题（17）

在安全关键系统设计活动中，需求获取是项目开发成功的主要影响因素。需求获取的任务是获取分配给软件的系统需求以及其他利益相关方需求，确定软件的范围。以下关于需求获取过程活动的描述，不正确的是 __(17)__ 。

(17) A．评审和完全理解系统需求和安全需求
　　　B．和客户、系统工程师、领域专家进行会谈，回答系统需求中的问题
　　　C．复用过去相关项目的需求，并考查这些项目的问题报告
　　　D．需求获取过程的活动可能引入失效模式到软件中，开展失效分析

试题（17）分析

本题考查软件开发过程中需求分析阶段的基础知识。

在软件工程中，需求获取是非常重要的一个环节，它需要开展一系列活动来获取正确的需求。通常软件需求获取的过程包括：

- 评审和完全理解系统需求和安全需求。软件工程师必须对系统需求非常熟悉。对初始安全评估的理解也是掌握安全驱动力所必需的。
- 与客户、系统工程师、领域专家进行会谈，回答系统需求中的问题，并补充遗漏的系统需求。
- 在撰写软件需求前，确定系统需求和安全需求的成熟度和完整度。
- 与系统工程师一起改进系统需求。在软件组把系统需求细化为软件需求之前，系统需求必须应该相对成熟和稳定。
- 复用过去相关项目的需求，并考查这些项目的问题报告。
- 定义初步的术语表，以保持需求陈述的术语一致性，避免项目成员对术语的使用及其含义产生误解，减少二义性。所有其他文档的文字说明中都应始终如一地使用术语表中的术语。

而软件设计过程活动的要求包括：

- 在软件设计过程期间，开发的低级需求和软件体系结构要符合软件设计标准，并且是可追踪、可验证和一致的。
- 要定义和分析派生的需求，并保证不损害高级需求。
- 软件设计过程的活动可能引入失效模式到软件中，或相反地影响其他的软件。在软件设计中采用划分或其他结构方法可改变某些软件部件的软件等级的分配。在这些情况下，将定义附加资料作为派生需求，并把这些资料提供给系统安全性评估过程。
- 当规定与安全有关的需求时，要监控控制流和数据流，如看门狗定时器、合理的检查和交叉通道比较。
- 对失效状态的响应要与安全性有关的要求一致。
- 在软件设计过程中检测到的不合适的或不正确的输入将提供给系统的生存周期过

程、软件需求过程或软件测试过程，作为澄清或纠正的反馈。

从需求、设计过程看，选项 A、B、C 所述都是需求获取过程活动的内容，而选项 D 所指的失效分析活动不是需求获取阶段的内容，而是软件设计阶段需要开展的活动。

参考答案

(17) D

试题（18）

在信息物理系统（CPS）设计时，风险分析工作贯穿在整个系统生命周期的各个阶段。通常，风险分为基本风险和特定风险。特定风险是指与人为因素或物理环境因素突变有关的事件，可能使系统进入不安全状态，进而导致系统故障。以下关于风险因素描述中，不属于特定风险的是___(18)___。

(18) A. CPS 是集人机交互、物理过程和计算过程于一体的安全关键嵌入式系统，彼此之间相互融合，不可分割。由于 CPS 要处于不同的恶劣环境，因此，在计算系统设计时，由于环境变化所引发芯片失效的风险应作为特定风险加以考虑

B. 人为因素需要考虑触发及参与 CPS 运行的执行者，以及执行者为完成具体任务针对 CPS 所做的一系列动作

C. 物理因素的行为是一个随着时间变化的连续过程。外界的物理变化通过传感器被监测、感知，进一步将监测的信号发送给计算系统。当外界物理参数随着时间变化到某一数值会影响传感器的正常运行，从而导致系统发生状态的变迁

D. 环境中的冰雹、冰、雪、雷击、单粒子事件效应、温度和振动等因素都属于特定风险，其自然现象因素都有可能引起 CPS 系统的失效

试题（18）分析

本题考查软件开发中的风险分析的基础知识。

一般而言，风险与不确定性有关，若某一事件的发生存在着两种或两种以上的可能性，即可认为该事件存在风险。在保险领域，风险特指和损失有关的不确定性，包括发生与否的不确定，发生时间的不确定和导致结果的不确定。风险存在多种分类，依据不同的标准，有不同的分类方式。本题所说的基本风险和特定风险是按产生风险的行为进行区分的。

依据产生风险的行为分类，风险可以分为基本风险与特定风险。

基本风险是指非个人行为引起的风险。它对整个团体乃至整个社会产生影响，而且是个人无法预防的风险。如地震、洪水、海啸、经济衰退等均属此类风险。

特定风险是指个人行为引起的风险。它只与特定的个人或部门相关，而不影响整个团体和社会。如火灾、爆炸、盗窃以及对他人财产损失或人身伤害所负的法律责任等均属此类风险。特定风险一般较易为人们所控制和防范。

选项 D 的说法是正确的，自然灾害所引起的风险是可控制、可防范的，那么自然现象引发的 CPS 系统的失效也是可预防的，它是特定风险。选项 C 的说法中，关键描述"当外界物理参数随着时间变化到某一数值会影响传感器的正常运行，从而导致系统发生状态的变迁"是局部风险，也是可控制和预防的，因此也是一种特定风险。选项 B 是指人的行为、动作所引起的 CPS 失效，显然是特定风险。根据选项 A 的描述，CPS 会处于不同恶劣环境，

而 CPS 中采用的芯片具有广泛性，如果芯片受到环境变化而失效，将可能引起 CPS 整体失效，这种失效是个人难于预防的，因此属于基本风险。

参考答案

（18）A

试题（19）、（20）

企业信息化规划涉及多个领域的融合，它是企业战略、管理规划、业务流程重组等内容的综合规划活动。其中， （19） 规划是评价环境和企业现状，进而选择和确定企业的总体和长远目标，制定和抉择实现目标的行动方案。 （20） 战略规划关注如何通过信息系统来支撑业务流程的运作，进而实现企业的关键业务目标。

（19）A．企业战略　　　　B．企业目标　　　　C．业务目标　　　　D．企业管理
（20）A．业务流程　　　　B．业务目标　　　　C．信息系统　　　　D．信息技术

试题（19）、（20）分析

企业战略规划是指依据企业外部环境和自身条件的状况及其变化来制定和实施战略，并根据对实施过程与结果的评价和反馈来调整，制定新战略的过程。

信息系统战略规划关注如何通过信息系统来支撑业务流程的运作，进而实现企业的关键业务目标。

参考答案

（19）A　（20）C

试题（21）、（22）

决策支持系统（DSS）是辅助决策者通过数据、模型和知识，以人机交互方式进行半结构化或非结构化决策的计算机应用系统。其中， （21） 可以建立适当的算法产生决策方案，使决策方案得到较优解。DSS 基本结构主要由四个部分组成，即数据库子系统、模型库子系统、推理部分和用户接口子系统。DSS 用户是依靠 （22） 进行决策的。

（21）A．结构化和半结构化决策　　　　B．半结构化决策
　　　 C．非结构化决策　　　　　　　　D．半结构化和非结构化决策
（22）A．数据库中的数据　　　　　　　B．模型库中的模型
　　　 C．知识库中的方法　　　　　　　D．人机交互界面

试题（21）、（22）分析

本题考查决策支持系统的基本概念。

非结构化决策是指决策过程复杂，不可能用确定的模型和语言来描述其决策过程，更无所谓最优解的决策。由于目标不明确或不同的目标相互冲突，其决策过程和决策方法没有固定的规律可以遵循，没有固定的决策规则和通用模型可依，决策者的主观行为（学识、经验、直觉、判断力、洞察力、个人偏好和决策风格等）对各阶段的决策效果有相当影响。它是决策者根据掌握的情况和数据并依据经验临时做出的决定。

半结构化决策是指可以建立适当的算法产生决策方案，使决策方案得到较优的解。其决策过程和方法有一定规律可以遵循，但又不能完全确定，即有所了解但不全面，有所分析但不确切，有所估计但不确定。这样的决策一般可适当建立模型，但难以确定最优方案。在组

织的决策中，管理决策问题基本上属于半结构化决策和结构化决策问题。

DSS 基本组成部分中，数据部分是一个数据库系统；模型部分包括模型库及其管理系统；推理部分由知识库、知识库管理系统和推理机组成；人机交互部分是决策支持系统的人机交互界面，用以接收和检验用户请求，调用系统内部功能软件为决策服务，使模型运行、数据调用和知识推理达到有机地统一，有效地解决决策问题。

参考答案

（21）B　（22）B

试题（23）

以下关于信息系统开发方法的描述，正确的是__（23）__。

(23) A. 生命周期法是一种传统的信息系统开发方法，由结构化分析（SA）、结构化设计（SD）和结构化程序设计（SP）三部分组成。它是目前应用最成熟的开发方法，特别适合于数据处理领域的问题，适应于规模较大、比较复杂的系统开发

B. 面向对象（OO）方法认为任何事物都是对象，每一个对象都有自己的运动规律和内部状态，都属于某个对象"类"，是该对象类的一个元素。结构化方法是自顶向下的，而 OO 方法则是自底向上，在信息系统开发中两者不可共存

C. 面向服务（SO）的系统不能使用面向对象设计（OOD）来构建单个服务

D. 原型法适用于技术层面难度不大、分析层面难度大的系统开发

试题（23）分析

本题考查对信息系统开发方法的理解。

结构化开发方法也称为生命周期法，是一种传统的信息系统开发方法。生命周期可分为规划、分析、设计、实施、维护等阶段，其精髓是自顶向下、逐步求精和模块化设计。

面向对象方法认为任何事物都是对象，对象由属性和操作组成，对象可按其属性进行分类，对象之间的联系通过传递消息来实现，对象具有封装性、继承性和多态性。面向对象开发方法是以用例驱动的、以体系结构为中心的、迭代的和渐增式的开发过程，主要包括需求分析、系统分析、系统设计和系统实现四个阶段，但是各个阶段的划分不像结构化开发方法那样清晰，而是在各个阶段之间迭代进行的。

对于大型信息系统开发，通常是将结构化方法和面向对象方法结合起来。

对于信息系统开发而言，首先必须明确要解决的问题是什么，才能明确系统功能，确定系统边界。然而，明确问题本身不是一件轻松的事，因此对于需求不明确的系统开发，原型化方法相对于结构化方法和面向对象方法而言对用户更友好，用户更能知道开发的系统是否满足他们的需求。

原型化方法也称为快速原型法，或者简称为原型法。它是一种根据用户初步需求，利用系统开发工具，快速地建立一个系统模型展示给用户，在此基础上与用户交流，最终实现用户需求的信息系统快速开发方法。

参考答案

（23）D

试题（24）

信息系统战略规划方法中的战略一致性模型由 __(24)__ 领域构成。

(24) A．企业经营管理、组织与业务流程、信息系统战略
B．企业经营战略、信息系统战略、组织与业务流程、IT 基础架构
C．企业战略、业务流程、信息系统、IT 基础架构
D．企业规划战略、组织与业务流程、信息系统战略

试题（24）分析

本题考查对信息系统战略规划方法的理解。

战略一致性模型（Strategic Alignment Model）也称作战略对应模型、战略策应模型，是 Venkatraman 及其同事在 1993 年提出的，是一套进行 IT 战略规划的思考架构，帮助企业检查经营战略与信息架构之间的一致性。

信息系统战略规划方法中的战略一致性模型由企业经营战略、信息系统战略、组织与业务流程、IT 基础架构领域组成。

参考答案

(24) B

试题（25）

以下关于企业信息系统的描述，错误的是 __(25)__ 。

(25) A．客户关系管理（CRM）的支柱性功能是市场营销和客户服务，其根本要求是与客户建立一种互相学习的关系，并在此基础上提供完善的个性化服务
B．供应链管理（SCM）整合并优化了供应商、制造商、零售商的业务效率，使商品以正确的数量、正确的品质、在正确的地点、以正确的时间、最佳的成本进行生产和销售。SCM 包括计划、采购、制造、配送、退货五大基本内容
C．产品数据管理（PDM）的核心功能包括数据库和文档管理、产品结构与配置管理、生命周期管理和流程管理、集成开发接口，第二代 PDM 产品建立在 Internet 平台、CORBA 和 Java 技术基础之上
D．可以说产品生命周期管理（PLM）包含了 PDM 的全部内容，PDM 功能是 PLM 中的一个子集

试题（25）分析

本题考查对企业信息系统的组成及功能的理解。

产品数据管理（Product Data Management，PDM）是以产品为中心，通过计算机网络和数据库技术，把企业生产过程中所有与产品相关的信息和过程集成起来进行管理的技术。包括所有与产品相关信息（包括零件信息、配置、文档、CAD 文件、结构、权限信息等）和所有与产品相关过程（包括过程定义和管理）的技术。通过实施 PDM，可以提高生产效率，有利于对产品的全生命周期进行管理，加强对于文档、图纸、数据的高效利用，使工作流程规范化。

参考答案

(25) C

试题（26）

业务流程重组（BPR）遵循的原则不包括__(26)__。

(26) A．以流程为中心的原则　　　　　B．利润最大化的原则
　　　C．以客户为导向的原则　　　　　D．以人为本的原则

试题（26）分析

本题考查对业务流程重组的理解。

业务流程重组（Business Process Reengineering，BPR）最早由美国的 Michael Hammer 和 James Champy 提出，通常定义为通过对企业战略、增值运营流程以及支撑它们的系统、政策、组织和结构的重组与优化，达到工作流程和生产力最优化的目的。强调以业务流程为改造对象和中心、以关心客户的需求和满意度为目标、对现有的业务流程进行根本的再思考和彻底的再设计，利用先进的制造技术、信息技术以及现代的管理手段，最大限度地实现技术上的功能集成和管理上的职能集成，以打破传统的职能型组织结构，建立全新的过程型组织结构，从而实现企业经营在成本、质量、服务和速度等方面的突破性的改善。

业务流程重组原则中不包括利润最大化原则。

参考答案

（26）B

试题（27）～（29）

在信息系统开发方法中，__(27)__假定待开发的系统是一个结构化的系统，其基本思想是将系统的生命周期划分为__(28)__、系统分析、系统设计、系统实施、系统维护等阶段。这种方法遵循系统工程原理，按照事先设计好的程序和步骤，使用一定的开发工具，完成规定的文档，以结构化和__(29)__的方式进行信息系统的开发工作。

(27) A．结构化方法　　　　　　　　　B．面向对象方法
　　　C．原型法　　　　　　　　　　　D．面向服务方法
(28) A．系统规划　　B．系统定义　　C．需求定义　　D．实现定义
(29) A．对象化　　　B．服务化　　　C．模块化　　　D．组件化

试题（27）～（29）分析

本题考查结构化方法的基础知识。

结构化方法是由结构化系统分析和设计组成的一种信息系统开发方法，是目前最成熟、应用最广泛的信息系统开发方法之一。它假定被开发的系统是一个结构化的系统，因而，其基本思想是将系统的生命周期划分为系统规划、系统分析、系统设计、系统实施、系统维护等阶段。这种方法遵循系统工程原理，按照事先设计好的程序和步骤，使用一定的开发工具，完成规定的文档，在结构化和模块化的基础上进行信息系统的开发工作。结构化方法的开发过程一般是先把系统功能视为一个大的模块，再根据系统分析设计的要求对其进行进一步的模块分解或组合。

结构化方法的主要特点如下：

（1）开发目标清晰化。结构化方法的系统开发遵循"用户第一"的原则，开发中要保持与用户的沟通，取得与用户的共识，这使得信息系统的开发建立在可靠的基础之上。

(2) 工作阶段程式化。结构化方法的每个阶段的工作内容明确，注重开发过程的控制。每一阶段工作完成后，要根据阶段工作目标和要求进行审查，这使得各阶段工作有条不紊，也避免为以后的工作留下隐患。

(3) 开发文档规范化。结构化方法的每一阶段工作完成后，要按照要求完成相应的文档，以保证各个工作阶段的衔接与系统维护工作的便利。

(4) 设计方法结构化。结构化方法采用自上而下的结构化、模块化分析与设计方法，使各个子系统间相对独立，便于系统的分析、设计、实现与维护。结构化方法被广泛地应用于不同行业信息系统的开发中，特别适合于那些业务工作比较成熟、定型的系统，如银行、电信、商品零售等行业。

参考答案

(27) A　(28) A　(29) C

试题 (30)、(31)

结构化方法属于___(30)___的开发方法，强调开发方法的结构合理性，以及所开发系统的结构合理性。而___(31)___是一种根据用户初步需求，利用系统开发工具，快速地建立一个系统模型展示给用户，在此基础上与用户交流，最终实现用户需求的信息系统快速开发的方法。

(30) A. 自底向上　　　B. 层次性　　　C. 自顶向下　　　D. 对象化

(31) A. 面向智能体方法　　　　B. 原型化方法
　　　C. 面向对象方法　　　　　D. 面向服务方法

试题 (30)、(31) 分析

本题考查信息系统开发方法的基础知识。

结构化方法是由结构化系统分析和设计组成的一种信息系统开发方法，是目前最成熟、应用最广泛的信息系统开发方法之一。它假定被开发的系统是一个结构化的系统，因而，其基本思想是将系统的生命周期划分为系统规划、系统分析、系统设计、系统实施、系统维护等阶段。这种方法遵循系统工程原理，按照事先设计好的程序和步骤，使用一定的开发工具，完成规定的文档，在结构化和模块化的基础上进行信息系统的开发工作。结构化方法的开发过程一般是先把系统功能视为一个大的模块，再根据系统分析设计的要求对其进行进一步的模块分解或组合。

原型法是一种根据用户需求，利用系统开发工具，快速地建立一个系统模型展示给用户，在此基础上与用户交流，最终实现用户需求的信息系统快速开发的方法。在现实生活中，一个大型工程项目建设之前制作的沙盘，以及大型建筑的模型等都与快速原型法有同样的功效。应用快速原型法的开发过程包括系统需求分析、系统初步设计、系统调试、系统检测等阶段。用户仅需在系统分析与系统初步设计阶段完成对应用系统的简单描述，开发者在获取一组基本需求定义后，利用开发工具生成应用系统原型，快速建立一个目标应用系统的最初版本，并把它提交给用户试用、评价，根据用户提出的意见和建议进行修改和补充，从而形成新的版本再返回给用户。通过这样多次反复，使得系统不断地细化和扩充，直到生成一个用户满意的方案为止。

面向对象方法是对客观世界的一种看法，它是把客观世界从概念上看成一个由相互配合协作的对象所组成的系统。信息系统开发的面向对象方法的兴起是信息系统发展的必然趋势。数据处理包括数据与处理两部分。但在信息系统发展过程的初期却是有时偏重这一面，有时偏重那一面。在二十世纪七八十年代，偏重于处理方面的人员认识到初期的数据处理工作是计算机相对复杂而数据相对简单。因此，先有结构化程序设计的发展，随后产生面向功能分解的结构化设计与结构化分析。偏重于数据方面的人员同时提出了面向数据结构的分析与设计。到了20世纪80年代，兴起了信息工程方法，使信息系统开发发展到了新的阶段。面向对象的分析方法是利用面向对象的信息建模概念，如实体、关系、属性等，同时运用封装、继承、多态等机制来构造模拟现实系统的方法。传统的结构化设计方法的基本点是面向过程，系统被分解成若干个过程。而面向对象的方法是采用构造模型的观点，在系统的开发过程中，各个步骤的共同目标是建造一个问题域的模型。在面向对象的设计中，初始元素是对象，然后将具有共同特征的对象归纳成类，组织类之间的等级关系，构造类库。在应用时，在类库中选择相应的类。

面向服务的方法也是重要的信息系统开发方法。面向对象的应用构建在类和对象之上，随后发展起来的建模技术将相关对象按照业务功能进行分组，就形成了构件的概念。对于跨构件的功能调用，则采用接口的形式暴露出来。进一步将接口的定义与实现进行解耦，则催生了服务和面向服务的开发方法。从应用的角度来看，组织内部、组织之间各种应用系统的互相通信和互操作性直接影响着组织对信息的掌握程度和处理速度。如何使信息系统快速响应需求与环境变化，提高系统可复用性、信息资源共享和系统之间的互操作性，成为影响信息化建设效率的关键问题，而面向服务的开发方法的思维方式恰好满足了这种需求。

参考答案
　　（30）C　　（31）B

试题（32）～（34）
　　ERP是一种融合了企业最佳实践和先进信息技术的新型管理工具，它扩充了　（32）　和制造资源计划的管理范围，将　（33）　和企业内部的采购、生产、销售以及客户紧密联系起来，可对供应链上的所有环节进行有效管理，实现对企业的动态控制和各种资源的集成和优化，提升基础管理水平，追求企业资源的合理高效利用。ERP的作用是在协调与整合企业各方面资源运营的过程中，全面实现　（34）　和企业对市场变化的快速反应，降低市场波动给企业带来的经营风险，帮助企业以更少的资源投入获得更多的投资回报。

　　（32）A．管理信息系统　　　　　　　B．人力资源系统
　　　　　C．企业发展计划　　　　　　　D．企业财务系统
　　（33）A．供应商　　B．开发商　　C．销售渠道　　D．建设商
　　（34）A．信息隐蔽　　B．信息重构　　C．信息共享　　D．信息更新

试题（32）～（34）分析
　　本题考查企业资源规划的基础知识。
　　企业资源规划（Enterprise Resource Planning，ERP）是企业在生产制造过程普遍使用的一种信息系统。它由美国Gartner Group公司于1990年提出。企业资源规划是企业制造资源规划（Manufacturing Resource Planning II，MRPII）的下一代制造业系统和资源计划系统软件。

除了 MRP II 已有的生产资源计划、制造、财务、销售、采购等功能外，还有质量管理、实验室管理、业务流程管理、产品数据管理、存货、分销与运输管理、人力资源管理和定期报告系统。目前，在我国 ERP 所代表的含义已经被扩大，用于企业的各类软件，已经统统被纳入 ERP 的范畴。它跳出了传统企业边界，从供应链范围去优化企业的资源，是基于网络经济时代的新一代信息系统。它主要用于改善企业业务流程，以提高企业核心竞争力。

企业的所有资源包括三大流：物流、资金流和信息流。ERP 也就是对这三种资源进行全面集成管理的管理信息系统。概括地说，ERP 是建立在信息技术基础上，利用现代企业的先进管理思想，全面地集成了企业的所有资源信息，并为企业提供决策、计划、控制与经营业绩评估的全方位和系统化的管理平台。ERP 系统是一种管理理论和管理思想，不仅仅是信息系统。它利用企业的所有资源，包括内部资源与外部市场资源，为企业制造产品或提供服务创造最优的解决方案，最终达到企业的经营目标。

ERP 理论与系统是从 MRP II 发展而来的。MRP II 的核心是物流，主线是计划，但 ERP 已将管理的重心转移到财务上，在企业整个经营运作过程中贯穿了财务成本控制的概念。ERP 极大地扩展了业务管理的范围及深度，包括质量、设备、分销、运输、多工厂管理、数据采集接口等。ERP 的管理范围涉及企业的所有供需过程，是对供应链的全面管理。

参考答案

（32）A　（33）A　（34）C

试题（35）、（36）

信息资源与人力、物力、财力和自然资源一样，都是企业的重要资源，信息资源管理（Information Resource Management，IRM）可通过企业内外信息流的畅通和信息资源的有效利用，来提高企业的效益和竞争力。IRM 包括强调对数据控制的 （35） ，和关心企业管理人员如何获取和处理信息的信息处理管理。IRM 的起点和基础是 （36） 。

（35）A．数据来源管理　　　　B．信息架构管理
　　　C．信息来源管理　　　　D．数据资源管理
（36）A．建立信息架构　　　　B．建立信息资源目录
　　　C．业务与 IT 整合　　　　D．信息与业务整合

试题（35）、（36）分析

本题考查信息资源管理的基础知识。

企业信息资源管理属于微观层次的信息资源管理的范畴，是指企业为达到预定的目标，运用现代的管理方法和手段对与企业相关的信息资源和信息活动进行组织、规划、协调和控制，以实现对企业信息资源的合理开发和有效利用。企业信息资源是企业在信息活动中积累起来的以信息为核心的各类信息活动要素（信息技术、设备、信息生产者等）的集合。企业信息资源管理的任务是有效地搜集、获取和处理企业内外信息，最大限度地提高企业信息资源的质量、可用性和价值，并使企业各部分能够共享这些信息资源。

参考答案

（35）D　（36）B

试题（37）

电子商务是指买卖双方利用现代开放的 Internet 网络，按照一定的标准所进行的各类商业活动。电子商务可具有不同的模式，其中个人工作者给消费者提供服务属于__（37）__。

（37）A．B2B　　　　B．C2C　　　　C．B2C　　　　D．C2B

试题（37）分析

本题考查电子商务的基础知识。

电子商务（Electronic Commerce，EC）是利用计算机技术、网络技术和远程通信技术，实现整个商务过程的电子化、数字化和网络化。要实现完整的电子商务会涉及很多方面，除了买家、卖家外，还要有银行或金融机构、政府机构、认证机构、配送中心等机构的加入才行。由于参与电子商务中的各方在物理上是互不谋面的，因此整个电子商务过程并不是物理世界商务活动的翻版，网上银行、在线电子支付等条件和数据加密、电子签名等技术在电子商务中发挥着不可或缺的作用。

按参与交易的对象分类，电子商务大致可以分为以下几类：

（1）企业对消费者（Business to Customer，B2C）。这类电子商务主要是借助于 Internet 开展在线销售活动。由于这种模式节省了客户和企业双方的时间和空间，大大提高了交易效率，节省了各类不必要的开支，因而得到了人们的认同，获得了迅速的发展。

（2）企业对企业（Business to Business，B2B）。两个或是若干个有业务联系的企业通过 B2B 模式彼此连接起来，形成网上的虚拟企业圈。例如，企业利用计算机网络向它的供应商进行采购，或利用计算机网络进行付款等。B2B 具有很强的实时商务处理能力，使企业能以一种安全、可靠、简便、快捷的方式进行企业间的商务联系活动。

（3）消费者对消费者（Customer to Customer，C2C）。这种模式其实是个人对个人，只不过习惯上是这么称呼而已。C2C 平台就是通过为买卖双方提供一个在线交易平台，使卖方可以主动提供商品上网拍卖，而买方可以自行选择商品进行竞价。

除此之外，也可以把企业对政府的一些商务活动简称为 B2G（Business to Government，企业对政府），例如，政府采购企业的产品等；把个人对企业的一些商务活动简称为 C2B（Customer to Business，消费者对企业），例如，IT 行业中的独立咨询师为企业提供咨询和顾问服务。由此，还可以衍生出 C2G（Customer to Government，消费者对政府）等，只不过这些都是非主流的模式。

参考答案

（37）B

试题（38）、（39）

在软件逆向工程的相关概念中，__（38）__ 是指借助工具从已有程序中抽象出有关数据设计、总体结构设计和过程设计等方面的信息；__（39）__ 是指不仅从现有系统中恢复设计信息，而且使用该信息去改变或重构现有系统，以改善其整体质量。

（38）A．设计恢复　　B．正向工程　　C．设计重构　　D．设计方案评估

（39）A．设计重构　　B．双向工程　　C．正向工程　　D．再工程

试题（38）、（39）分析

本题考查软件工程中逆向工程的基础知识。

逆向工程（Reverse Engineering）术语源于硬件制造业，是相互竞争的公司为了了解对方设计和制造工艺的机密，在得不到设计和制造说明书的情况下，通过拆卸实物获得信息。软件的逆向工程也基本类似，不过，通常"解剖"的不仅是竞争对手的程序，而且还包括本公司多年前的产品。软件的逆向工程是分析程序，力图在比源代码更高抽象层次上建立程序的表示过程，逆向工程是设计的恢复过程。

还需注意区分与逆向工程相关的概念，包括重构、设计恢复、再工程和正向工程。

（1）重构（Restructuring）。重构是指在同一抽象级别上转换系统描述形式。

（2）设计恢复（Design Recovery）。设计恢复是指借助工具从已有程序中抽象出有关数据设计、总体结构设计和过程设计等方面的信息。

（3）再工程（Re-engineering）。再工程是指在逆向工程所获得信息的基础上，修改或重构已有的系统，产生系统的一个新版本。再工程是对现有系统的重新开发过程，包括逆向工程、新需求的考虑过程和正向工程三个步骤。它不仅能从已存在的程序中重新获得设计信息，而且还能使用这些信息来重构现有系统，以改进它的综合质量。在利用再工程重构现有系统的同时，一般会增加新的需求，包括增加新的功能和改善系统的性能。

（4）正向工程（Forward Engineering）。正向工程是指不仅从现有系统中恢复设计信息，而且使用该信息去改变或重构现有系统，以改善其整体质量。

参考答案

（38）A　（39）C

试题（40）

在数据库系统中，一般将事务的执行状态分为五种。若"事务的最后一条语句自动执行后"，事务处于__(40)__状态。

（40）A．活动　　　B．部分提交　　　C．提交　　　D．失败

试题（40）分析

本题考查数据库系统的基本概念。

当操作序列的最后一条语句自动执行后，事务处于部分提交状态。这时，事务虽然已经完全执行，但由于实际输出可能还临时驻留在内存中，在事务成功完成前仍有可能出现硬件故障，事务仍有可能不得不中止。因此，部分提交状态并不等于事务成功执行。

参考答案

（40）B

试题（41）

某证券公司股票交易系统采用分布式数据库，这样本地客户的交易业务能够在本地正常进行，而不需要依赖于其他场地数据库，这属于分布式数据库的__(41)__特点。

（41）A．共享性　　　B．分布性　　　C．可用性　　　D．自治性

试题（41）分析

本题考查对分布式数据库基本概念的理解。

共享性是指各结点数据共享；自治性指每结点对本地数据都能独立管理；可用性是指当某一场地故障时，系统可以使用其他场地上的复本而不至于使整个系统瘫痪；分布性是指数据在不同场地上的存储。

参考答案

（41）D

试题（42）

在数据库系统中，视图实际上是一个 __（42）__ 。

（42）A．真实存在的表，并保存了待查询的数据

B．真实存在的表，只有部分数据来源于基本表

C．虚拟表，查询时只能从 1 个基本表中导出的表

D．虚拟表，查询时可以从 1 个或多个基本表或视图中导出的表

试题（42）分析

本题考查数据库系统的基本概念。

在数据库系统中，当视图创建完毕后，数据字典中存放的是视图定义。视图是从一个或者多个表或视图中导出的表，其结构和数据是建立在对表的查询基础上的。和真实的表一样，视图也包括几个被定义的数据列和多个数据行，但从本质上讲，这些数据列和数据行来源于其所引用的表。因此，视图不是真实存在的基础表，而是一个虚拟表，视图所对应的数据并不实际地以视图结构存储在数据库中，而是存储在视图所引用的基本表中。

参考答案

（42）D

试题（43）、（44）

给定关系模式 $R(U, F)$，其中：属性集 $U = \{A, B, C, D, E, G\}$，函数依赖集 $F = \{A \to BC, C \to D, A \to D, E \to G\}$。关系 R 中 __（43）__，函数依赖集 F 中 __（44）__ 。

（43）A．有 1 个候选码 A B．有 1 个候选码 AE

C．有 2 个候选码 AC 和 AE D．有 2 个候选码 CE 和 AE

（44）A．存在传递依赖，但不存在冗余函数依赖

B．既不存在传递依赖，也不存在冗余函数依赖

C．存在传递依赖，并且存在冗余函数依赖 $A \to D$

D．不存在传递依赖，但存在冗余函数依赖 $A \to D$

试题（43）、（44）分析

本题考查关系模式和关系规范化方面的基础知识。

关系模式 R 的码为 AE。因为 AE 是仅出现在函数依赖集 F 左部的属性，则 AE 必为 R 的任一候选码的成员。又因为若 $(AE)_F^+ = U$，则 AE 必为 R 的唯一候选码。

根据已知条件 "$F = \{A \to BC, C \to D, A \to D, E \to G\}$" 和 Armstrong 公理系统的引理 "$X \to A_1 A_2 \dots A_k$ 成立的充分必要条件是 $X \to A_i$ 成立($i=1,2,3\dots k$)，可以由 "$A \to BC$" 得出 "$A \to B$，$A \to C$"。根据 Armstrong 公理系统的传递律规则 "若 $X \to Y$，$Y \to Z$ 为 F 所蕴涵，则 $X \to Z$ 为 F 所蕴涵"，本题函数依赖 "$A \to C$，$C \to D$" 可以得出存在传递依赖 "$A \to D$"。

又由于 F 中有函数依赖 $A \to D$，故 $A \to D$ 为冗余函数依赖。

参考答案

  （43）B   （44）C

试题（45）

  分布式数据库系统中的两阶段提交协议（Two Phase Commit Protocol，2PC 协议）包含协调者和参与者，通常有如下操作指令。满足 2PC 的正常序列是__（45）__。

  ①协调者向参与者发 prepare 消息
  ②参与者向协调者发回 ready 消息
  ③参与者向协调者发回 abort 消息
  ④协调者向参与者发 commit 消息
  ⑤协调者向参与者发 rollback 消息

  （45）A．①②④   B．①②⑤   C．②③④   D．②③⑤

试题（45）分析

  本题考查对分布式数据库 2PC 协议的掌握程度。

  2PC 协议是指：协调者向所有参与者发送 prepare 消息；各参与者若愿意提交属于自己的部分，则向协调者发 ready 消息，否则发 abort 消息；协调者收到所有参与者的 ready 消息后，方能再向所有参与者发 commit 消息，否则，超时或有一个参与者发来了 abort 消息，则协调者只能向所有参与者发 rollback 消息，撤销本事务。2PC 保证了分布式数据库中事务的 ACID 属性。

参考答案

  （45）A

试题（46）

  在支持多线程的操作系统中，假设进程 P1 创建了线程 T1 和 T2，进程 P2 创建了线程 T3 和 T4，那么以下说法错误的是__（46）__。

  （46）A．线程 T1 和 T2 可以共享 P1 的数据段
      B．线程 T3 和 T4 可以共享 P2 的数据段
      C．线程 T1 和 T2 可以共享 P1 中任何一个线程打开的文件
      D．线程 T3 可以共享线程 T4 的栈指针

试题（46）分析

  在同一进程中的各个线程都可以共享该进程所拥有的资源，如访问进程地址空间中的每一个虚地址，访问进程所拥有的已打开文件、定时器、信号量机构等，但是不能共享进程中某线程的栈指针。

参考答案

  （46）D

试题（47）

  嵌入式系统初始化过程通常包括三个环节：片级初始化、板级初始化和系统初始化。以下关于系统级初始化主要任务的描述，准确的是__（47）__。

(47) A. 完成嵌入式微处理器的初始化
     B. 以软件初始化为主,主要进行操作系统的初始化
     C. 完成嵌入式微处理器以外的其他硬件设备的初始化
     D. 设置嵌入式微处理器的核心寄存器和控制寄存器工作状态

试题（47）分析

本题考查嵌入式系统方面的基础知识。

嵌入式系统级初始化过程是以软件初始化为主,主要进行操作系统的初始化。BSP（Board Support Package）将嵌入式微处理器的控制权转交给嵌入式操作系统,由操作系统完成余下的初始化操作,包含加载和初始化与硬件无关的设备驱动程序,建立系统内存区,加载并初始化其他系统软件模块,如网络系统、文件系统等。最后,操作系统创建应用程序环境,并将控制权交给应用程序的入口。

参考答案

（47）B

试题（48）

某文件系统采用索引节点管理,其磁盘索引块和磁盘数据块大小均为 4KB 字节,且每个文件索引节点有 8 个地址项 iaddr[0]～iaddr[7],每个地址项大小为 4 字节,其中 iaddr[0]～iaddr[4]采用直接地址索引,iaddr[5]和 iaddr[6]采用一级间接地址索引,iaddr[7]采用二级间接地址索引。若用户要访问文件 fileX 中逻辑块号为 5 和 2056 的信息,则系统应分别采用 __(48)__ 物理块。

(48) A. 直接地址访问和直接地址访问
     B. 直接地址访问和一级间接地址访问
     C. 一级间接地址访问和一级间接地址访问
     D. 一级间接地址访问和二级间接地址访问

试题（48）分析

本题考查操作系统文件管理方面的基础知识。

根据题意,磁盘索引块为 4KB 字节,每个地址项大小为 4 字节,故每个磁盘索引块可存放 4096/4=1024 个物理块地址。又因为文件索引节点中有 8 个地址项,其中 iaddr[0]～iaddr[4]采用直接地址索引,这意味着逻辑块号为 0 的物理地址存放在 iaddr[0]中,逻辑块号为 1 的物理地址存放在 iaddr[1] 中,逻辑块号为 2 的物理地址存放在 iaddr[2] 中,逻辑块号为 3 的物理地址存放在 iaddr[3] 中,逻辑块号为 4 的物理地址存放在 iaddr[4] 中；iaddr[5]和 iaddr[6]是一级间接地址索引,其中第一个地址项指出的物理块中是一张一级间接地址索引表,存放逻辑块号为 5～1028 对应的物理块号,第二个地址项指出的物理块中是另一张一级间接地址索引表,存放逻辑块号为 1028～2052 对应的物理块号；iaddr[7]是二级间接地址索引,大于 2052 的逻辑块号应采用二级间接地址索引。可见,用户要访问文件 fileX 中逻辑块号为 5 和 2056 的信息,系统应分别采用一级间接地址访问和二级间接地址访问。

参考答案

（48）D

试题（49）～（51）

进程 P1、P2、P3、P4、P5 和 P6 的前趋图如下所示：

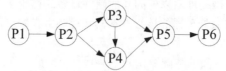

若用 PV 操作控制这 6 个进程的同步与互斥的程序如下，那么程序中的空①和空②处应分别为___（49）___；空③和空④处应分别为___（50）___；空⑤和空⑥处应分别为___（51）___。

```
begin
  S1, S2, S3, S4, S5, S6, S7:semaphore;   //定义信号量
  S1:=0; S2:=0; S3:=0; S4:=0; S5:=0; S6:=0; S7:=0;
  Cobegin
      process P1    process P2    process P3    process P4    process P5    process P6
      begin         begin         begin         begin         begin         begin
        P1 执行;      P(S1);        P(S2);        ④             P(S5);        P(S7);
        ①             P2 执行;      P3 执行;      P(S4);        ⑤             P6 执行;
      end;          ②             ③             P4 执行;      P5 执行;      end;
                    end;          end;          V(S6);        ⑥
                                                end;          end;
  Coend;
end.
```

(49) A. V（S1）和 P（S2）P（S3）   B. P（S1）和 V（S2）V（S3）
     C. V（S1）和 V（S2）V（S3）   D. P（S1）和 P（S2）P（S3）

(50) A. V（S4）V（S5）和 P（S3）   B. P（S4）和 V（S4）V（S5）
     C. P（S4）P（S5）和 V（S3）   D. V（S4）V（S5）P（S5）

(51) A. P（S5）和 P（S7）   B. P（S6）和 P（S7）
     C. V（S6）和 V（S7）   D. P（S6）和 V（S7）

试题（49）～（51）分析

试题（49）的正确答案为 C。根据前驱图，P1 进程运行完需要用 V（S1）通知 P2 进程，所以空①应填 V（S1）；而 P2 进程运行完需要用 V（S2）V（S3）通知 P3、P4 进程，所以空②应填 V（S2）V（S3）。

试题（50）的正确答案为 A。根据前驱图，P3 进程运行完需要分别通知 P4、P5 进程，故 P3 执行后需要执行 2 个 V 操作，即空③应填 2 个 V 操作；P4 进程由于之前需要等待 P3 的通知，故需要执行 1 个 P 操作，即空④应填 1 个 P 操作。采用排除法，对于试题（50）的选项 A、选项 B、选项 C 和选项 D，只有选项 A 满足条件，即空③应填 V（S4）V（S5），空④应填 P（S3）。

试题（51）的正确答案为 D。根据前驱图，P5 进程运行前需要等待 P3 和 P4 的通知，由于 P5 执行前已经用 P（S5），故空⑤应填一个 P 操作；又由于 P5 进程运行完需要通知 P6 进程，故空⑥应填 V 操作，由于 P6 执行前用 P（S7），故空⑥应填 V（S7）。采用排除法，

对于试题（51）的选项 A、选项 B、选项 C 和选项 D，只有选项 D 满足条件，即空⑤应填 P（S6），空⑥应填 V（S7）。

根据上述分析，用 PV 操作控制这 6 个进程的同步与互斥的程序如下：

```
begin
  S1, S2, S3, S4, S5, S6, S7:semaphore;     //定义信号量
  S1:=0; S2:=0; S3:=0; S4:=0; S5:=0; S6:=0; S7:=0;
  Cobegin
    process P1    process P2    process P3    process P4    process P5    process P6
      Begin         Begin         Begin         Begin         Begin         Begin
        P1 执行;      P(S1);        P(S2);        P(S3);        P(S5);        P(S7);
        V(S1);        P2 执行;      P3 执行;      P(S4);        P(S6);        P6 执行;
      end;            V(S2);        V(S4);        P4 执行;      P5 执行;      end;
  Coend;              V(S3);        V(S5);        V(S6);        V(S7);
                      end;          end;          end;          end;
end.
```

参考答案

（49）C　（50）A　（51）D

试题（52）

以下关于数学建模的叙述中，不正确的是　（52）　。

（52）A．数学建模用数学的语言量化现实世界的现象并分析其行为
　　　B．数学建模用数学来探索和发展我们对现实世界问题的理解
　　　C．数学建模往往是对实际问题迭代求解的过程
　　　D．人们常把示例问题用作所有数学建模的模板

试题（52）分析

本题考查应用数学（运筹）的基础知识。

数学建模并不存在对所有问题都适用的模板。

参考答案

（52）D

试题（53）

某项目包括 8 个作业 A～H，每天需要间接费用 5 万元，完成各作业所需的时间与直接费用、赶进度时每天需要增加的费用以及作业之间的衔接关系见下表。根据这些数据，以最低成本完成该项目需要　（53）　天。

作业	A	B	C	D	E	F	G	H
所需时间（天）	4	8	6	3	5	9	4	3
紧前作业	-	-	B	A	A	A	B,D	E,G
正常进度需要的直接费用（万元）	20	30	15	5	15	40	10	15
赶进度需要增加的费用（万元/天）	5	6	3	2	4	7	3	6

（53）A．13　　　B．14　　　C．15　　　D．16

试题（53）分析

本题考查应用数学（运筹）的基础知识。

绘制该项目的网络计划图如下。

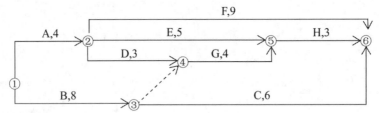

从①到⑥的最长时间路径（即关键路径）为 B-G-H（即①-③-④-⑤-⑥），所以，正常情况下该项目的工期为 8+4+3=15 天，所需经费=总直接费用+天数×每天的间接费用=150+15×5=225 万元。

为了将项目压缩工期 1 天，则必须将关键路径上的某个作业压缩 1 天。关键路径上的三个作业 B、G、H 压缩每天需要增加的费用分别为 6、3、6 万元，显然应将 G 压缩 1 天，需要增加费用 3 万元，但会节省间接费用 5 万元，所以总成本将降为 223 万元，工期将是 14 天。此时的网络计划图如下。

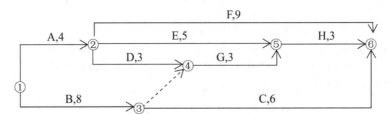

此时，关键路径有两条：B-G-H 和 B-C。如果项目要再压缩 1 天，则需要在每条关键路径上都压缩 1 天，而且赶进度总增加的费用应低于 5 万元才能节省总成本。如果 B 压缩 1 天，则总成本将增加 6–5=1 万元；如果 C 和 G 都压缩 1 天，则总成本将增加 3+3–5=1 万元；如果 C 和 H 都压缩 1 天，则总成本将增加 3+6–5=4 万元。

因此，以最低成本（223 万元）完成该项目需要 14 天。

参考答案

（53）B

试题（54）

以下关于线性规划模型的叙述中，不正确的是__（54）__。

（54）A．决策目标是使若干决策变量的线性函数达到极值
　　　　B．一组决策变量的线性等式或不等式构成约束条件
　　　　C．单纯形法是求解线性规划问题的一种方法
　　　　D．线性规划模型是运输问题的一类特殊情形

试题（54）分析

本题考查应用数学（运筹）的基础知识。

运输问题是一类特殊的线性规划模型。

参考答案

（54）D

试题（55）

某企业招聘英语翻译 2 人，日语、德语、俄语翻译各 1 人。经过统一测试的十分制评分，有 5 名应聘者 A、B、C、D、E 通过初选进入候选定岗。已知这 5 人的得分如下表。

应聘者	A	B	C	D	E
外语得分	日语 7 分 俄语 6 分	英语 7 分 德语 6 分	英语 9 分 俄语 8 分	英语 8 分 日语 6 分	英语 7 分 德语 7 分

根据此表，可以获得这 5 人最大总分为 __（55）__ 的最优录用定岗方案（每人一岗）。

（55）A．34　　　　B．35　　　　C．37　　　　D．38

试题（55）分析

本题考查应用数学（运筹）的基础知识。

应聘者与外语得分的关系可以表示如下。

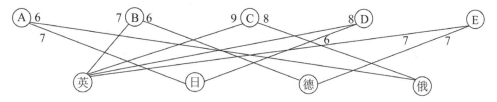

其中最高得分为 C 的英语成绩 9 分。

如果选聘 C 为英语翻译得 9 分，则 C 就不能再担任俄语翻译；从而只能由 A 担任俄语翻译得 6 分，A 就不能再担任日语翻译；从而只能由 D 担任日语翻译得 6 分，D 就不能再担任英语翻译。尚有 B 和 E 待选聘英语翻译和德语翻译。显然，应选 E 担任德语翻译得 7 分，选 B 担任英语翻译得 7 分。因此，这样的聘用方案总分为 9+6+6+7+7=35 分。

如果 C 不选聘英语翻译而是担任俄语翻译，得 8 分；那么 A 就不能担任俄语翻译，而是担任日语翻译，得 7 分；从而 D 就不能担任日语翻译，而是担任英语翻译，得 8 分。尚有 B 和 E 待选聘英语翻译和德语翻译。显然，应选 E 担任德语翻译得 7 分，选 B 担任英语翻译得 7 分。因此，这样的聘用方案总分为 8+7+8+7+7=37 分。

因此最终的录用定岗方案为：A-日语翻译（7 分），B-英语翻译（7 分），C-俄语翻译（8 分），D-英语翻译（8 分），E-德语翻译（7 分），总分最大为 37 分。

参考答案

（55）C

试题（56）

某项目要求在指定日期从结点 A 沿多条线路运输到结点 F，其运输路线图（包括 A～F 6 个结点以及 9 段线路）如下所示。每段线路都标注了两个数字：前一个数字是该段线路上单位运输量所需的费用（单位：万元/万吨），后一个数字是每天允许通过该段线路的最大运输量（万吨）。如果对该图采用最小费用最大流算法，那么该项目可以用最低的总费用，在指定日期分多条路线运输总计___(56)___万吨的货物。

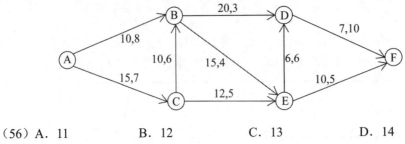

(56) A. 11　　　　B. 12　　　　C. 13　　　　D. 14

试题（56）分析

本题考查应用数学（运筹）的基础知识。

从结点 A 到 F 的最小费用路线是 A-B-E-F，运输每万吨货物的费用为 10+15+10=35 万元，最多可运输 min{8,4,5}=4 万吨，合计需要 35×4=140 万元。随后运输路线图调整如下。

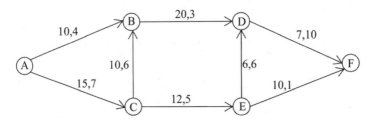

该运输路线图中的最小费用路线有两条，即 A-B-D-F 和 A-C-E-F，运输每万吨货物都需要 37 万元。前一条路线最多可运输 3 万吨，合计需要 111 万元；后一条路线最多可运输 1 万吨，需要 37 万元。这两批货物共运输 4 万吨，共需要 148 万元。随后运输路线图调整如下。

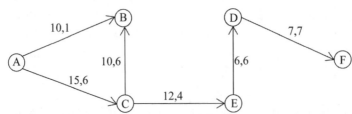

该运输路线图中的最小费用路线为 A-C-E-D-F，运输每万吨货物需要 40 万元，最多可运输 4 万吨，合计需要 160 万元。随后的运输路线图中，从结点 A 到 F 已断开。

总之，该项目能以最小总费用（448 万元）分 4 批运输最多 12 万吨货物。

参考答案

(56) B

试题（57）

某工厂分配四个工人甲、乙、丙、丁同时去操作四台机床 A、B、C、D，每人分配其中的一台。已知每个工人操作每台机床每小时的效益值如下表所示，则总效益最高的最优分配方案共有 __(57)__ 个。

	A	B	C	D
甲	5	3	5	4
乙	3	4	5	6
丙	4	3	2	3
丁	4	2	3	5

(57) A．1　　　　　B．2　　　　　　C．3　　　　　　D．4

试题（57）分析

本题考查应用数学（运筹）的基础知识。

本题属于运筹学的分配（指派）问题：要求在 4×4 矩阵中找出四个元素，分别位于不同行，不同列，使其和达到最大值。该矩阵的最大元素是 6，用 6 减去每个数得到的非负整数新矩阵，该问题就变成求总和最小的方案个数。

显然，任一行（或列）各元素都减（或加）一常数后，并不会影响最优方案的位置，只是目标值（分配方案的各项总和）也减（或加）了这一常数。

我们可以利用这一性质使矩阵更多的元素变成 0，其他元素保持正，以利于直观求解。

$$\begin{pmatrix} 1 & 3 & 1 & 2 \\ 3 & 2 & 1 & 0 \\ 2 & 3 & 4 & 3 \\ 2 & 4 & 3 & 1 \end{pmatrix} \longrightarrow \begin{pmatrix} 0 & 1 & 0 & 2 \\ 2 & 0 & 0 & 0 \\ 1 & 1 & 3 & 3 \\ 1 & 2 & 2 & 1 \end{pmatrix} \longrightarrow \begin{pmatrix} 0 & 1 & 0 & 2 \\ 2 & 0 & 0 & 0 \\ 0 & 0 & 2 & 2 \\ 0 & 1 & 1 & 0 \end{pmatrix}$$

从最右矩阵看，肯定有四个 0 元素位于不同行不同列，因此达到最小值。
从第 1 列看，若取(1,1)的 0，则其余三个 0 元素肯定位于(4,4)、(3,2)、(2,3)；
若取(3,1)的 0，则其余三个 0 元素肯定位于(1,3)、(4,4)、(2,2)；
若取(4,1)的 0，则其余三个 0 元素肯定位于(1,3)、(3,2)、(2,4)。
因此，最优方案共有三个，每小时的总效益都是 18：
①(1,1)、(2,3)、(3,2)、(4,4)，即分配甲-A，乙-C，丙-B，丁-D；
②(1,3)、(2,2)、(3,1)、(4,4)，即分配甲-C，乙-B，丙-A，丁-D；
③(1,3)、(2,4)、(3,2)、(4,1)，即分配甲-C，乙-D，丙-B，丁-A。

参考答案

(57) C

试题（58）

某班级某次考试由于教师出题太难导致大多数人的卷面百分制成绩不及格(低于60分)，成绩较高的与较低的学生都很少。为了控制及格率，教师根据卷面成绩 x 做了函数变换 y=f(x)，得到最终的百分制成绩 y，使及格率大为提高。比较公平合理的函数变换为 __(58)__ 。

(58) A．y=x+20　　　　B．y=1.2x　　　　C．$y=10\sqrt{x}$　　　　D．y=x^2/100

试题（58）分析

本题考查应用数学（运筹）的基础知识。

选项 A 不合理，它使 0 分变换成 20 分，使 100 分变换成 120 分。

选项 B 不合理，它使 100 分变换成 120 分。

选项 D 达不到目的，它将普遍降低成绩，使原来 60 分的变换成 36 分，不及格人数更多了，及格率更低了。

选项 C 比较公平合理，它维持了正常的百分制，使 0 分变换成 0 分，100 分变换成 100 分，卷面成绩 36 分以上的变换成 60 分以上的及格成绩，卷面成绩较高者最终成绩也较高。

参考答案

（58）C

试题（59）、（60）

系统可靠性是系统在规定时间内及规定的环境条件下，完成规定功能的能力。系统可靠性包含四个子特征，其中 (59) 是指系统避免因错误的发生而导致失效的能力； (60) 是指系统依附于与可靠性相关的标准、约定或规定的能力。

(59) A．成熟性　　　　B．容错性　　　　C．易恢复性　　　　D．可靠性的依从性

(60) A．成熟性　　　　B．容错性　　　　C．易恢复性　　　　D．可靠性的依从性

试题（59）、（60）分析

本题考查系统可靠性的基础知识。

系统可靠性中的成熟性子特性是指系统避免因错误的发生而导致失效的能力；容错性是指在系统发生故障或违反指定接口的情况下，系统维持规定的性能级别的能力；易恢复性是指系统发生失效的情况下，重建规定的性能级别并恢复受直接影响的数据的能力；可靠性的依从性是指系统依附于与可靠性相关的标准、约定或规定的能力。

参考答案

（59）A　　（60）D

试题（61）～（64）

组相联映射是常见的 Cache 映射方法。如果容量为 64 块的 Cache 采用组相联方式映射，每块大小为 128 个字，每 4 块为一组，即 Cache 分为 (61) 组。若主存容量为 4096 页，且以字编址。根据主存与 Cache 块的容量需一致，即每个内存页的大小是 (62) 个字，主存地址需要 (63) 位，主存组号需 (64) 位。

(61) A．8　　　　　B．16　　　　　C．32　　　　　D．4

(62) A．128　　　　B．64　　　　　C．4096　　　　D．1024

(63) A．256　　　　B．19　　　　　C．128　　　　D．8

(64) A．8　　　　　B．16　　　　　C．19　　　　　D．4

试题（61）～（64）分析

本题考查计算机组成原理的基础知识。

组相联映射（set-associative mapping）是主要用于主存储器与高速缓存之间的一种地址映射关系，将主存储器和高速缓存按同样大小分组，组内再分成同样大小的块，组间采用直

接映射，组内的块之间采用全相联映射。

因此，如果容量为 64 块的 Cache 采用组相联方式映射，每块大小为 128 个字，每 4 块为一组，即 Cache 分为 16 组。若主存容量为 4096 页，且以字编址。根据主存与 Cache 块的容量需一致，即每个内存页的大小是 128 个字，主存地址需要 19 位，主存组号需 8 位。

参考答案

（61）B　（62）A　（63）B　（64）A

试题（65）

通常使用 __（65）__ 为 IP 数据报文进行加密。

（65）A．IPSec　　　B．PP2P　　　C．HTTPS　　　D．TLS

试题（65）分析

本题考查 IPSec 的基础知识。

IP 数据报文是网络层报文，IPSec 是加强网络层报文安全的加密技术。

参考答案

（65）A

试题（66）

数据包通过防火墙时，不能依据 __（66）__ 进行过滤。

（66）A．源和目的 IP 地址　　　　B．源和目的端口
　　　C．IP 协议号　　　　　　　　D．负载内容

试题（66）分析

本题考查过滤型防火墙的基本知识。

过滤型防火墙是在网络层与传输层中，可以基于数据源头的地址以及协议类型等标志特征进行分析，确定是否可以通过。在符合防火墙规定标准之下，满足安全性能以及类型才可以进行信息的传递，而一些不安全的因素则会被防火墙过滤、阻挡。防火墙的包过滤技术一般只应用于 OSI 7 层模型的网络层的数据中，其能够完成对防火墙的状态检测，从而可以预先确定逻辑策略。逻辑策略主要针对地址、端口与源地址，通过防火墙的所有数据都需要进行分析，如果数据包内具有的信息和策略要求是不相符的，则其数据包就能够顺利通过，如果是完全相符的，则其数据包就被迅速拦截。因此，源和目的 IP 地址、源和目的端口以及 IP 协议号均可以用来作为过滤依据。

参考答案

（66）D

试题（67）

以下关于 AES 加密算法的描述中，错误的是 __（67）__ 。

（67）A．AES 的分组长度可以是 256 比特
　　　B．AES 的密钥长度可以是 128 比特
　　　C．AES 所用 S 盒的输入为 8 比特
　　　D．AES 是一种确定性的加密算法

试题（67）分析

本题考查 AES 加密算法的基础知识。

密码学中的高级加密标准（Advanced Encryption Standard，AES）又称 Rijndael 加密法，是 NIST 采用的一种分组加密标准。在 AES 标准规范中，分组长度只能是 128 位，AES 是按照字节进行加密，每个分组为 16 个字节。密钥的长度可以为 128 位、192 位或 256 位。AES 使用 8 比特 S 盒，因此输入为 8 比特。AES 对消息进行加密时，未引入随机数参与运算，因此对同一个消息的加密，得到的密文是相同的，即 AES 是一种确定性加密算法。

参考答案

　　（67）A

试题（68）

在对服务器的日志进行分析时，发现某一时间段，网络中有大量包含"USER""PASS"负载的数据，该异常行为最可能是__(68)__。

　　(68) A．ICMP 泛洪攻击　　　　　　B．端口扫描
　　　　 C．弱口令扫描　　　　　　　　D．TCP 泛洪攻击

试题（68）分析

本题考查网络安全技术中关于 Web 安全方面的基础知识。

主机往往使用用户名密码的形式进行远程登录，为了探测到可以登录的用户名和口令，攻击者往往使用扫描技术来探测用户名和弱口令，弱口令就是设计简单的密码，弱口令的试探主要基于密码字典进行穷举攻击。网络中有大量包含"USER""PASS"负载的数据，意味着攻击者不断地使用 USER、PASS 命令进行尝试，是典型的弱口令扫描攻击的特征。

参考答案

　　（68）C

试题（69）

某主机无法上网，查看"本地连接"属性中的数据发送情况，发现只有发送没有接收，造成该主机网络故障的原因最有可能是__(69)__。

　　(69) A．IP 地址配置错误　　　　　　B．网络协议配置错误
　　　　 C．网络没有物理连接　　　　　　D．DNS 配置不正确

试题（69）分析

本题考查网络故障排除知识。

TCP/IP 协议故障将无法看到发送数据；网络没有物理连接同样无法发送数据；DNS 配置不正确的故障，采用 IP 地址即可访问目标主机，题干的故障现象不符合。

参考答案

　　（69）A

试题（70）

某公司的员工区域使用的 IP 地址段是 172.16.133.128/23，该地址段中最多能够容纳的主机数量是__(70)__台。

　　(70) A．254　　　　B．510　　　　C．1022　　　　D．2046

试题（70）分析

本题考查 IP 子网划分的基础知识。

题干中 IP 地址为 B 类私有地址，进行了子网划分，子网掩码为 23 位，主机位为 32-23=9 位，因此该地址段中有可用 IP 地址 $2^9-2=510$ 个，能够容纳的主机数量最多为 510 台。

参考答案

（70）B

试题（71）～（75）

The objective of the systems analysis phase is to understand the proposed project, ensure that it will support business requirements, and build a solid foundation for system development. The systems analysis phase includes four main activities. __(71)__ involves fact-finding to describe the current system and identification of the requirements for the new system, such as outputs, inputs, processes, performance, and security. __(72)__ refer to the logical rules that are applied to transform the data into meaningful information. __(73)__ continues the modeling process by learning how to represent graphically system data and processes using traditional structured analysis techniques. __(74)__ combines data and the processes that act on the data into objects. These objects represent actual people, things, transactions, and events that affect the system. In __(75)__, we will consider various development options and prepare for the transition to the systems design phase of the SDLC.

（71）A．System logical modeling　　B．Use case modeling
　　　C．Requirement modeling　　　D．Application modeling

（72）A．Outputs　　　　　　　　　 B．Inputs
　　　C．Processes　　　　　　　　 D．Models

（73）A．Business modeling　　　　　B．Database modeling
　　　C．Structure modeling　　　　　D．Data and process modeling

（74）A．Object modeling　　　　　　B．Domain analysis
　　　C．Component modeling　　　　D．Behavior modeling

（75）A．feasibility analysis　　　　　B．development strategies
　　　C．architecture design　　　　　D．technique outline

参考译文

系统分析阶段的目标是了解提议的项目，确保它能够支持业务需求，并为系统开发奠定坚实的基础。系统分析阶段包括四个主要活动。需求建模涉及描述当前系统的事实调查和新系统需求的识别，例如输出、输入、过程、性能和安全。过程是指用于将数据转换为有意义信息的逻辑规则。数据和过程建模通过学习如何使用传统的结构化分析技术以图形方式表示系统数据和过程来继续建模过程。对象建模将数据和作用于数据的过程组合成对象。这些对象代表影响系统的实际人员、事物、事务和事件。在开发策略中，我们将考虑各种开发方案，并为过渡到系统开发生命周期的系统设计阶段做准备。

参考答案

（71）C　（72）C　（73）D　（74）A　（75）B

第 14 章 2021 上半年系统分析师下午试题 I 分析与解答

> 试题一为必答题，从试题二至试题五中任选 2 道题解答。请在答题纸上的指定位置处将所选择试题的题号框涂黑。若多涂或者未涂题号框，则对题号最小的 2 道试题进行评分。

试题一（共 25 分）

阅读下列说明，回答问题 1 至问题 3，将解答填入答题纸的对应栏内。

【说明】

某软件企业拟开发一套基于移动互联网的在线运动器材销售系统，项目组决定采用 FAST 开发方法进行系统分析与设计。在完成了初步的调查研究之后进入了问题分析阶段，分析系统中存在的问题以及改进项。其分析的主要内容包括：

(1) 器材销售订单处理的时间应该减少 20%；
(2) 移动端支持 iOS 和 Android 两类操作系统；
(3) 器材销售订单处理速度太慢导致很多用户取消订单；
(4) 后台服务器硬件配置比较低；
(5) 用户下单过程中应该减少用户输入的数据量；
(6) 订单处理过程中用户需要输入大量信息；
(7) 利用云计算服务可以降低 50% 的服务器处理时间；
(8) 公司能投入的技术维护人员数量有限；
(9) 大量的并发访问会导致 App 页面无法正常显示。

【问题 1】（12 分）

FAST 开发方法在系统分析中包括了初始研究、问题分析、需求分析和决策分析等四个阶段，请简要说明每个阶段的主要任务。

【问题 2】（8 分）

在问题分析阶段，因果分析方法常用于分析系统中的问题和改进项，请结合题目中所描述各项内容，将题干编号（1）～（9）填入表 1-1 的（a）～（d）中。

表 1-1 问题、机会、目标和约束矩阵

项目：在线运动器材销售系统		项目经理：Xinyou S.	
创建者：Cindy S.		最后修改人：Cindy S.	
创建日期：2021 年 3 月 12 日		最后修改日期：2021 年 3 月 28 日	
因果分析		系统改进目标	
问题/机会	原因/结果	系统目标	系统约束条件
（a）	（b）	（c）	（d）

【问题 3】(5 分)

在决策分析阶段，需要对候选方案所述内容按照操作可行性、技术可行性、经济可行性和进度可行性进行分类。请将下列（1）～（5）内容填入表 1-2 的（a）～（d）中。
(1) 新开发的器材销售系统能够满足用户所需的所有功能；
(2) 系统开发的成本大约需要 40 万元人民币；
(3) 需要对移动端 App 开发工程师进行技术培训；
(4) 系统开发周期需要 6 个月；
(5) 系统每年维护的费用大约 5 万元人民币。

表 1-2 候选方案指标分类

可行性准则	候选方案描述
操作可行性	（a）
技术可行性	（b）
经济可行性	（c）
进度可行性	（d）

试题一分析

本题考查结构化分析与设计技术应用。

此类题目要求考生在掌握结构化分析与设计方法相关知识的基础上，认真阅读题目对现实问题的描述，结合 FAST（Framework for the Application of Systems Techniques）开发方法中系统分析与设计所划分的八个阶段，能够清晰说明系统分析中初始研究、问题分析、需求分析和决策分析四个阶段的主要任务。

针对题目所述的各项分析任务，重点掌握问题分析阶段的因果分析方法和决策分析阶段的可行性分析方法。问题、机会、目标和约束矩阵是因果分析常用的一种工具，能够将当前系统的问题及其原因与系统改进目标关联起来，便于提出建议系统的目标和要求。可行性分析通常按照操作可行性、技术可行性、经济可行性和进度可行性等多个维度对候选方案特点进行分类评估，帮助系统分析人员选择出最优的系统提案。

【问题 1】

FAST 开发方法包括了初始研究、问题分析、需求分析、决策分析、设计、构建、实现、运行和维护等八个阶段，其中前面四个阶段属于系统分析环节。初始研究阶段的主要任务是定义项目范围，列出该项目的问题、改进项和外部指示；问题分析阶段的主要任务是深入分析和全面理解项目的问题、改进项和外部指示；需求分析是为目标系统定义业务需求，分析和完善需求；决策分析是确定候选方案并分析所有候选方案的可行性，选择出最优的解决方案。

【问题 2】

问题、机会、目标和约束矩阵是在问题/机会、原因/结果和系统改进目标之间建立关联关系。问题/机会是指当前系统运行过程中所存在的问题或者可以改进的机会；原因/结果是针对问题深入分析后确定可能产生该问题的原因；系统改进目标是针对不同类型的原因确定新系统在哪些方面进行改进和提升，同时确定可能受到的限制条件。通过分析题目所述各项内容可知，（3）订单处理速度太慢属于系统当前存在的问题；（4）、（6）、（9）是通过分析问题确定可能产生该问题的原因，包括硬件配置、用户交互和并发访问等；（1）、（5）、（7）是分别从降低处理时间、优化用户输入等方面提出的改进目标；（2）、（8）从操作系统和人力资源方面给出了受限因素。

【问题3】

在可行性分析中，操作可行性是评估解决方案的有效性，（1）属于操作可行性；技术可行性是评估解决方案中的技术要素是否满足，（3）属于技术可行性；经济可行性是对解决方案进行成本效益分析，（2）和（5）属于经济可行性；进度可行性用来评估解决方案是否能满足时间要求，（4）属于进度可行性。

参考答案

【问题1】

（1）初始研究：定义项目范围，列出该项目的问题、改进项和外部指示；

（2）问题分析：深入分析和全面理解项目的问题、改进项和外部指示；

（3）需求分析：为目标系统定义业务需求，分析和完善需求；

（4）决策分析：确定候选方案并分析所有候选方案的可行性，选择出最优的解决方案。

【问题2】

（a）（3）

（b）（4）、（6）、（9）

（c）（1）、（5）、（7）

（d）（2）、（8）

【问题3】

（a）（1）

（b）（3）

（c）（2）、（5）

（d）（4）

试题二（共 25 分）

阅读以下关于系统分析与设计的叙述，在答题纸上回答问题1至问题3。

【说明】

某高校拟开发一套图书馆管理系统，在系统分析阶段，系统分析师整理的核心业务流程与需求如下：

系统为每个读者建立一个账户，并给读者发放读者证（包含读者证号、读者姓名），账户中存储读者的个人信息、借阅信息以及预订信息等，持有读者证可以借阅图书、返还图书、查询图书信息、预订图书、取消预订等。

在借阅图书时，需要输入读者所借阅的图书名、ISBN 号，然后输入读者的读者证号，完成后提交系统，以进行读者验证。如果读者有效，借阅请求被接受，系统查询读者所借阅的图书是否存在，若存在，则读者可借出图书，系统记录借阅记录；如果读者所借阅的图书已被借出，读者还可预订该图书。读者如期还书后，系统清除借阅记录，否则需缴纳罚金，读者还可以选择续借图书。

同时，以上部分操作还需要系统管理员和图书管理员参与。

【问题 1】（6 分）

采用面向对象方法进行软件系统分析与设计时，一项重要的工作是进行类的分析与设计。请用 200 字以内的文字说明分析类图与设计类图的差异。

【问题 2】（11 分）

设计类图的首要工作是进行类的识别与分类，该工作可分为两个阶段：首先，采用识别与筛选法，对需求分析文档进行分析，保留系统的重要概念与属性，删除不正确或冗余的内容；其次，将识别出来的类按照边界类、实体类和控制类等三种类型进行分类。请用 200 字以内的文字对边界类、实体类和控制类的作用进行简要解释，并对下面给出的候选项进行识别与筛选，将合适的候选项编号填入表 2-1 中的（1）～（3）空白处，完成类的识别与分类工作。

表 2-1 图书管理系统类识别与分类表格

类型	实例
边界类	（1）
实体类	（2）
控制类	（3）

候选项：

a）系统管理员　　b）图书管理员　　c）读者　　　d）读者证　　e）账户

f）图书　　　　　g）借阅　　　　　h）归还　　　i）预订　　　j）罚金

k）续借　　　　　l）借阅记录

【问题 3】（8 分）

根据类之间的相关性特点，可以将类之间的关系分为组合（composition）、继承（inheritance）、关联（association）、聚合（aggregation）和依赖（dependency）等 5 种，请用 300 字以内的文字分别对这 5 种关系的内涵进行叙述，并从封装性、动态组合和创建对象的方便性三个方面对组合和继承关系的优缺点进行比较。

试题二分析

本题考查软件系统分析与设计方面的知识与应用，主要为类图的掌握与应用。

此类题目要求考生认真阅读题目对系统需求的描述，梳理系统功能和业务流程，并采用类图这一工具对系统对象的组织和关联方式进行建模，从而表达系统静态特征。

【问题 1】

在软件开发的不同阶段都使用类图，但这些类图表示了不同层次的抽象。分析阶段的类图主要是从业务领域获取信息的，在描述上更多使用了业务领域的语言和词汇。设计阶段的类图是从编程实现角度来设计类图的，更多的是考虑类编码的实现。具体来说，两者的差异分析如下：

（1）两者产生的阶段不同：分析类图在需求分析阶段产生，设计类图在系统设计阶段产生。

（2）两者的表达重点不同：分析类图用于表达领域（问题域）的概念，设计类图重点描述类与类之间的接口关系。

（3）两者的详细程度不同：分析类图主要是从业务领域获取信息的，在描述上更多使用了业务领域的语言和词汇，不关心类的属性和方法的细节。设计类图是从编程实现角度设计类图，通常是在分析类图的基础上进行细化和改进，更多的是考虑类的编码实现，需要包括类的名称、类属性的可见性、类属性的名称、类属性的数据类型，还要包括类方法的返回值、方法的英文名称和方法的传入参数等细节信息。

【问题 2】

设计类图的首要工作是进行类的识别与分类，该工作可分为两个阶段：首先，采用识别与筛选法，对需求分析文档进行分析，保留系统的重要概念与属性，删除不正确或冗余的内容；其次，将识别出来的类按照边界类、实体类和控制类等三种类型进行分类。这三者的定义如下：

边界类主要用于描述外部参与者与系统之间的交互。边界类是一种用于对系统外部环境与其内部运作之间的交互进行建模的类。这种交互包括转换事件，并记录系统表示方式（例如接口）中的变更。

实体类主要是作为数据管理和业务逻辑处理层面上存在的类。实体类的主要职责是存储和管理系统内部的信息，它也可以有行为，甚至很复杂的行为，但这些行为必须与它所代表的实体对象密切相关。

控制类用于描述一个用例所具有的事件流控制行为，控制一个用例中的事件顺序。控制类是控制其他类工作的类。每个用例通常有一个控制类，控制用例中的事件顺序，控制类也可以在多个用例间共用。其他类通常并不向控制类发送消息，而是由控制类发出消息。

根据上述描述，可以看出：

"罚金、借阅记录"是系统交互的要素，属于边界类的范畴。

"系统管理员、图书管理员、读者、图书"主要存储系统内部信息，属于实体类范畴。需要注意的是，读者、读者证和账户本质上都反映了读者这一个概念，因此可以任意选择一个，但不能多选。

"借阅、归还、预订、续借"均描述对应用例所具有的事件流控制行为，属于控制类范畴。

【问题 3】

在进行类图建模时，类之间的关系可分为组合（composition）、继承（inheritance）、关联（association）、聚合（aggregation）和依赖（dependency）等 5 种，其内涵描述如下。

组合（composition）：是整体与部分的关系，但部分不能离开整体而单独存在。

继承（inheritance）：表示一般与特殊的关系，它指定了子类如何特化父类的所有特征和行为。

关联（association）：是一种拥有的关系，它使一个类知道另一个类的属性和方法。

聚合（aggregation）：是整体与部分的关系，且部分可以离开整体而单独存在。

依赖（dependency）：是一种使用的关系，即一个类的实现需要另一个类的协助。

在类关系设计中，组合和继承关系的选择比较重要，一般会从封装性、动态组合和创建对象的方便性三个方面对这两种关系进行对比与取舍，具体来说：

（1）从封装性方面看，组合关系不破坏封装性，整体类与局部类之间松耦合，彼此互相独立；继承关系破坏封装性，子类与父类之间紧密耦合，子类依赖于父类的实现，子类缺乏独立性。

（2）从动态组合方面看，组合关系支持动态组合，在运行时整体对象可以选择不同的局部对象；继承关系不支持动态继承，在运行时，子类无法选择不同的父类。

（3）从创建对象的方便性方面看，组合关系在创建整体类的对象时，需要创建所有局部类对象；继承关系在创建子类对象时，无须单独创建父类的对象。

参考答案

【问题 1】

（1）两者产生的阶段不同：分析类图在需求分析阶段产生，设计类图在系统设计阶段产生。

（2）两者的表达重点不同：分析类图用于表达领域（问题域）的概念，设计类图重点描述类与类之间的接口关系。

（3）两者的详细程度不同：分析类图主要是从业务领域获取信息的，在描述上更多使用了业务领域的语言和词汇，不关心类的属性和方法的细节。设计类图是从编程实现角度设计类图，通常是在分析类图的基础上进行细化和改进，更多的是考虑类编码的实现，需要包括类的名称、类属性的可见性、类属性的名称、类属性的数据类型，还要包括类方法的返回值、方法的英文名称和方法的传入参数等细节信息。

【问题 2】

边界类主要用于描述外部参与者与系统之间的交互。边界类是一种用于对系统外部环境与其内部运作之间的交互进行建模的类。这种交互包括转换事件，并记录系统表示方式（例如接口）中的变更。

实体类主要是作为数据管理和业务逻辑处理层面上存在的类。实体类的主要职责是存储和管理系统内部的信息，它也可以有行为，甚至很复杂的行为，但这些行为必须与它所代表的实体对象密切相关。

控制类用于描述一个用例所具有的事件流控制行为，控制一个用例中的事件顺序。控制类是控制其他类工作的类。每个用例通常有一个控制类，控制用例中的事件顺序，控制类也可以在多个用例间共用。其他类通常并不向控制类发送消息，而是由控制类发出消息。

（1）j、l

（2）a、b、c、f

注：c）可替换为 d）或 e），不得多选

（3）g、h、i、k

【问题 3】

组合（composition）：是整体与部分的关系，但部分不能离开整体而单独存在。

继承（inheritance）：表示一般与特殊的关系，它指定了子类如何特化父类的所有特征和行为。

关联（association）：是一种拥有的关系，它使一个类知道另一个类的属性和方法。

聚合（aggregation）：是整体与部分的关系，且部分可以离开整体而单独存在。

依赖（dependency）：是一种使用的关系，即一个类的实现需要另一个类的协助。

组合和继承关系的优缺点：

（1）从封装性方面看，组合关系不破坏封装性，整体类与局部类之间松耦合，彼此互相独立；继承关系破坏封装性，子类与父类之间紧密耦合，子类依赖于父类的实现，子类缺乏独立性。

（2）从动态组合方面看，组合关系支持动态组合，在运行时整体对象可以选择不同的局部对象；继承关系不支持动态继承，在运行时，子类无法选择不同的父类。

（3）从创建对象的方便性方面看，组合关系在创建整体类的对象时，需要创建所有局部类对象；继承关系在创建子类对象时，无须单独创建父类的对象。

试题三（共 25 分）

阅读以下关于嵌入式实时系统设计的相关技术的描述，回答问题 1 至问题 3。

【说明】

某公司长期从事嵌入式系统研制任务。近期公司承担了一项面向交通领域的智能交通系统（ITS），为了将信息、通信、传感、控制及计算机等技术有效地集成运用于整个地面交通管理，达到智能交通管理的要求，经公司讨论决定，采用信息物理融合系统（Cyber Physical System，CPS）技术来保证 ITS 达到实时、准确、高效的智能交通管理的目的。公司领导层将此任务交给王工承担论证工作。王工在广泛调研的基础上提交了总体实施方案供讨论，大家在高度肯定总体实施方案的基础上，提出了一些问题，并就这些问题提出了补充意见。

【问题 1】（9 分）

王工在总体实施方案中指出：CPS 是在嵌入式系统、传感器技术和网络技术的基础上发展起来的，嵌入式系统使设备具有智能化能力，传感器网络使设备具有感知能力，这两者的结合就产生了"计算深度嵌入物理过程中"的效果，使得物理系统能力得到扩展，并且计算与物理过程相互影响作用，这正是 CPS 的系统目标，也是智能交通管理系统的最终目标。基于此需求，对比现有系统，报告分析出 CPS 系统应具有十项需求，其中：异质性（heterogeneity）、分布性（distribution）、动态重组（recomposition）和重配置（reconfiguration）是 CPS 的关键需求。请用 300 字以内的文字解释说明上述三个需求的具体含义。

【问题 2】（11 分）

讨论会上，与会者在 CPS 的体系结构构建上出现意见分歧，王工提出的智能交通管理系统拟采用传统的 CPS 三层体系结构（即物理层、网络层和应用层）。张工对此方案提出了异议，认为三层体系结构不能体现智能、融合等特点，由于智能交通管理系统信息量大，计算和控制是关键，应考虑将系统分解为四层体系结构，以充分体现智能、控制和信息融合的特点。经讨论，最后采纳了张工的建议。图 3-1 和图 3-2 分别是王工和张工提出的分层体系结构。请用 150 字以内的文字简要说明王工提出的三层体系结构中各层的功能划分，并详细分析图 3-2，指出张工提出的四层体系结构与王工提出的结构存在的差异，并说明四层体系结构的两个显著优点。

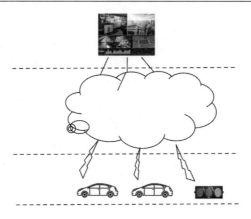

图 3-1 ITS 三层结构

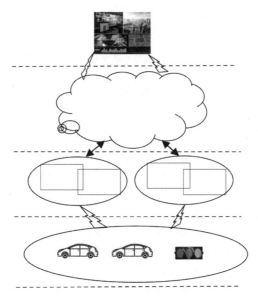

图 3-2 ITS 四层结构

【问题 3】(5 分)

王工在总体实施方案中强调，智能交通管理系统采用 CPS 体系结构后，由于本系统安全与否，直接涉及车辆、驾驶员以及行人的生命安全，因此必须开展智能交通管理系统的安全性分析，寻找出潜在风险。通常风险可分为基本风险和特定风险，而特定风险涵盖了人为因素带来的风险和环境因素带来的风险。请识别出智能交通管理系统存在的 5 种特定风险。

试题三分析

CPS（Cyber Physical System）系统已成为目前嵌入式系统智能化的典型系统，它是在嵌入式系统、传感器技术和网络技术的基础上发展起来的，嵌入式系统使设备具有智能化能力，传感器网络使设备具有感知能力，这两者的结合就产生了"计算深度嵌入物理过程中"的效果，使得物理系统能力得到扩展，并且计算与物理过程相互影响作用。本题考查考生对 CPS 基础知识的理解，并结合智能交通管理系统的实例，在设计 CPS 时应该考虑和分析系统的需求，以实现 CPS 系统的真正目标。

【问题1】

与现有系统相比，CPS 系统应具有十项性能需求，即计算/信息过程与物理过程紧密结合、可靠性（reliability）、实时性（real-time）、适时性（timing）、并发性（concurrency）、异质性（heterogeneity）、自治性（autonomous）、分布性（distribution）、安全性（security）和隐私性（privacy）、动态重组（recomposition）和重配置（reconfiguration）。而异质性、分布性、动态重组和重配置是 CPS 的关键需求，掌握这十项需求的具体含义，对理解 CPS 具有重要的意义。

（1）计算/信息过程与物理过程紧密结合：以至于对系统的行为特征无法判断究竟是物理定律还是计算过程甚至两者共同影响的结果。

（2）可靠性：物理世界的变化是不可预测的，CPS 并非工作在可控的物理环境中，因此，CPS 必须能够应对意外情况和子系统故障。可靠性是系统的一项重要指标，特别是 CPS 对可靠性提出更高的要求，只有高可靠性的交通 CPS 才能被人们使用。

（3）实时性：实时性就是要求物理世界发生的事件能够几乎同时地反映到信息世界中，CPS 是计算与物理过程不断交互的系统，需要实时地感知物理过程并对物理过程进行干预，这就要求系统具有较高的实时性。

（4）适时性：适时性是不同于实时性的另一个概念，适时性指 CPS 中任务的完成具有最终期限（deadline），如果错过了这个最终期限，那么该任务就不需要再执行，即任务过期。

（5）并发性：并发是物理环境中事件发生的基本特征，目前存在的计算模式基本是顺序的，并且人们似乎已经完全适应了，但是 CPS 是计算和物理过程紧密结合的系统，必须开发新的并行计算软件系统以适应 CPS 的需求。

（6）异质性：CPS 网络将异质部件进行互联，这些异质单元可能包括不同功能的设备、不同公司生产的设备、软件系统不同的设备，甚至编码系统不同的设备。CPS 要实现这些异质设备间的无障碍的互操作，需要采取一些"翻译"措施。

（7）自治性：CPS 最大的特点就是系统的自治性。系统能够通过传感器感知环境并做出相应的反应。人在整个系统中可以干预，但是在没有人的情况下系统同样能够正常运行。

（8）分布性：CPS 系统中存在大量网络化的嵌入式计算，这些嵌入式计算组成了分布式计算的网络，每个结点的能力有限，是一种典型的分布式计算系统。

（9）安全性和隐私性：CPS 不但具有信息处理能力，还具有影响物理环境的能力，因此它比互联网提出了更高的安全和隐私保护需求。

（10）动态重组和重配置。CPS 的目标是完成各种任务，那么各种资源要能够根据任务的情况，动态地进行重组和重配置，若某些资源失效，如感知设备电池耗尽了，就要能够自动地组织其他资源做补充。

【问题2】

本问题通过对 CPS 三层体系结构和四层体系结构的讨论，考查考生对 CPS 体系结构设计的主要思想及方法的掌握。

王工提出的智能交通管理系统采用传统的 CPS 三层体系结构（即物理层、网络层和应用层），它也可以满足智能交通管理系统的需求，只是在能力优势方面存在不足。王工给出的智能交通管理系统的三层体系结构具体功能划分如下：

（1）物理层：交通 CPS 中，汽车、道路设备不再仅仅是简单的机械设备，而是嵌入大量传感器、计算、控制部件的智能体。智能汽车、智能道路、智能桥梁等交通智能设备分布在环境中，直接与物理环境相互作用，这些有感知、计算以及控制等功能的交通设备构成了交通 CPS 的物理层。

（2）网络层：单一的、孤立的智能汽车（CPSU）并不能构成交通 CPS，只有各种交通 CPSU 互联互通才能实现交通 CPS，交通 CPS 体系结构中的网络层正是将大量异构 CPSU 连接起来，实现交通 CPSU 的互联互通，并支持 CPSU 的互操作。

（3）应用层：应用层主要是指面向用户提供服务的应用软件，例如智能汽车的车载软件、交通管理部门的集中监控软件等。

而张工提出的四层体系结构较三层体系结构存在明显的优势，分析如下：

感知层是与物理环境直接交互的感知设备、执行设备以及它们构成的具有特定功能的网络单元。可将物理环境中的各种信息转化成抽象的系统信息，比如驾驶员的思维、意志、动作及身体状况等信息。感知层功能等同于王工划分的物理层。

计算层由系统中具有统计、计算、仿真及显示能力的设备构成，为 CPS 的最优控制提供参考数据。CPS 计算层包括计算机、路况监测仪、气象数据统计仪等智能设备，它们接收感知层 CPSU 或控制层设备传递过来的数据，运用自身处理能力处理数据，加工后传递到控制层和感知层。

控制层由系统中的控制、调度、分析设备或模块组成，主要功能是收集数据采集设备获得的信息，分析收集到的信息并产生控制命令控制系统的其他设备。控制层包含交通系统中的车辆导航仪、车速控制器等具有控制与调度功能的子系统。

网络层是利用卫星通信、光纤通信、基站通信等方式将计算层、控制层以及感知层互相连接，从而实现感知层 CPSU 之间的互操作、数据传输和资源共享。网络层是 CPS 实现资源共享的基础，在整个系统中起到桥梁的作用。

四层体系结构模型包括感知层、计算层、控制层、网络层。从分析看每一层都有各自的主要功能，然而在实际工作中，各层并不是独立的，而是通过与其他层的互相协调与反馈控制来完成任务。感知层的各 CPS 与 CPSU 之间通过网络层实现信息传递与交换，共同实现对物理环境的精确感知；计算层获取来自感知层或者其他层的数据后，经分析、运算后传到其他层；控制层接收来自计算层的数据或来自应用层的用户控制信息，加工处理后生成控制命令，经网络层传送到感知层和计算层，实现对感知层 CPSU 的控制；同时网络层又将感知层、计算层、控制层互连成较大的网络，不但实现了环境的感知与共享，还实现了各层次间的互相控制与协调，实现应用层的任务请求与需要。

因此张工提出的系统结构具有以下两点优势：

（1）增加计算/控制层中的计算能力可以有效获取来自感知层或者其他层的数据，可增加综合统计及分析能力，也可对数据经分析、运算后传到其他层，实现交通管理的统计、计算、仿真及显示能力，同时也可降低感知层的计算负荷。

（2）增加计算/控制层的控制能力可以接收来自计算层的数据或来自应用层的用户控制信息，加工处理后生成控制命令，经网络层传送到感知层和计算层，实现对感知层 CPSU 的控制。增加控制能力可以将比如导航仪、车速控制器等具有控制与调度功能的子系统能力进行信息融合管理。

【问题 3】

本问题主要考查考生对 CPS 智能交通管理系统中的特定风险进行识别，以帮助完成系统设计中对风险的防范设计。

CPS 是一种开放式系统，其系统分布应适应不同条件下的恶劣环境，而风险是永远存在的，在设计之初，就应该识别风险点。因此，智能交通管理系统的安全性分析是必须事先开展的工作，要寻找出系统潜在风险点。

依据产生风险的行为分类，风险可以分为基本风险与特定风险。

基本风险：基本风险是指非个人行为引起的风险。它对整个团体乃至整个社会产生影响，而且是个人无法预防的风险。如地震、洪水、海啸、经济衰退等均属此类风险。

特定风险：特定风险是指个人行为引起的风险。它只与特定的个人或部门相关，而不影响整个团体和社会。如火灾、爆炸、盗窃以及对他人财产损失或人身伤害所负的法律责任等均属此类风险。特定风险一般较易为人们所控制和防范。

根据上述定义，考生可从题干中分析出智能交通管理系统可能存在的五种特定风险。例如以下十种：驾驶员、行人、乘客、车辆维修人员、操作人员、路面结冰、轮胎爆裂、火灾/水灾、爆炸/自燃、汽油/机油泄漏、信号灯故障和网络故障或丢失等。

参考答案

【问题 1】

（1）异质性。CPS 网络将异质部件进行互联，这些异质单元可能包括不同功能的设备、不同公司生产的设备、软件系统不同的设备，甚至编码系统不同的设备。CPS 要实现这些异质设备间的无障碍的互操作，需要采取一些"翻译"措施。

（2）分布性。CPS 系统中存在大量网络化的嵌入式计算，这些嵌入式计算组成了分布式计算的网络，每个结点的能力有限，是一种典型的分布式计算系统。

（3）动态重组和重配置。CPS 的目标是完成各种任务，那么各种资源要能够根据任务的情况，动态地进行重组和重配置，当某些资源失效，如感知设备电池耗尽了，要能够自动地组织其他资源做补充。

【问题 2】

物理层：交通 CPS 中，汽车、道路设备不再仅仅是简单的机械设备，而将是嵌入大量传感器、计算、控制部件的智能体。智能汽车、智能道路、智能桥梁等交通智能设备分布在环境中，直接与物理环境相互作用，这些有感知、计算以及控制等功能的交通设备构成了交通 CPS 的物理层。

网络层：单一的、孤立的智能汽车（CPSU）并不能构成交通 CPS，只有各种交通 CPSU 互联互通才能实现交通 CPS，交通 CPS 体系结构中的网络层正是将大量异构 CPSU 连接起来，实现交通 CPSU 的互联互通，并支持 CPSU 的互操作。

应用层：应用层主要是指面向用户提供服务的应用软件，例如智能汽车的车载软件、交通管理部门的集中监控软件等。

张工的四层体系结构与王工的三层体系结构相比，其显著特点是张工的感知层与王工的物理层功能一致，而差别在于张工在感知层之上增加了计算/控制层，使得功能划分更清晰，层次结构更加明确，可确保信息的计算、控制和融合处理的有效性。

张工提出的系统结构具有以下优势：

增加计算/控制层中的计算能力可以有效获取来自感知层或者其他层的数据，可增加综合统计及分析能力，也可对数据经分析、运算后传到其他层，实现交通管理的统计、计算、仿真及显示能力，同时也可降低感知层的计算负荷。

增加计算/控制层的控制能力可以接收来自计算层的数据或来自应用层的用户控制信息，加工处理后生成控制命令，经网络层传送到感知层和计算层，实现对感知 CPSU 的控制。增加控制能力可以将比如导航仪、车速控制器等具有控制与调度功能的子系统能力进行信息融合管理。

【问题3】（列出其中五项即可）

（1）驾驶员

（2）行人

（3）乘客

（4）车辆维修人员

（5）操作人员

（6）路面结冰

（7）轮胎爆裂

（8）火灾/水灾

（9）爆炸/自燃

（10）汽油/机油泄漏

（11）信号灯故障

（12）网络故障或丢失

试题四（共 25 分）

阅读以下关于数据管理的叙述，在答题纸上回答问题1至问题3。

【说明】

某大型企业在长期信息化建设过程中，面向不同应用，开发了各种不同类型的应用软件系统，以满足不同的业务需求。随着用户需求和市场的快速变化，要求企业应能快速地整合企业的各种业务能力，为不同类型的用户提供多种流程的业务服务。但现有各个独立的应用系统难以满足日益增长和快速变化的用户需求。

目前该企业各个应用系统主要存在以下问题：

（1）应用系统是异构的、运行在不同软硬件平台上的信息系统；

（2）应用系统的数据源彼此独立、相互封闭，使得数据难以在系统之间交互、共享和融合，即存在"信息孤岛"；

（3）系统是面向应用的，各个应用系统中的数据模型差异大，即使同一数据实体，其数据类型、长度、值均存在不一致甚至相互矛盾的问题。

为此，该企业专门成立了研发团队，希望能够尽快解决上述问题。

【问题1】（10分）

李工建议采用数据集成的方式来实现数据的整合，同时构建新系统来满足新的需求。针对题干中的问题（3），李工提出首先应面向企业核心的业务主题，做好企业战略数据规划，建立企业的主题数据库，然后再进行集成系统的开发。

请用200字以内的文字简要说明主题数据库的设计要求和基本特征。

【问题2】（9分）

张工认为数据集成的方式难以充分利用已有应用系统的业务功能，实现不同业务功能的组合，建议采用基于 SOA 的应用集成方式，将原有系统的功能包装为多个服务，并给出了基本的集成架构，见图4-1。

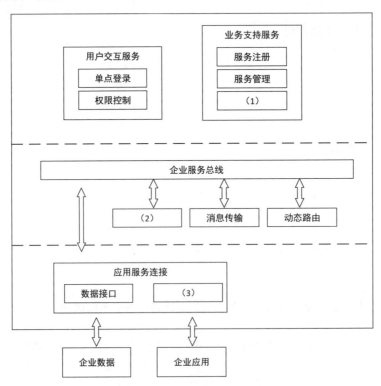

图4-1 基于 SOA 的集成架构示意图

请补充完善图4-1中（1）～（3）处空白处的内容。

【问题3】（6分）

研发团队在对张工的方案进行分析后，发现该方案没有发挥 SOA 的核心理念，即松耦合的服务带来业务的复用，通过服务的编排助力业务的快速响应和创新，未实现"快速整合企业业务能力，为不同类型的用户提供各种不同功能、不同流程的业务服务"的核心目标，目前的方案仅仅是通过 SOA 实现了系统的集成。

请用 200 字以内的文字分析该方案未满足本项目核心目标的原因。

试题四分析

本题考查遗留系统的集成以及业务快速整合的过程与方法。

【问题1】

按照詹姆斯·马丁的观点，企业信息化的首要任务是在企业战略目标的指导下做好企业战略数据规划，它是企业核心竞争力的重要构成因素，具有非常明显的异质性和专有性。主题数据库是企业战略数据规范化法的重点和关键。

主题数据库的设计目的是加速应用系统的开发，主题数据库的逻辑结构应独立于当前的计算机硬件和软件的实现过程，应设计得尽可能稳定，在较长时间内为企业的信息资源提供稳定的服务。

主题数据库的基本特征包括：

（1）面向业务主题：主题数据库是面向业务主题来组织的数据存储；主题数据库与企业管理中要解决的主要问题相关联，而不是与通常信息系统的应用项目相关联。

（2）信息共享：主题数据库是对各个应用系统"自建自用"数据库的否定，强调建立各个应用系统"共建共用"的共享数据库。不同的应用系统统一使用主题数据库。

（3）一次一处输入系统：主题数据库要求调研分析企业各经营管理层次上的数据源，强调数据就地采集，就地处理、使用和存储，以及必要的传输、汇总和集中存储；同一数据必须一次、一处进入系统，保证其正确性、及时性和完整性，但可以多次、多处使用。

（4）由基本表组成：主题数据库由多个达到基本规范化（满足 3NF）要求的数据实体构成。

【问题2】

本问题考查基于 SOA 集成的基本概念。

在李工提出的数据集成方案中，实际上已经放弃了已有业务系统的业务功能，重新整合数据并需要重新开发新的业务系统。这种方式难以充分利用已有应用系统的业务功能，实现不同业务功能的组合。因此张工提出了基于 SOA 的应用集成方式。

基于 SOA 的应用集成方案提供了一个统一的、标准化的、可配置的业务集成平台，可以解决不同类型的异构系统之间难以有效整合的问题。

在基于 SOA 的应用集成架构方案中，需要对已有的业务系统进行服务封装，将原有系统的功能包装为多个服务，并通过统一的平台进行服务管理，包括服务注册、服务管理和服务编排，只有这样企业才能快速整合企业的各种业务能力，为不同类型的用户提供多种流程的业务服务。但是根据题干中的问题（3），数据格式各异，因此在服务编排过程中，不仅需要提供动态路由和消息传输，同时也需要进行数据转换，来完成不同服务之间的数据适配。同时，在应用服务连接模块中，不仅需要提供数据接口，还需要提供应用程序接口，以便完成封装之后的服务编排。

完善后的基于 SOA 的集成架构如下图所示。

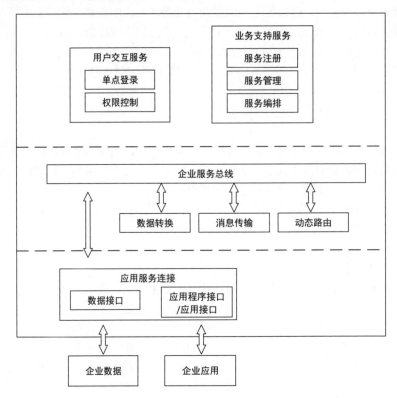

【问题 3】

研发团队在对张工的方案进行分析后,发现该方案没有发挥 SOA 的核心理念,即松耦合的服务带来业务的复用,通过服务的编排助力业务的快速响应和创新,未实现"快速整合企业业务能力,为不同类型的用户提供各种不同功能、不同流程的业务服务"的核心目标,目前的方案仅仅是通过 SOA 实现了已有业务系统的功能集成。

主要的原因在于:

(1) 服务粒度的问题:服务是对原有系统功能的包装,通常是粗粒度的,很难实现真正意义上的细粒度、松耦合的服务。

(2) 服务编排:由于服务的粒度过粗、过大,使得在服务编排上难以进行真正意义上灵活的服务编排。也使得难以通过编排已有服务来实现"为不同类型的用户提供各种不同功能、不同流程的业务服务"的目标。

因此目前的方案仅仅是通过 SOA 实现了已有业务系统的功能集成,而未能发挥 SOA 的核心理念。

参考答案

【问题 1】

设计要求:为了加速应用系统的开发,主题数据库的逻辑结构应独立于当前的计算机硬件和软件的实现过程,应设计得尽可能稳定。

基本特征:

(1) 面向业务主题:主题数据库是面向业务主题来组织的数据存储;

(2) 信息共享:主题数据库是不同应用系统共建共用的共享数据库;

(3) 一次一处输入系统:数据就地采集,就地处理、使用和存储,以及必要的传输、汇总和集中存储;

(4) 由基本表组成:主题数据库由多个达到基本规范化要求的数据实体构成。

【问题 2】

(1) 服务编排

(2) 数据转换

(3) 应用程序接口/应用接口

【问题 3】

主要的原因在于:

(1) 服务粒度的问题:服务是对原有系统功能的包装,通常是粗粒度的,很难实现真正意义上的细粒度、松耦合的服务。

(2) 服务编排:由于粗粒度的服务,难以进行真正意义上灵活的服务编排。

试题五(共 25 分)

阅读以下关于 Web 系统架构设计的叙述,在答题纸上回答问题 1 至问题 3。

【说明】

某公司拟开发一个基于 Web 的远程康复系统。该系统的主要功能需求如下:

(1) 康复设备可将患者的康复训练数据实时传入云数据库;

(2) 医生可随时随地通过浏览器获取患者康复训练的数据,并进行康复训练的结果评估和康复处方的更新;

(3) 患者可通过此系统查看自己的康复训练记录和医生下达的康复训练处方,并可随时与医生进行在线沟通交流;

(4) 平台管理员可借助此系统实现用户的管理和康复设备的监控和管理,及时获悉设备的数据信息,便于设备的维护和更新。

该公司针对上述需求组建了项目组,并召开了项目开发讨论会。会上,张工建议云数据库采用关系型数据库来实现数据存储;李工提出采用三层架构实现该远程康复系统。

【问题 1】(6 分)

请用 200 字以内的文字简要说明什么是云数据库以及云数据库的特点。

【问题 2】(9 分)

根据该系统的功能需求,请列举出该系统中存在的实体,以辅助张工进行关系数据库设计。

【问题 3】(10 分)

根据李工的建议,该系统将采用三层架构。请用 300 字以内的文字分析层次型架构的优势,并从下面给出的(a)~(i)候选项中进行选择,补充完善图 5-1 中(1)~(6)处空白的内容,完成该系统的架构设计方案。

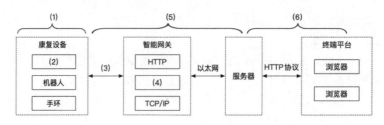

图 5-1 基于 Web 的远程康复系统

候选项：
    a）治疗仪   b）接入层   c）Socket   d）Spring   e）应用层
    f）MySQL   g）MVC   h）无线通信   i）网络层

试题五分析

本题考查 Web 系统分析设计的能力。此类题目要求考生认真阅读题目对现实问题的描述，根据需求描述完成系统分析与设计。

【问题 1】

云数据库是指被优化或部署到一个虚拟计算环境中的数据库，可以实现按需付费、按需扩展、高可用性以及存储整合等。数据库类型一般分为关系型数据库和非关系型数据库（NoSQL 数据库）。

云数据库的特性有：实例创建快速、支持只读实例、读写分离、故障自动切换、数据备份、Binlog 备份、SQL 审计、访问白名单、监控与消息通知等。具体阐述如下。

（1）实例创建快速：选择好需要的套餐后，RDS 控制台会根据选择的套餐优化配置参数，短短几分钟，一个可以使用的数据库实例就创建好了。

（2）支持只读实例：RDS 只读实例面向对数据库有大量读请求而非大量写请求的读写场景，通过为标准实例创建多个 RDS 只读实例，赋予标准实例弹性的读能力扩展，从而增加用户的吞吐量。

（3）故障自动切换：主库发生不可预知的故障（如硬件故障）时，RDS 将自动切换该实例下的主库实例，恢复时间一般小于 5min。

（4）数据备份：RDS 默认自动开启备份，实现数据库实例的定时备份。自动备份保留期为七天。在自动定时备份的基础上，RDS 也支持用户手动的数据库实例备份（即数据快照），可以随时从数据快照恢复数据库实例。

（5）Binlog 备份：RDS 会自动备份 Binlog 日志，并长期保存 Binlog 日志的备份。RDS 备份的 Binlog 日志也提供用户下载，方便用户对 Binlog 进行二次分析处理。

（6）访问白名单：RDS 支持通过设置 IP 白名单的方式来控制 RDS 实例的访问权限。

（7）监控与消息通知：通过 RDS 控制台可以详细了解数据库运行状态，并且可以通过控制台定制需要的监控策略，当监控项达到监控策略阈值时，RDS 将通过短信方式进行提醒和通知。RDS 服务的相关变更也会通过电子邮件或短信通知功能及时告知。

【问题 2】

根据题干给出的需求，可分析出该系统中的实体有用户（User）、医生（Doctor）、患者

（Patient）、平台管理员（Platform Administrator）、设备（Equipment）、设备数据（Equipment Data）、训练数据（Training Data）、康复处方（Prescription）、训练记录（Report）等。

【问题 3】

基于层次型架构的层次系统组成一个层次结构，每一层为上层服务，并作为下层客户。在一些层次系统中，除了一些精心挑选的输出函数外，内部的层接口只对相邻的层可见。这样的系统中构件在层上实现了虚拟机。连接件通过决定层间如何交互的协议来定义，拓扑约束包括对相邻层间交互的约束。由于每一层最多只影响两层，同时只要给相邻层提供相同的接口，允许每层用不同的方法实现，同样为软件重用提供了强大的支持。

因此，层次型架构具有的优势为：开发人员进行专业分工，专注理解某一层；系统可修改性高，只要前后提供的服务（接口）相同，即可用新的实现来替换原有层次的实现；每一层中的组件保持内聚性，层之间保持松散耦合，降低了系统间的依赖；有利于复用。

结合该系统需求、层次型体系结构风格特点和题干给出的相关技术，可完成该系统的架构设计。

参考答案

【问题 1】

云数据库是指被优化或部署到一个虚拟计算环境中的数据库，具有按需付费、按需扩展、高可用性以及存储整合等能力。

云数据库的特点有：实例创建快速、支持只读实例、读写分离、故障自动切换、数据备份、Binlog 备份、SQL 审计、访问白名单、监控与消息通知等。

【问题 2】

实体有用户（User）、医生（Doctor）、患者（Patient）、平台管理员（Platform Administrator）、设备（Equipment）、设备数据（Equipment Data）、训练数据（Training Data）、康复处方（Prescription）、训练记录（Report）等。

【问题 3】

层次型架构的优势如下：

①开发人员专业分工，专注理解某一层。

②系统可修改性高，只要前后提供的服务（接口）相同，即可用新的实现来替换原有层次的实现。

③每一层中的组件保持内聚性，层之间保持松散耦合，降低了系统间的依赖。

④有利于复用。

图 5-1 中（1）～（6）处的内容如下：

(1) b

(2) a

(3) h

(4) c

(5) i

(6) e

第 15 章 2021 上半年系统分析师下午试题 II 写作要点

> 从下列的 4 道试题（试题一至试题四）中任选 1 道解答。请在答题纸上的指定位置处将所选择试题的题号框涂黑。若多涂或者未涂题号框，则对题号最小的一道试题进行评分。

试题一 论面向对象的信息系统分析方法

信息系统分析是信息系统生命周期的重要阶段之一，是使用系统的观点和方法，把复杂系统分解为简单组成部分并确定这些组成部分的基本属性和关系的过程。在此过程中可使用多种分析方法，以及相应的辅助工具。其中，面向对象分析方法（Object-Oriented Analysis Method，OOAM）是在系统开发过程中进行了系统业务调查后，按照面向对象的思想来分析问题的方法。

请围绕"面向对象的信息系统分析方法"论题，依次从以下三个方面进行论述。

1. 概要叙述你参与管理和开发的软件项目以及你在其中所承担的主要工作。
2. 请简要描述面向对象系统分析方法的主要步骤。
3. 具体阐述你参与管理和开发的项目是如何基于面向对象分析方法进行信息系统分析的。

写作要点

一、简要叙述所参与管理和开发的软件项目，需要明确指出在其中承担的主要任务和开展的主要工作。

二、面向对象分析方法通常按照下面的步骤来进行：

（1）标识对象和类。可以从应用领域开始，逐步确定形成整个应用的基础类和对象。这一步需要分析领域中目标系统的责任，调查系统的环境，从而确定对系统有用的类和对象。

（2）标识结构。典型的结构有两种，即一般-特殊结构和整体-部分结构。一般-特殊结构表示一般类是基类，特殊类是派生类。比如，汽车是轿车和卡车的基类，这是一种一般-特殊结构。整体-部分结构表示聚合，由属于不同类的成员聚合成为新的类。比如，轮子、车体和汽车底盘都是汽车的一部分，这些不同功能的部件聚合成为汽车这个整体。

（3）标识属性。对象所保存的信息称为它的属性。类的属性描述状态信息，在类的某个实例中，属性的值表示该对象的状态值。需要找出每个对象在目标系统中所需要的属性，并将属性安排在适当的位置，找出实例连接，最后再进行检查。应该给出每个属性的名字和描述，并指定该属性所受的特殊限制（如只读、属性值限定在某个范围之内等）。

（4）标识服务。对象收到消息后执行的操作称为对象提供的服务。它描述了系统需要执行的处理和功能。定义服务的目的是定义对象的行为和对象之间的通信。

（5）标识主题。为了更好地理解包含大量类和对象的概念模型，需要标识主题，即对模型进行划分，给出模型的整体框架，划分出层次结构。

三、论文中需要结合项目实际工作，详细论述在项目中是如何基于面向对象的分析方法进行信息系统分析的。

试题二　论静态测试方法及其应用

软件测试是在将软件交付给客户之前所必须完成的重要步骤之一。目前，软件的正确性证明技术尚不成熟，软件测试仍是发现软件错误的主要手段。软件测试方法可分为静态测试和动态测试，其中静态测试是指被测程序不在机器上运行，而通过人工检测和计算机辅助的手段对程序进行测试，该方法能够有效地发现软件 30%～70%的设计和编码错误。

请围绕"静态测试方法及其应用"论题，依次从以下三个方面进行论述。

1. 概要叙述你参与管理和开发的软件项目，以及你在其中所承担的主要工作。
2. 详细论述静态测试主要方法的内容和过程。
3. 结合你具体参与管理和开发的实际项目，说明如何进行静态测试，并说明如何选择合适的静态测试方法及具体实施过程和效果。

写作要点

一、简要叙述所参与管理和开发的软件项目，并明确指出在其中承担的主要任务和开展的主要工作。

二、静态测试是指被测程序不在机器上运行，而采用人工检测和计算机辅助静态分析的手段对程序进行测试。静态测试的目标包括文档和代码。对代码的静态测试一般采用桌前检查、代码审查、代码走查。经验表明，使用这种方法能够有效地发现 30%～70%的逻辑设计错误和编码错误。

桌前检查：由程序员检查自己编写的程序。程序员在程序通过编译之后，进行单元测试之前，对程序源代码进行分析、检验，并补充相关的文档，目的是发现程序中的错误。由于程序员熟悉自己的程序及其程序设计风格，可以节省很多的检查时间，但应避免主观片面性。

代码审查：代码审查是由若干程序员和测试员组成一个评审小组，通过阅读、讨论和争议，对程序进行静态分析的过程。在会上，首先由程序员逐句解释程序的逻辑。在此过程中，程序员或其他小组成员可以提出问题，展开讨论，审查错误是否存在。实践表明，程序员在审查的过程中能发现许多原来自己没有发现的错误，而讨论和争议则促进了问题的暴露。

代码走查：走查与代码审查基本相同，但开会的程序与代码审查不同，走查不是简单地读程序和对照错误检查表进行检查，而是让与会者"充当"计算机，即首先由测试组成员为所测试程序准备一批有代表性的测试用例，提交给走查小组。走查小组开会，集体扮演计算机角色，让测试用例按照程序的逻辑运行一遍，随时记录程序的踪迹，供分析和讨论用。

静态分析：静态分析是指在不运行代码的方式下，通过词法分析、语法分析、控制流、数据流分析等技术对程序代码进行扫描，验证代码是否满足规范性、安全性、可靠性、可维护性等指标的一种代码分析技术。目前静态分析技术向模拟执行的技术发展，以能够发现更多传统意义上动态测试才能发现的缺陷，例如符号执行、抽象解释、值依赖分析等，并采用数学约束求解工具进行路径约减或者可达性分析以减少误报，增加分析效率。

三、考生需结合自身参与项目的实际状况,指出其参与管理和开发的项目中所进行的静态测试工作,说明静态测试的具体实施过程、如何选择静态测试方法,并对实际应用效果进行分析。

试题三 论富互联网应用的客户端开发技术

富互联网应用(Rich Internet Application,RIA)是一种新型 Web 应用程序架构。它结合了桌面软件良好的用户体验和 Web 应用程序易部署的优点,利用丰富的数据模型和丰富的客户端呈现形式,保证了在无刷新页面之下提供更高效的界面响应速度和通用的用户界面特征,迅速响应用户输入并进行相应处理,从而为用户构建一个快速响应、交互性强的应用程序。近年来,各技术厂商相继推出了多种新的技术来支持 RIA 应用开发。

请围绕"富互联网应用的客户端开发技术"论题,依次从以下三个方面进行论述。
1. 简要叙述你参与的软件开发项目以及你所承担的主要工作。
2. 说明目前有哪些主要的 RIA 客户端开发技术,详细阐述每种技术的特点和优势。
3. 根据你所参与的项目,具体采用了哪种 RIA 客户端开发技术,其实施效果如何。

写作要点

一、简要描述所参与的软件系统开发项目,并明确指出在其中承担的主要任务和开展的主要工作。

二、说明目前有哪些主要的 RIA 客户端开发技术,详细阐述每种技术的特点和优势。

(1) Flex。

Flex 是一个表示服务器和应用程序框架,它可以运行于 J2EE 和.NET 平台。Flex 应用程序框架由 MXML(Macromedia XML)、ActionScript 和 Flex 类库构成。开发人员利用 MXML 定义应用程序用户界面元素,利用 ActionScript 定义客户逻辑与程序控制。Flex 类库中包括 Flex 组件、管理器和行为等。

(2) Bindows。

Bindows 是用 JavaScript 和 DHTML(Dynamic HTML,动态 HTML)开发的 Web 窗口框架。JavaScript 用于客户端界面的显示和处理,XML 和 HTTP 用于客户端与服务器的信息传输。

(3) Java。

一些相当复杂的系统都是用 Java 编写的,这说明可以用 Java 来建立几乎任何一个能够想象得到的 RIA。使用 Java 建立 RIA 的主要缺陷是它的复杂性,例如,即使对简单的窗口和图形,也要求编写非常烦琐的代码。

(4) Laszlo。

Laszlo 是一个开源的 RIA 开发环境。使用 Laszlo 平台时,开发人员只需编写名为 LZX 的描述语言(其中整合了 XML 和 JavaScript),运行在 J2EE 应用服务器上的 Laszlo 表示服务器会将其编译成 SWF 格式的文件并传输给客户端展示。

(5) XUL。

XUL(XML User Interface Language,基于 XML 的用户界面语言)可用于建立窗口应用系统,这些系统既可以在 Mozilla 浏览器上运行,也可以在其他描述引擎上运行。XUL 描述引擎都非常小，它既可以使用 XML 数据，也可以生成 XML 数据。

（6）Avalon。

Avalon 是 Vista 的一部分，是一个图形和展示引擎，主要由.NET 框架中的一组类集合而成。Avalon 定义了一个在 Longhorn 中使用的新标记语言，其代号为 XAML（eXtensible Application Markup Language），即可扩展应用标记语言。可以使用 XAML 来定义文本、图像和控件的布局，程序代码可以直接嵌入到 XAML 中，也可以将它保留在一个单独的文件内。

三、针对考生本人所参与的项目中使用的 RIA 客户端开发技术，说明实施过程和具体实施效果。

试题四 论 DevSecOps 技术及其应用

随着互联网技术不断发展，网络安全面临着更大的挑战，IT 安全防护显得越来越重要。采用 DevOps 技术能够有效推进软件开发的效率，提高迭代速度。但是，在传统的 DevOps 技术实施过程中，安全防护在开发的最后阶段才介入，延后的安全措施可能会拖累整个流程，严重影响 DevOps 的实施速度和效果。在这一背景下，业界普遍认为安全防护是整个 IT 团队的共同责任，需要贯穿至整个生命周期的每一个环节，由此催生出了"DevSecOps"这一概念，它强调在项目计划启动初期，必须为 DevOps 计划打下扎实的安全基础。

请围绕"**DevSecOps 技术及其应用**"论题，依次从以下三个方面进行论述。

1. 概要叙述你参与管理和开发的软件项目以及你在其中所承担的主要工作。
2. 详细描述 DevSecOps 包含的主要阶段和每个阶段需要完成的工作。
3. 结合你具体参与管理和开发的实际软件项目，说明是如何应用 DevSecOps 技术进行开发、运维、安全一体化管理的，给出具体实施过程以及应用效果。

写作要点

一、简要叙述所参与管理和开发的软件项目，并明确指出在其中承担的主要任务和开展的主要工作。

二、典型的 DevOps 流程包括计划、编码、构建、测试、发布和部署等阶段。在 DevSecOps 中，每个阶段都会应用特定的安全检查。

（1）计划：执行安全性分析并创建测试计划，以确定在何处、如何以及何时进行测试的方案。

（2）编码：部署检查工具和代码仓库控件（如 Git 控件）以保护密码和 API 密钥。

（3）构建：在构建执行代码时，结合使用静态应用程序安全测试（SAST）工具来跟踪代码中的缺陷，然后再部署到生产环境中。这些工具针对特定的编程语言。

（4）测试：在运行时使用动态应用程序安全测试（DAST）工具来测试应用程序。 这些工具可以检测用户身份验证、授权、SQL 注入以及与 API 相关端点的错误。

（5）发布：在发布应用程序之前，使用安全分析工具来进行全面的渗透测试和漏洞扫描。

（6）部署：在运行时完成上述测试后，将安全的版本发送到生产环境中以进行最终部署。

三、考生需结合自身参与项目的实际状况，指出其参与管理和开发的项目中是如何应用 DevSecOps 技术进行开发、运维、安全一体化管理的，说明具体实施过程、使用的方法，并对实际应用效果进行分析。